**DK**

# STEM 新思維培養

# 科學技術

# 與工程圖解百科

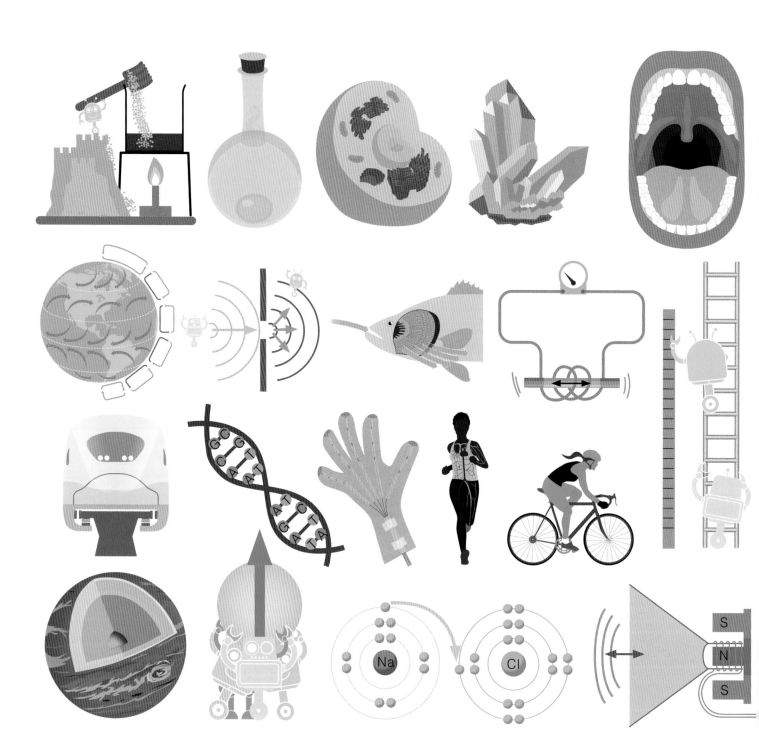

# STEM 新思維培養

# 科學技術
# 與工程圖解百科

羅拔‧丁威迪（Robert Dinwiddie）、約翰‧法登（John Farndon）、
克萊夫‧吉福德（Clive Gifford）、德瑞克‧哈維（Derek Harvey）、
彼得‧莫利斯（Peter Morris）、安妮‧魯尼（Anne Rooney）、
史特夫‧謝特福德（Steve Setford） 著

庫柏特科技 譯

Original Title: *How to be good at science, technology & engineering*
Copyright © Dorling Kindersley Limited, 2018
A Penguin Random House Company

本書中文繁體版由 DK 授權出版。
本書中文譯文由北京網智時代科技有限公司授權使用。

**科學技術與工程圖解百科**

作　　者：羅拔・丁威迪（Robert Dinwiddie）、
　　　　　約翰・法登（John Farndon）、
　　　　　克萊夫・吉福德（Clive Gifford）、
　　　　　德瑞克・哈維（Derek Harvey）、
　　　　　彼得・莫利斯（Peter Morris）、
　　　　　安妮・魯尼（Anne Rooney）、
　　　　　史特夫・謝特福德（Steve Setford）
繪　　圖：Acute Graphics 等
譯　　者：庫柏特科技
責任編輯：蔡枳音
出　　版：商務印書館（香港）有限公司
　　　　　香港筲箕灣耀興道 3 號東滙廣場 8 樓
　　　　　http://www.commercialpress.com.hk
發　　行：香港聯合書刊物流有限公司
　　　　　香港新界大埔汀麗路 36 號中華商務印刷大廈 3 字樓
印　　刷：RR Donnelley Asia Printing Solutions
版　　次：2020 年 12 月第 1 版第 1 次印刷
　　　　　© 2020 商務印書館（香港）有限公司
　　　　　ISBN 978 962 07 3452 6
　　　　　Published in Hong Kong, China
　　　　　and Printed in China mainland

For the curious
www.dk.com

# 目錄

# 3 物質

# 4　能量

# 5　力

# 6　地球和太空

# 리듬

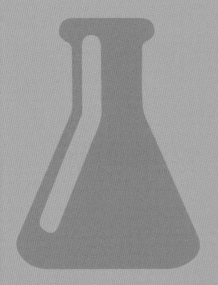

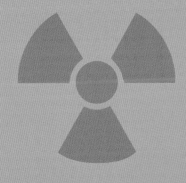

科學是打開世界之門的鑰匙。科學家運用
理論及驗證理論的實驗來幫助我們解答各
種問題——從生物如何生存，到飛機為甚麼
不會墜到地上等。工程師運用科學和數學
知識發明新科技，讓我們的生活更便利。

# 科學是如何運作的？

科學不僅僅是一系列的事實，它也是一種通過科學實驗驗證想法，以此來發現新事實的方法。

> 能通過實驗驗證的預感或者想法被稱為假設。

## 科學方法

大多數科學家通過很多實驗來驗證他們的想法。實驗只是科學方法中眾多步驟的其中之一步。科學方法是按照以下步驟運作的。

**2 假設**

下一步是形成一個能解釋模式的科學想法，這個想法被稱為假設。比如，你可能會認為牛糞裏的某種物質能夠促進植物生長。

**1 觀察**

第一步，是注意到或者觀察到一種有趣的模式。比如，你可能注意到在牛糞堆裏生長的草要比其他地方的草更高更綠。

在牛糞堆裏生長的草更高更綠。

**3 做實驗**

下一步你通過實驗來驗證你的假設。在這個例子裏，你可以在三種不同類型的土壤裏種植植物：含有很多牛糞肥的土壤；含有少量牛糞肥的土壤；沒有牛糞肥的土壤。為了避免偶然性，提高實驗的可信度，你也許會在每種土壤裏種上多種植物，而不僅僅是一種。

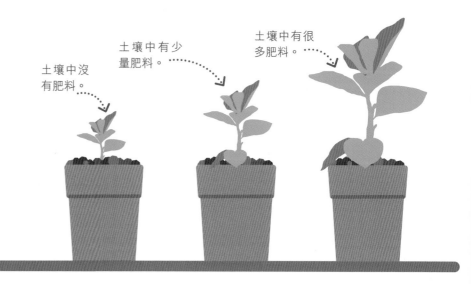

土壤中沒有肥料。

土壤中有少量肥料。

土壤中有很多肥料。

## 4 收集數據

在實驗過程中，科學家非常仔細地記錄結果（或稱之為收集數據），他們經常使用尺子、溫度計、秤等測量工具。為了比較不同植物的生長情況，你可以用尺子來測量牠們的高度。

尺子能準確測量出植物長高了多少。

記錄每一次測量結果。

## 5 分析結果

為了使結果更直觀，你可以繪製圖表。此圖表顯示了不同類型的土壤中各種植物的平均高度。種植多種植物並計算出每種土壤中所有植物的平均高度，可以使結果更可靠。在這個例子中，實驗結果支持肥料能夠促進植物生長的假設。

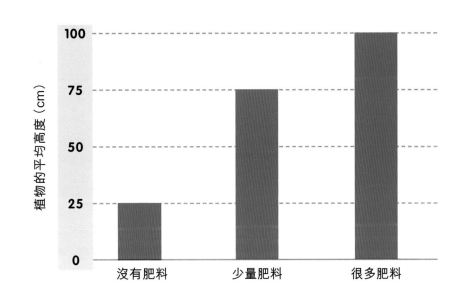

為了證明肥料能否促進其他種類的植物生長，你需要重複實驗。

## 6 重複實驗

一次實驗不足以證明假設是正確的 —— 它僅僅提供了假設可能正確的證據。科學家通常會分享他們的實驗結果，以便其他人能夠重複實驗。經過很多次成功的實驗後，一個假設才能逐漸被接受，並成為一個公認的事實。

# 科學方法

科學方法是一種為了減少錯誤而採取的、仔細的、有程序的工作方式。進行科學實驗的時候，科學家會極其小心謹慎，以免發生錯誤。

## 測量

許多實驗需要測量事物。比如，在化學實驗中你也許需要測量某種液體的溫度。為了獲得準確的數值，進行多次測量將是明智之舉，但會有幾種不同的測量數據。

用量筒測量液體體積。

用秤測量質量。

用溫度計測量溫度。

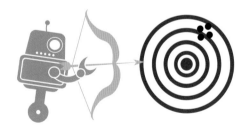

**1 精確但不準確**
　如果你測量了四次溫度，並且每次的讀數相同（截至小數點後兩位），但是你使用的溫度計卻是壞的。這測量結果可稱為精確但不準確。

**2 準確但不精確**
　然後你使用另一支沒有問題的溫度計，但所有讀數都稍有不同 —— 也許溫度計的測量尖端每次都放在不同的位置。這測量結果可稱為準確但不精確。

**3 既準確又精確**
　最後，你在測量溫度前攪拌了液體，所以四次讀數幾乎相同和正確，這時的測量結果既準確又精確。不論科學家何時進行測量，他們都要盡力保證測量結果既準確又精確。

# 偏差

科學家也力求避免「偏差」,「偏差」會令測量結果出現不易察覺的錯誤。比如,你用一個秒錶測量某一個化學反應所需的時間。秒錶也許非常精準,但是因為你花了半秒才按下按鈕,所有讀數便會同樣不正確。

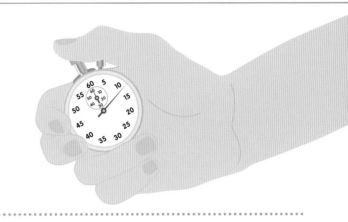

# 使用變量

在實驗過程中,科學家需要測量的重要內容是變量。三種重要的變量包括:自變量、因變量和控制變量。

熱水　冷水

兩個燒杯的鹽量和水量必須完全一樣。

**1 自變量**

自變量是你在實驗中特意改變的變量。比如,測試鹽在熱水還是冷水中溶解得更快,你需要兩燒杯的水,一杯熱水和一杯冷水。在這個實驗中,水的溫度就是自變量。

**2 因變量**

因變量是你為了得到實驗結果而需要測量的變量。比如,在這個實驗中,因變量就是鹽溶解需要花費的時間。它被稱為因變量,是因為它需要依賴其他變量,比如水的溫度。

**3 控制變量**

控制變量是你為了不讓它們破壞實驗而需要仔細控制的變量。在鹽溶解的實驗中,控制變量包括鹽量和水量。為了不影響因變量,兩個燒杯的控制變量必須保持一致。

# 團隊協作

團隊協作在科學領域是很重要的。所有科學家在前輩已有的基礎上繼續工作,提供新證據來支持自己的觀點,或者推翻已有的理論。科學家通過小組合作來更好地發揮各自的技能和專長,並且發表新發現。但是,不同的團隊會相互競爭,爭取成為第一個成功完成實驗的團隊。

# 科學領域

科學有幾百個領域，但其中大多數都可歸入三大領域：生物、化學與物理。

所有科學家都是在前輩已有的工作和發現上繼續前進的。

## 研究生命

生物學是對生物進行研究的科學，例如從最小的細胞到最大的鯨魚。生物學家研究生物體內的運作機制，研究生物是如何生長、發育和相互作用，以及物種是如何進化的。

草蜢　　　畫眉鳥

**1 動物**
動物學是研究動物的學科，包括研究動物的身體如何運作，以及牠們的行為習慣。

**2 植物**
植物學是研究植物的學科，從最微小的苔蘚到最高大的樹木，都是植物學的研究對象。

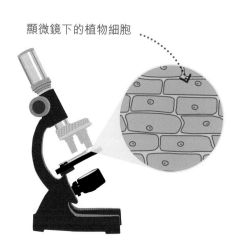

顯微鏡下的植物細胞

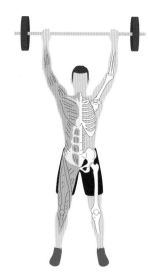

**3 環境**
一些生物學家研究不同生物的互動關係，以及牠們的生存環境。我們稱這一領域為生態學。

**4 細胞**
所有生物都是由微小細胞組成的，只能通過顯微鏡才能觀察得到。微生物學家研究這些細胞及它們的運作方式。

**5 人體**
一些生物學家專門研究人體以及如何保持人體健康。醫學是研究疾病及治療的科學。

# 研究物質

研究物質的學科稱為化學。化學家研究原子和分子如何相互作用而形成不同的物質。

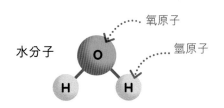

氧原子

水分子

氫原子

一些化學反應會釋放出光能。

不黏煎鍋

**1 原子和分子**
原子和分子是構成所有化學物質的基礎成分。比如，一個水分子由一個氧原子和兩個氫原子組成。

**2 化學反應**
當兩種或者多種化學物質放在一起時，它們的原子可能會重新組合形成新的化學物質，我們將其稱為化學反應。

**3 材料**
化學家創造出很多在自然界中不存在但非常有用的材料，比如用於製作平底鍋的不黏材料。

# 研究力與能量

物理學研究力與能量及它們如何影響宇宙萬物。

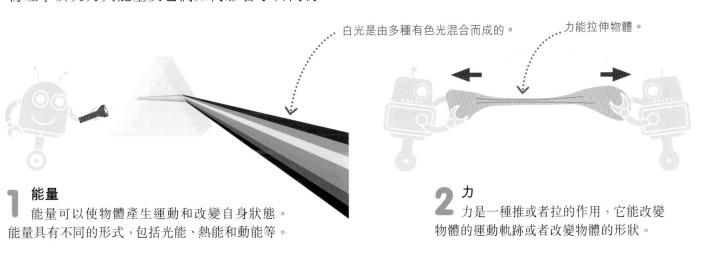

白光是由多種有色光混合而成的。

力能拉伸物體。

**1 能量**
能量可以使物體產生運動和改變自身狀態。能量具有不同的形式，包括光能、熱能和動能等。

**2 力**
力是一種推或者拉的作用，它能改變物體的運動軌跡或者改變物體的形狀。

# 研究地球與太空

一些科學家研究地球的結構或者太空上遙遠的行星和恆星。地球科學（地質學）和太空科學（天文學）是綜合性的學科，與物理學、化學，甚至是生物學的領域有很多交疊。

火山爆發

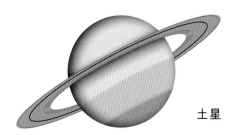

土星

**1 地球**
地球科學家（地質學家）研究岩石、礦物質、地球內部結構，以及地震和火山爆發的原因。

**2 太空**
太空科學家（天文學家）使用望遠鏡來研究月亮、行星和恆星（包括太陽），以及被我們稱為星系的巨大漩渦雲。

# 工程是如何運作的？

工程師的工作方式和科學家很相似，但是他們的工作內容是不同的。科學家通過實驗來驗證世界的理論，而工程師通過發明和建造來解決人類具體的難題。

## 工程師的類型

大多數工程師專攻某項特定的工程類別，這使他們擁有專業的知識和經驗。工程的分支有很多，但主要包括土木工程、機械工程、機電工程和化學工程四大類。

### 1 土木工程

土木工程師從事與大型結構相關的工作，比如建築物、道路、橋樑和隧道。他們使用數學和物理知識來確保大型結構的設計是安全和結實的。大多數人還需要學習材料科學和地球科學的知識。

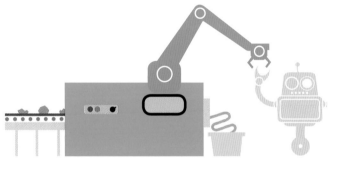

### 2 機械工程

機械工程師研製各種機器，從汽車到飛機，再到機械人。他們需要充分掌握數學、物理和材料科學的知識，並且和其他工程師一樣，他們需要使用電腦輔助設計（CAD）建立模型。

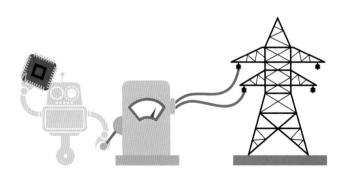

### 3 機電工程

機電工程師設計和生產電機設備，從電子設備裏的微處理器晶片到用於發電的重型機械都有。對機電工程師來說，掌握數學和物理知識是必需的。

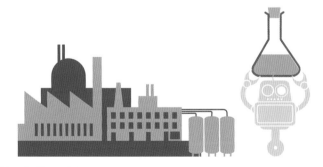

### 4 化學工程

化學工程師應用化學及其他科學學科的知識來設計、建造和經營大規模生產化學品的工廠。化學工程師可以在很多不同的行業工作，包括煉油和製藥行業。

# 工程設計流程

解決問題時，所有工程師都遵循相同的基本流程。當中包括一系列
不停重複的步驟，用以測試和改善設計或模型的質量。

## 1 詢問

第一步是詢問有甚麼問題，盡可能挖掘其中的細
節。比如，如何建造新的渡河設施？有多少人需要通
行及通行的頻率是多少？河附近有道路嗎？河有多
寬，有多深？

## 2 想像

下一步是想出大量可能的解決方案。發揮你的想像力，
你可以建造一座橋，挖一條隧道或者使用船渡河。考慮每
種方案的優點、缺點和成本，並選擇一個最佳方案作進一
步研究。

## 3 計劃

確定方案後，你需要安排計劃。如果你想要
建一座橋，畫草圖吧。橋有多長？採用怎樣的支
撐結構？需要使用甚麼材料建造？

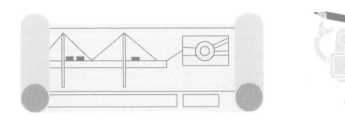

## 4 建立模型

下一步你需要為你設計的橋建立模型。
可以是一個用塑膠、木頭或金屬做成的比例
模型，也可以是一個在電腦上使用 CAD 編程
的數碼模型。

## 5 測試和改善

建立模型之後，測試一下它的運作狀況。有
問題嗎？如果有，修正模型並重新測試。也許需
要經過很多次測試和修正程序才能成功。通過測
試的模型被稱作原型。

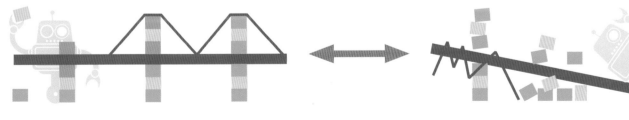

## 6 分享

最後一步是寫報告或者做展示來分享你的方案。專
業工程師會向客戶陳述結果。如果客戶決定實施這個方
案，工程師會協助實行。

生命

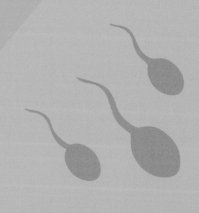

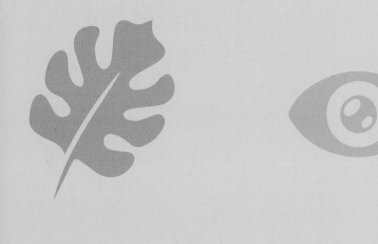

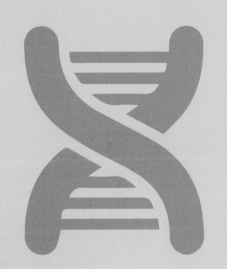

LIFE

地球是無數生物的家,但不同生物都有些共同的特徵。它們都由擁有微小結構的細胞所組成,而細胞是由DNA中的基因操控。所有生物都努力繁衍後代,經年累月,所有形式的生命都會進化。

# 生命是甚麼？

從肉眼無法看到的細菌到體形龐大的大象、鯨魚和參天大樹，地球上有數百萬種生物。生物同時被稱作有機體。

有研究估計地球上大約有 900 萬種複雜的有機體。

## 生命的特徵

我們周圍可以看見的大多數生物都是動物或植物。儘管動物和植物看上去很不一樣，但牠們還是有一些共同的特徵，這些就是生命的特徵。

植物利用太陽能自行製造食物。

### 1 獲取食物

所有有機體都需要食物，食物不僅為牠們提供能量，也提供牠們生長所需的原材料。動物通過吃其他有機體來獲取食物；植物利用陽光、空氣和水來製造食物。

排尿是動物排放有害廢物的其中一種主要方式。

馬吸入空氣，帶氧到身體，作為呼吸作用。

### 2 獲取能量

所有生物都需要能量。牠們通過呼吸作用這化學過程從食物中獲取能量，這個過程在細胞中進行。透過呼吸作用，有機體可以吸取氧氣，而大部分有機體都需要持續的氧氣供應，所以牠們需要呼吸。

### 3 感知

所有有機體都能感知到牠們周圍的事物。動物能夠用牠們的眼睛看到光，用牠們的耳朵聽到聲音，用牠們的鼻子嗅到氣味，用牠們的皮膚感受到觸感和熱力，用牠們的舌頭感覺到食物的味道。

### 4 排泄

很多在有機體體內發生的過程都會產生廢物，這些廢物必須通過排泄的方式排出體外。如果允許廢物在體內積聚，會損害健康。

## 試一試
# 數算物種

試試在一分鐘內能在一座花園裏找出多少種不同的生物。岩石和花盆下是尋找小動物的好地方，微小的生物喜歡躲藏在那些地方以逃避陽光。

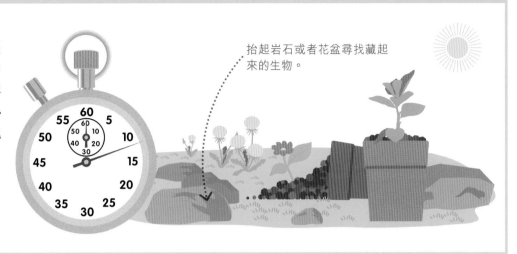

抬起岩石或者花盆尋找藏起來的生物。

動物可以運動，所以能尋找食物、躲避危險或者尋找伴侶。

馬匹交配並生育馬駒來繁衍下一代。

一匹小馬駒用 2 至 3 年的時間成長為一匹成年的馬。

**5 運動**
所有生物都會運動，儘管有些動得很慢以至我們察覺不到。動物能夠利用牠們的肌肉快速運動；植物通過生長來運動——牠們的幼苗迎着光向上生長，牠們的根在土壤裏向下生長。

**6 繁衍**
所有生物都會努力繁衍，生育自己的後代。比如，植物會生出種子，種子可長成新植物；動物會下蛋或者生寶寶。

**7 生長**
有些年輕的生物隨着年齡增長，會發育成熟，體形變大；有些則不太會變大，但會改變形態。比如，橡子長成橡樹，毛毛蟲長成蝴蝶。

# 分類

已被發現和描述的物種（生物類型）有將近 200 萬種。我們根據物種所共同擁有的祖先對牠們進行分類，就像一張系譜圖。

超過 95% 的動物物種屬於無脊椎動物。

## 生物分類

地球上每種生物都可歸為幾種主要的生物類型，比如動物界和植物界。

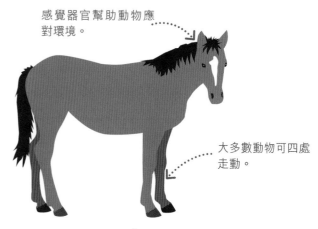

感覺器官幫助動物應對環境。

大多數動物可四處走動。

**1 動物界**
動物是以其他生物為食物的多細胞生物。牠們擁有探測周圍環境變化的感覺器官，以及可以快速反應的神經系統和肌肉。

**2 植物界**
植物是以陽光來製造食物的多細胞生物。大多數植物以樹葉吸收陽光，以根來固定自己的位置，從大地吸收水分。

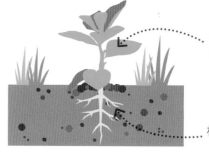

植物以葉子吸收陽光。

根

**3 真菌**
真菌從死去的或者活着的有機體中獲取食物，比如土壤、腐爛的木頭或動物屍體。真菌王國的成員包括菇類、毒蕈和黴菌等。

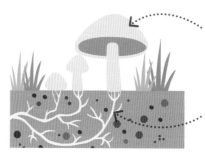

菇類或蕈類是生長在土壤中的真菌的生殖部分，是子實體。

真菌

**4 微生物**
微生物極其微小，通過顯微鏡才能看得見。很多微生物僅僅由一個細胞組成。微生物可分成三個分界。

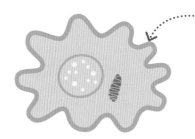

變形蟲是一種寬度小於 1 毫米的單細胞生物。

# 動物分類

地球上的動物可以分為兩大類：有脊柱的動物
（脊椎動物）和無脊柱的動物（無脊椎動物）。
每個大類可以分為更多小類。

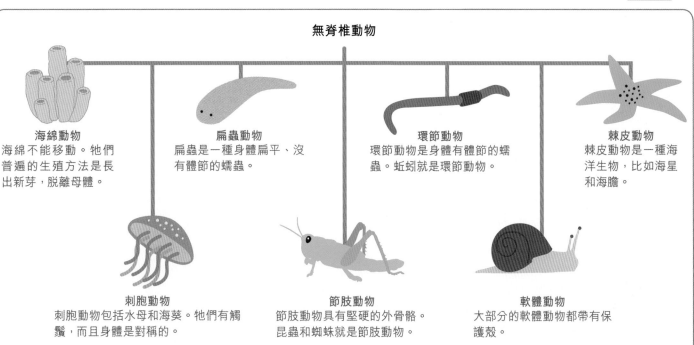

**無脊椎動物**

**海綿動物**
海綿不能移動。牠們
普遍的生殖方法是長
出新芽，脫離母體。

**扁蟲動物**
扁蟲是一種身體扁平、沒
有體節的蠕蟲。

**環節動物**
環節動物是身體有體節的蠕
蟲。蚯蚓就是環節動物。

**棘皮動物**
棘皮動物是一種海
洋生物，比如海星
和海膽。

**刺胞動物**
刺胞動物包括水母和海葵。牠們有觸
鬚，而且身體是對稱的。

**節肢動物**
節肢動物具有堅硬的外骨骼。
昆蟲和蜘蛛就是節肢動物。

**軟體動物**
大部分的軟體動物都帶有保
護殼。

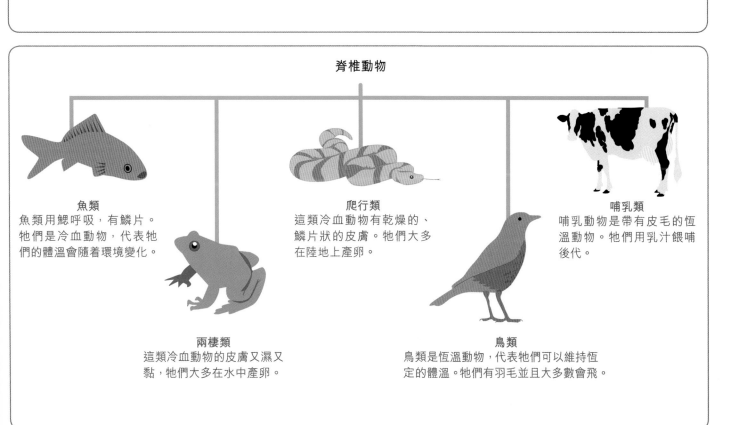

**脊椎動物**

**魚類**
魚類用鰓呼吸，有鱗片。
牠們是冷血動物，代表牠
們的體溫會隨着環境變化。

**爬行類**
這類冷血動物有乾燥的、
鱗片狀的皮膚。牠們大多
在陸地上產卵。

**哺乳類**
哺乳動物是帶有皮毛的恆
溫動物。牠們用乳汁餵哺
後代。

**兩棲類**
這類冷血動物的皮膚又濕又
黏，牠們大多在水中產卵。

**鳥類**
鳥類是恆溫動物，代表牠們可以維持恆
定的體溫。牠們有羽毛並且大多數會飛。

# 細胞

所有生物都是由細胞這基本單位組成的。最小的生物僅由一個細胞組成，但是動物和植物都是由數百萬個共同協作的細胞組成的。

你的身體裏大約有 60 萬億個細胞。其中大多數是血球。

## 動物細胞

動物細胞與植物細胞有很多共同的特徵，但是動物細胞沒有堅固的細胞壁，所以它們的形狀是不規則的。每個細胞都像一座微型工廠，每秒鐘都要執行幾百種不同的任務。很多任務都是由細胞裏被稱為細胞器的微小結構來完成的。

**1 細胞膜**
細胞膜是細胞的外部屏障。它就像是一層油膜，可以阻止水的滲透。但是，細胞膜上微小的通道允許其他物質通過。

**2 粒線體**
粒線體是為細胞提供能量的桿狀細胞器。必須持續不斷地供應糖分和氧氣給它們，才能工作。

**3 細胞核**
細胞核裏儲存着指示細胞工作和生長方式的 DNA 分子（脫氧核糖核酸）。

**4 細胞質**
半凝固狀液體的細胞質填充了細胞的大部分空間。細胞質主要由水組成，但還有很多其他物質。

**5 內質網**
諸如蛋白質和脂肪這些有機大分子，都是在這個帶有膜管和膜囊的內質網上製造的。

## 細胞的大小

大多數細胞都遠遠小於 1 毫米。人類用肉眼是看不見的，所以科學家用顯微鏡來研究細胞。通常植物細胞比動物細胞要稍大一點。

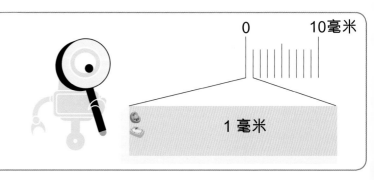

0　　　　　10毫米

1 毫米

# 植物細胞

植物細胞有很多和動物細胞一樣的細胞器，但是它們還有一個儲存液體的液泡和被稱作葉綠體的亮綠色細胞器。葉綠體吸取和儲存從陽光中獲取的能量。除此之外，植物細胞還有使它們比動物細胞更堅硬的「外牆」—— 細胞壁。

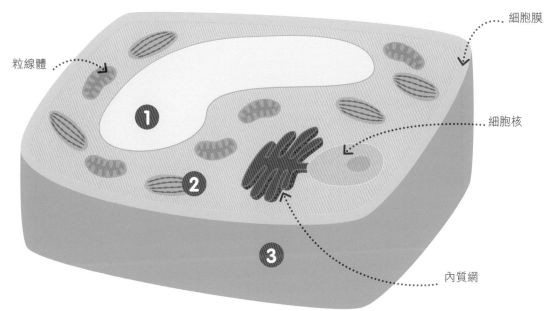

粒線體

細胞膜

細胞核

內質網

**1** 位於植物細胞中間的液泡可以儲存水。當你給植物澆水時，液泡會吸水膨脹，使植物的莖和葉飽滿和結實。

**2** 葉綠體利用光能將空氣和水合成能量豐富的糖分子。這個過程稱為光合作用。

**3** 細胞壁包裹並支撐着植物細胞。它由一種被稱為纖維素的材料組成。纖維素呈纖維狀，非常堅韌，是紙張、棉花和木頭的主要成分。

---

現今科技

## 顯微鏡

顯微鏡是能觀察微小物體的裝置，例如觀察細胞。使用一系列如放大鏡的曲面玻璃透鏡，可以令物體放大幾百倍。將細胞樣本放置在一片薄玻璃片上，讓一束光線穿過這片玻璃，細胞便清晰可見。

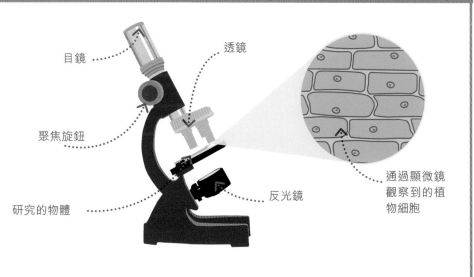

目鏡

透鏡

聚焦旋鈕

研究的物體

反光鏡

通過顯微鏡觀察到的植物細胞

# 細胞、組織和器官

人體內的細胞成羣結隊地組合在一起工作，形成了組織。不同的組織連接在一起形成了器官。不同的器官又可以組成不同的系統。

## 細胞的種類

細胞有不同的形狀和種類，每種細胞扮演一種特定的角色。每個細胞有相同的基本結構：外層叫細胞膜；如果凍狀的細胞質包含很多細胞器，讓細胞得以存活，還有細胞的控制中心 —— 細胞核。

被稱為粒線體的細胞器，向細胞提供能量，讓它能完成工作。

弧形，形狀靈活可變

**1 紅血球**
這些圓盤狀的細胞存在於血液中，它們負責運送氧氣到全身。

可變的形狀令細胞能吞噬細菌

**2 白血球**
白血球在身體裏偵察並殺死細菌。

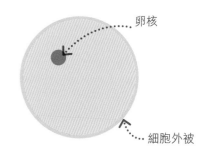

卵核

細胞外被

**3 卵子**
卵子是雌性生物的生殖細胞。受精後，受精卵會長成一個嬰兒。

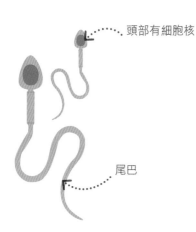

頭部有細胞核。

尾巴

**4 精子**
雄性生物的生殖細胞有一個頭和一條充滿能量的尾巴，讓它能游向卵子。

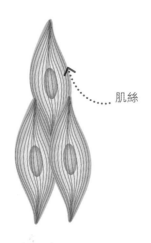

肌絲

**5 肌肉細胞**
肌肉細胞中的肌絲收縮產生動力。

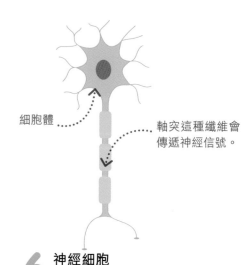

細胞體

軸突這種纖維會傳遞神經信號。

**6 神經細胞**
神經細胞連結的網絡組成了神經系統。它們負責傳遞信號到身體各處。

## 組織

很多細胞一層層地連接起來形成了組織。比如，上皮細胞緊緊聚集在一起形成了上皮組織，上皮組織在口腔、胃和腸道的內壁形成一道保護牆。

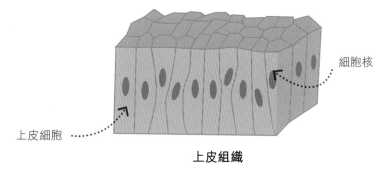

細胞核

上皮細胞

**上皮組織**

## 器官

不同種類的組織結合在一起形成了器官。胃是儲存和消化食物的器官。它的內壁由上皮組織構成，但是胃壁也包含能分泌消化液的肌肉組織和腺組織。

**人體消化系統**

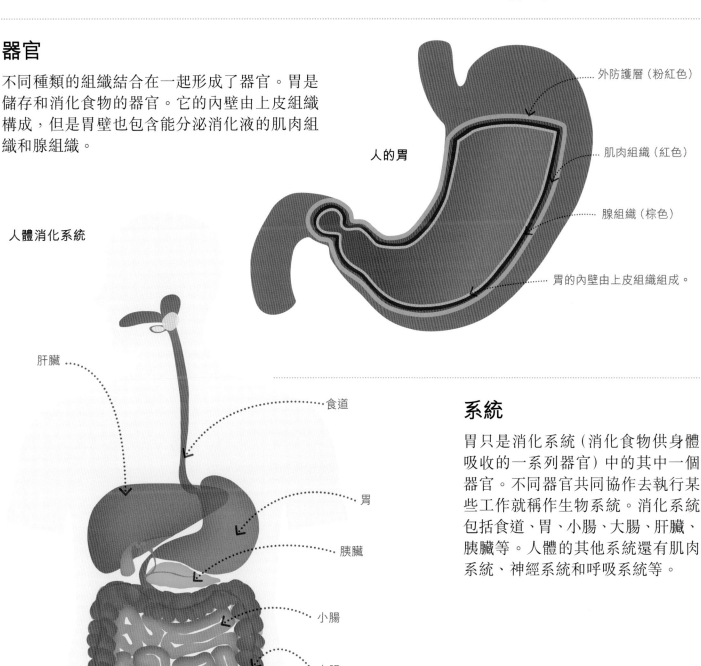

人的胃

外防護層（粉紅色）

肌肉組織（紅色）

腺組織（棕色）

胃的內壁由上皮組織組成。

肝臟

食道

胃

胰臟

小腸

大腸

## 系統

胃只是消化系統（消化食物供身體吸收的一系列器官）中的其中一個器官。不同器官共同協作去執行某些工作就稱作生物系統。消化系統包括食道、胃、小腸、大腸、肝臟、胰臟等。人體的其他系統還有肌肉系統、神經系統和呼吸系統等。

# 營養

所有生物都需要食物。食物含有營養素，能為
人體細胞提供能量，是細胞生長和修復所必需
的化學物質。

你的身體不僅需要食物中的
營養素，也需要水。

## 營養素

人體保持健康需要六大類營養素，其中三類的需求
量比其他大，這三類營養素是蛋白質、碳水化合物
（糖類）和脂類。均衡多樣的飲食是保證你的身體
獲得所有營養素和必需的水分的最好方式。

意粉富含碳水化合物。

堅果中含有大量
植物性蛋白質。

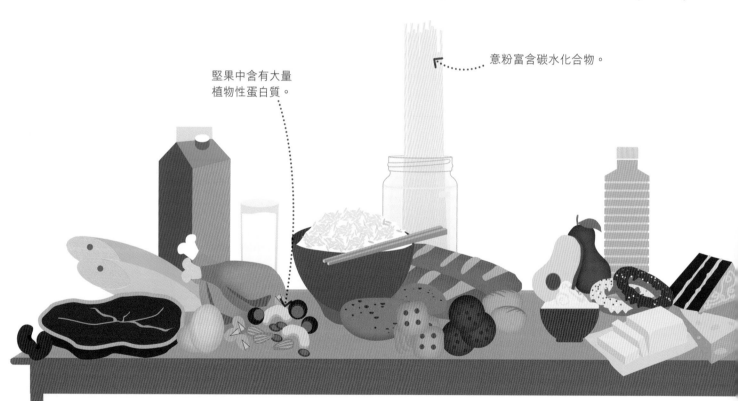

**1 蛋白質**
　身體最重要的構成成分是蛋白
質，用於建造新組織和修復已有的
組織。肉、魚、雞蛋、豆類和堅果
都富含蛋白質。

**2 碳水化合物**
　碳水化合物就像身體的燃料一樣，
呼吸時為細胞提供能量。富含碳水化合
物的食物包括麵包、馬鈴薯、米飯、麵
條和含糖食物如蜂蜜等。

**3 脂類**
　脂肪和油提供身體所能儲存的
能量。它們也是細胞的一個重要組
成部分。食用油、牛油、芝士和牛
油果都富含脂類。

# 食物中的能量

食物中的營養為你的身體提供能量，就像汽車注滿汽油一樣。一根香蕉提供的能量足夠你跑 12 分鐘左右，其他食物則含有更多能量。如果獲取過多能量，身體就會以脂肪的形式將多餘的能量儲存起來。

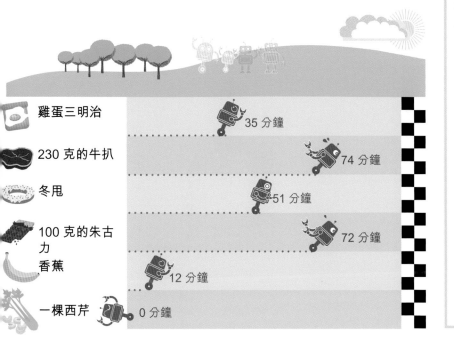

雞蛋三明治　　35 分鐘

230 克的牛扒　　74 分鐘

冬甩　　51 分鐘

100 克的朱古力　　72 分鐘

香蕉　　12 分鐘

一棵西芹　　0 分鐘

試一試

## 看食物標籤

你可以看看不同的食物包裝的表格，它顯示了每種營養素的含量及其所含的能量（千焦，kJ）。以標籤判斷一下哪種食物所含的能量最多，哪種食物最健康。

| 營養信息 | | |
|---|---|---|
| 標準值 | 每一份 | 每日所需的營養比 (%) |
| 能量 | 1,800千焦 | 22% |
| 能量 | 430千卡 | 20% |
| 脂肪 | 12克 | 18% |
| 碳水化合物 | 31克 | 10% |
| 蛋白質 | 7.9克 | 53% |
| 纖維 | 0克 | 0% |
| 鈉 | 0.5克 | 20% |

**4 維他命**
維他命是身體保持健康所必需的一類微量有機化合物。人體需要 13 種維他命，大多數來自新鮮的水果和蔬菜。

**5 礦物質**
礦物質是身體所必需的微量無機物。例如，鈣是牙齒和骨骼所必需的物質。大部分新鮮蔬菜富含礦物質。

**6 纖維**
纖維來自植物的細胞壁。大多數纖維是不能被消化的，但它能幫助消化系統保持健康。蔬菜和全麥食品富含纖維。

# 人體消化系統

消化系統會將食物分解，令營養素的分子變小，
足以讓血液吸收。

## 1 口腔
口腔裏的牙齒磨碎食物，唾液腺分泌的唾液
（口水）弄濕食物碎。

## 2 食道
食道連接着口腔和胃。食道內壁的肌肉通
過交替收縮和擴張將食物往下推，這個過程稱為
蠕動。

## 3 胃
在胃裏，食物和胃液一起混合攪拌。消化酶
開始分解蛋白質。

## 4 小腸
小腸是一條捲曲的長管，長達 7 米，它有巨
大的表面面積，幫助血液吸收食物中的營養素。
小腸裏的消化酶可以分解蛋白質、脂肪和碳水化
合物。

## 5 大腸
大腸裏的細菌分解一部分小腸沒有消化的食
物，釋放更多營養素。身體會吸收大腸無法消化
的食物中的水分，餘下的以糞便形式，從肛門排
出體外。

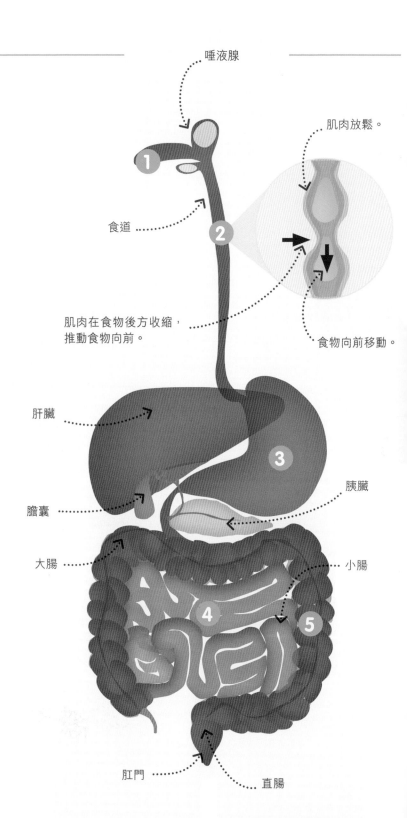

唾液腺

肌肉放鬆。

食道

肌肉在食物後方收縮，
推動食物向前。

食物向前移動。

肝臟

膽囊

胰臟

大腸

小腸

肛門

直腸

# 腸模型

你能用一雙舊的緊身襪褲、橙汁、餅乾、一條香蕉和一把剪刀製作一個腸模型嗎？請在托盤上製作此模型，以免弄髒。

**1** 將一條香蕉和五塊餅乾放進一個碗裏，倒進一杯橙汁。搗碎成泥狀混合物。

**2** 用匙子將混合物裝入一隻緊身襪褲裏。把襪褲放在托盤上，將食物往前擠。橙汁會從襪褲中滲出，就像營養素從腸壁進入血液一樣。

**3** 繼續將混合物沿着襪褲往前擠，直到剩下的混合物堵在襪子末端。用剪刀剪開襪子的末端，然後將剩下的混合物從洞裏推出。

# 酶是怎樣運作的

食物的營養素由長的鏈狀分子組成，它們太大所以身體無法吸收。酶是一種化學物質，可攻擊這個鏈條的連接部位，將分子分解，讓小分子能進入血液中。每種酶只針對某種特別類型的營養素分子。

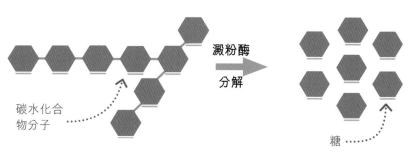

碳水化合物分子 → 澱粉酶 分解 → 糖

**1 碳水化合物分子**
碳水化合物分子被酶（如澱粉酶）分解為糖。澱粉酶在口腔和小腸裏工作。麵包、麵食和米飯富含碳水化合物。

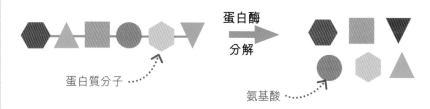

蛋白質分子 → 蛋白酶 分解 → 氨基酸

**2 蛋白質分子**
蛋白酶在胃和小腸裏工作，它們將蛋白質分子分解為氨基酸。肉和芝士富含蛋白質。

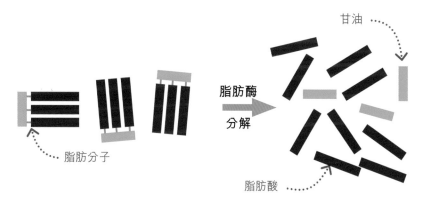

脂肪分子 → 脂肪酶 分解 → 甘油 脂肪酸

**3 脂肪分子**
肝臟可以分泌一種消化液（膽汁），將脂肪（例如食物中的食油和牛油）轉變為小分子。這些小分子在小腸裏脂肪酶的作用下被分解為脂肪酸和甘油。

# 牙齒

動物的頜裏有一套「裝置」——牙齒，可以幫助切碎食物。肌肉使頜能完成咀嚼的動作，而牙齒堅硬的邊緣，可以切開、撕碎或磨碎食物。

牙齒表面覆蓋琺瑯質，這是人體最堅硬的物質。

## 人類的牙齒

不同形狀的牙齒有不同的作用。人類是雜食性動物，會吃各種各樣的食物，包括植物和動物，所以我們的牙齒不只適合幫助進食一種食物。

**1 臼齒**
臼齒上端扁平，有些凹凸隆起，可以用於咀嚼和磨碎食物。

**2 前臼齒**
前臼齒幫助較大的臼齒把食物磨成糊狀。

**3 犬齒**
尖尖的犬齒咬住食物，將其撕成更小的碎片。

**4 門牙**
像鑿子一樣的門牙位於口腔前部，用於輕咬和切割食物。

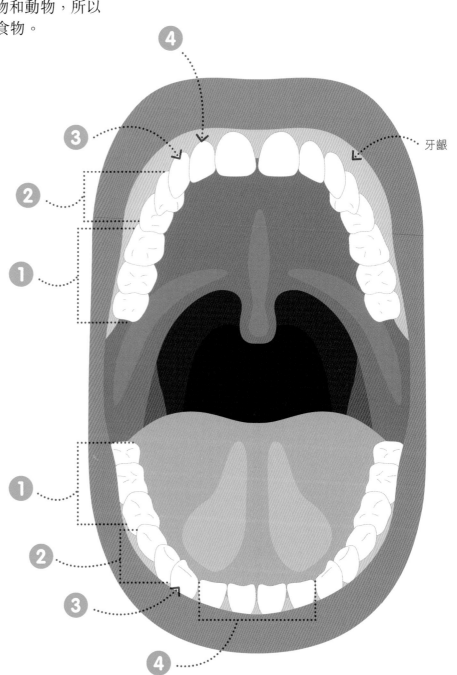

牙齦

# 肉食性動物的牙齒

像貓和狗這種肉食性動物是吃肉的，牠們需要能夠殺死獵物並將其撕成碎片的牙齒。

**1 用於抓取的犬齒**
巨大的、匕首般鋒利的犬齒可以抓住並刺傷獵物。犬齒能夠把肉刺穿，幫助肉食性動物殺死獵物並吃掉肉。

**2 用於切割的臼齒**
肉食性動物的臼齒邊緣像刀一樣鋒利，可以切割肉。臼齒的根部很深，令它穩固得能咬碎骨骼。

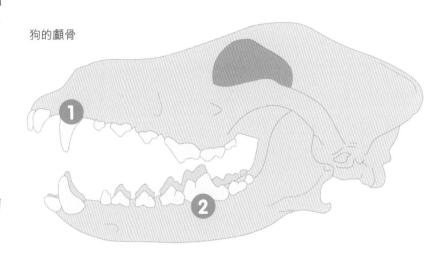

狗的顱骨

# 草食性動物的牙齒

像兔子和馬這種草食性動物是吃植物的，牠們需要能夠切割和咀嚼植物的牙齒。

**1 用於吃草的門牙**
長且鋒利的門牙位於口腔前部，可以切斷植物。吃植物不需要犬齒，所以有些草食性動物沒有犬齒。

**2 用於研磨的臼齒**
植物比肉堅硬得多，因此草食性動物的臼齒表面粗糙，有鋒利的脊狀隆起，用於碾碎植物。

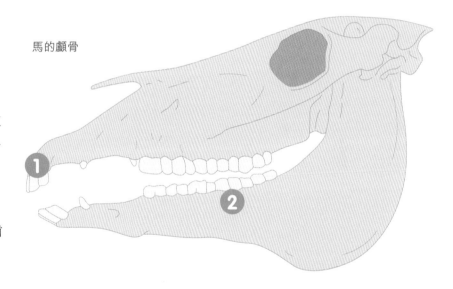

馬的顱骨

---

**現今科技**

# 植牙

如果一個人失去了一顆恆齒，可以植牙代替。把人工的鈦質牙根置入牙齦下的牙槽骨內，頂上安裝一個連接器，牙醫便可加上假牙冠。

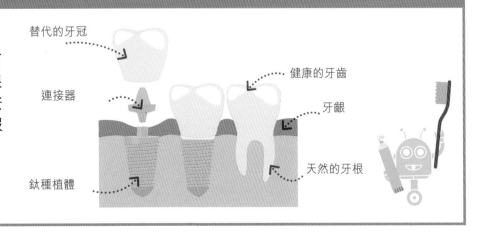

替代的牙冠

連接器

鈦種植體

健康的牙齒

牙齦

天然的牙根

# 呼吸作用

所有活細胞都需要能量。它們透過呼吸作用產生能量，呼吸作用可以釋放儲存在食物分子中的化學能，並將其轉化為一種細胞能使用的形式。

跑步令你的身體需要更多氧氣，所以你呼吸得更深，更快。

## 有氧呼吸

大多數生物利用氧氣釋放能量。這個過程叫作有氧呼吸。活的細胞需要持續的氧氣供應維持生命，越活躍的動物，需要的氧氣就越多。

**1 吸入氧氣**
人體通過鼻和口腔將空氣吸入肺部，獲得所需的氧氣。

**2 肺部**
氧氣從肺部進入血液。呼吸作用產生的廢物二氧化碳則被血液運送到肺部，然後被呼出體外。

**3 通過血液**
氧氣通過血液中的血紅蛋白運往全身各處。血紅蛋白令血液呈紅色。

**4 肌肉細胞**
在肌肉細胞內，化學反應將葡萄糖（食物中的糖分子）和氧氣轉化為水和二氧化碳，這個過程會釋放能量，從而使肌肉收縮。

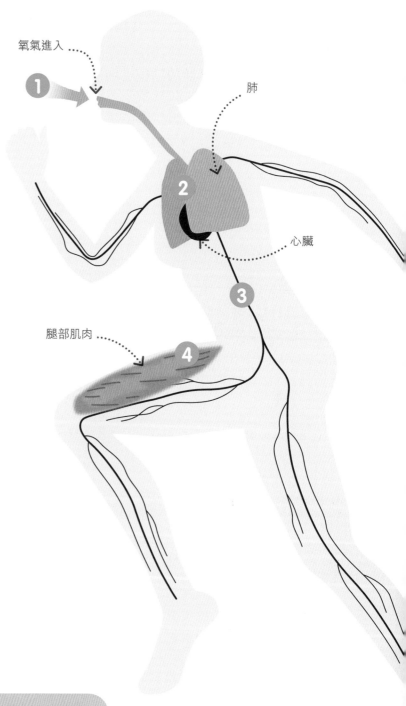

氧氣進入

肺

心臟

腿部肌肉

葡萄糖 ＋ 氧氣 → 水 ＋ 二氧化碳 ＋ 能量

## 無氧呼吸

如果一個細胞不能獲得足夠的氧氣進行有氧呼吸，它就會轉向無氧呼吸。無氧呼吸比有氧呼吸釋放的能量較少。在人體中，無氧呼吸會產生一種叫作乳酸的廢物，乳酸在運動過程中會積累起來，讓人產生肌肉酸痛的感覺。像酵母這樣的微生物，在沒有氧氣的地方會進行無氧呼吸，比如在腐爛的水果中。

腐爛的水果

## 氣體交換

所有生物都有可以進行氣體交換的結構，讓氧氣進入身體，並排出二氧化碳。為幫助氣體進入和排出身體，氣體交換的氣囊壁一般都比較薄，並且表面面積很大，如昆蟲的氣管、魚的鰓和哺乳動物的肺。

水進入嘴裏。

水流過魚鰓。

### 3 魚

富含氧氣的水從魚嘴進入再經魚鰓流出。魚鰓中有大量可以吸收氧氣的微小血管。

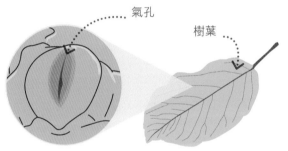

氣孔

樹葉

### 1 植物

葉子下有成千上萬個氣孔。每個氣孔都可以打開和關閉，讓氣體進入葉片或者從葉片排出。

肺部

氣管

### 4 哺乳動物

當哺乳動物呼吸時，牠們吸氣，將富含氧氣的空氣吸入肺部，然後呼氣，呼出二氧化碳。

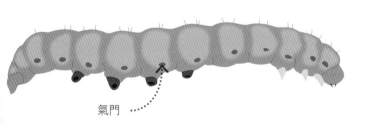

氣門

### 2 昆蟲

昆蟲通過氣門的小洞讓空氣進入體內。這些氣門連着氣管的管狀網絡，而氣管貫穿昆蟲全身。

空氣進入。

前氣囊

肺

後氣囊

### 5 鳥

空氣在鳥類肺部是單向流動的。空氣會在連接身體不同部位的氣囊之間運動。

# 肺與呼吸

體內的細胞需要持續的氧氣供應來維持生命。每次呼吸，
空氣便會進入肺部，其中的氧氣進入血液，運往全身。

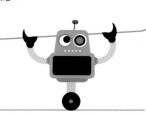

在你的肺裏大約有 4.8
億個肺泡。

## 吸氣

**1** 橫膈膜是胸部和腹部之間的一大塊肌肉。當肋間
肌收縮，提起肋骨，擴展胸腔，橫膈膜會變得扁
平、向下移動。這些運動令肺部擴張。

**2** 空氣從鼻和口腔進入身體，順着氣管向下，進入
肺部。

**3** 氣管擴展成無數條小管，稱為小支氣管，小支氣
管的末端有一個叫作肺泡的小囊。肺泡裏充滿
了空氣。

**4** 氧氣通過肺泡壁擴散進入血液，二氧化碳從血
液擴散到肺泡中，然後被呼出。人體內的肺泡
數量龐大，為氣體交換提供了巨大的表面面積。

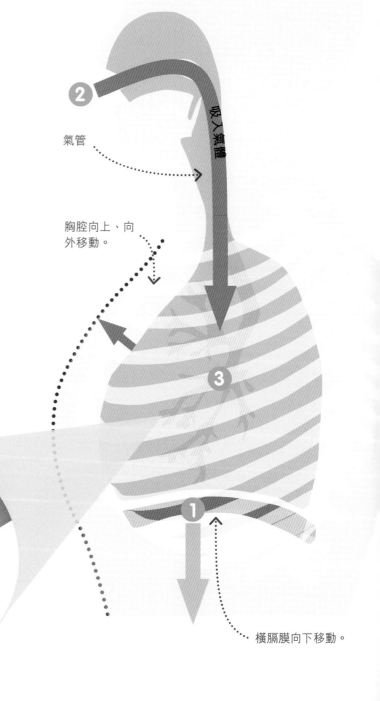

吸入氣體

氣管

胸腔向上、向
外移動。

小支氣管

二氧化碳送出。

肺泡

細胞吸收氧氣。

橫膈膜向下移動。

## 哮喘

如果患有哮喘，小支氣管壁上的肌肉有時會收縮並發炎腫脹。小支氣管變窄，人會變得呼吸困難。

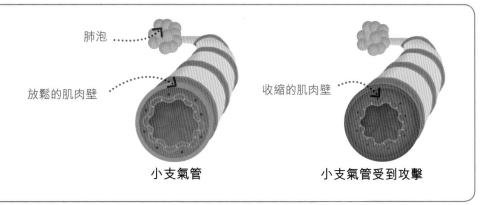

肺泡

放鬆的肌肉壁

收縮的肌肉壁

小支氣管

小支氣管受到攻擊

## 呼氣

**1** 橫膈膜回復自然的弧度，擠壓肺部。

**2** 胸腔向下移動，同時擠壓肺部。

**3** 肺裏的氣體經過小支氣管進入氣管，再從鼻和口腔排出體外。

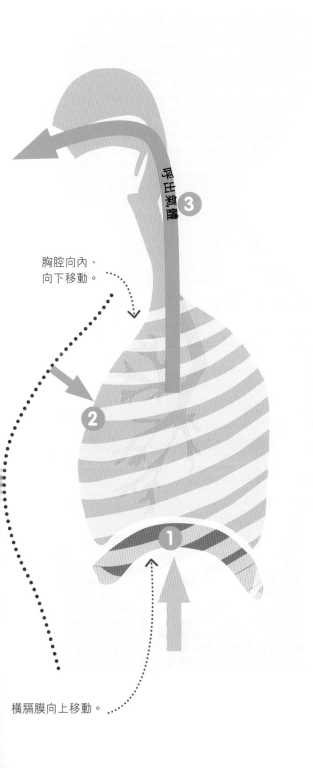

呼出氣體

胸腔向內、向下移動。

橫膈膜向上移動。

### 試一試

## 測試你的肺活量

將一個裝滿水的膠水瓶倒扣在一碗水中，把瓶口埋在水下。取下蓋子，在瓶口放一支又長又軟的吸管。現在，深吸一口氣，盡可能往吸管裏吹氣，從瓶子裏的空氣量可以知道你的肺活量。

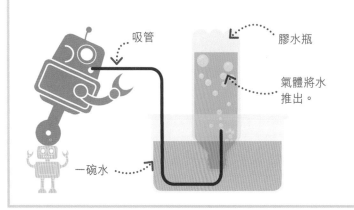

吸管

膠水瓶

氣體將水推出。

一碗水

# 血液

血液是在動物身體裏流動的液體，負責輸送氧氣和營養，並帶走廢物。心臟推動血液流經巨大的管道網絡，到達身體的各個部位。

## 血液運輸系統

所有大型動物都以血液作為氧氣、營養和廢物的運輸系統。血液通過血管在體內循環流動。心肌有規律地收縮擴張，使血液往一個方向流動。

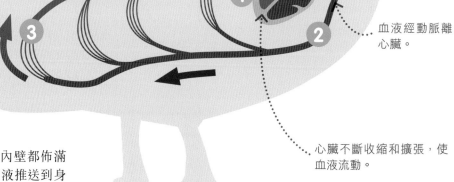

血液經靜脈回流到心臟。

血液經動脈離心臟。

心臟不斷收縮和擴張，使血液流動。

### 1 心臟

心臟內有充滿血液的腔室。每個腔室的內壁都佈滿肌肉。當肌肉收縮時，它們擠壓腔室，將血液推送到身體其他部位。

### 2 動脈

從心臟延伸出來的、強韌的血管叫作動脈。它們將血液輸送到人體的各個組織。動脈的血管壁很厚，這樣它才能承受血液流經其中時產生的重大壓力。

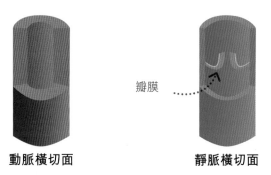

瓣膜

**動脈橫切面**　　　　　　　　　**靜脈橫切面**

### 3 毛細管

在人體組織的內部，動脈分成數十億微小的薄壁血管，稱為毛細管。營養、氧氣和廢物通過擴散作用從血液進入組織的細胞。

### 4 靜脈

靜脈把血液帶回心臟。靜脈中的瓣膜可阻止血液倒流。靜脈的血管壁比動脈的血管壁薄，因為當中的血液壓力較低。

# 血液是怎樣運作的

血液是由數十億微小細胞組成的鮮活液體。血液由四種成分組成：紅血球、白血球、血小板和血漿，它們有不同的功能。

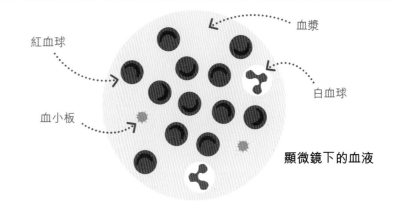

紅血球

血小板

血漿

白血球

**顯微鏡下的血液**

**1** 紅血球是血液中數量最多的細胞。它們含有血紅蛋白，血紅蛋白可以運輸氧氣。紅血球沒有細胞核。

**2** 白血球比紅血球大。它們不運輸物質。但是它們可以殺死細菌，從而保護身體免受感染。

**3** 血小板是細胞碎片，在血管受傷後，它們會聚集起來，幫助血管中的血液凝結，修補破損的血管。

**4** 血漿是一種淡黃色的液體，主要由水組成。血漿在體內運輸溶解的營養和廢物 (如二氧化碳)。

# 擴散作用

毛細管將血液中的氧氣和營養輸送到身體的每個細胞，這些物質通過擴散作用進入細胞。擴散是指物質從高濃度區向低濃度區轉移的過程。二氧化碳等廢物則從細胞擴散到毛細管中。毛細管壁只有一個細胞那麼厚，所以擴散的距離很短。

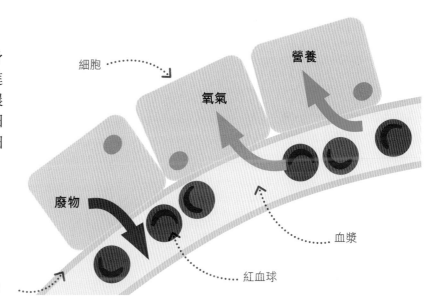

細胞

營養

氧氣

廢物

血漿

紅血球

毛細管壁

---

現今科技

# 輸血

輸血是將健康人 (供血者) 的血液輸給生病或嚴重受傷的人。抽血是將一根膠管插入供血者手臂的靜脈，抽出血液。在注射血液給病人之前，要進行血液檢測，確保與病人的血型相符。

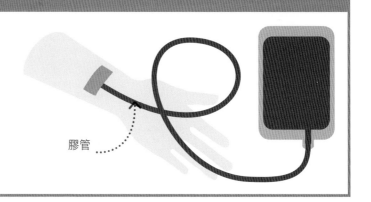

膠管

# 心臟

心臟是一個強壯的肌肉泵，讓血液能在全身流動。與其他肌肉不同的是，心臟會不停地工作，在你的一生中不斷地跳動。

心跳的聲音是由心臟內的辦膜猛烈關閉而造成的。

## 心臟內部

心臟內部有四個腔室 —— 兩個在頂部，叫作心房；兩個在底部，叫作心室。每次心臟放鬆時，心房和心室都會充滿血液。當心臟收縮時，血液則被擠出。心臟瓣會隨着每一次心跳打開和關閉，保證血液流向正確的方向。

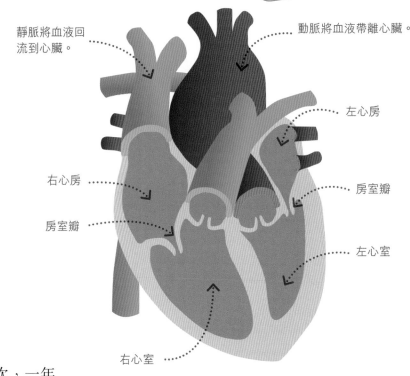

靜脈將血液回流到心臟。

動脈將血液帶離心臟。

左心房

右心房

房室瓣

房室瓣

左心室

右心室

## 心跳的階段

心臟不知疲倦地跳動，一分鐘大約 70 次，一年大約 4,000 萬次。每一次心跳都準確地經過了以下步驟。

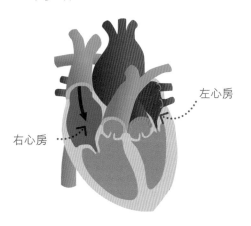

左心房

右心房

**1** 當心臟放鬆時，來自靜脈的血液充滿兩個心房。

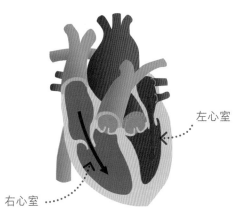

左心室

右心室

**2** 心房壁收縮，血液被擠進兩個心室。

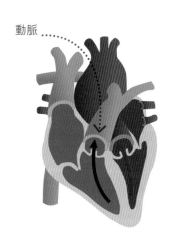

動脈

**3** 心室壁收縮，將血液從心臟泵入動脈。

# 雙重循環系統

心臟的左右兩邊通過兩條不同的路徑輸送血液。一條路徑是將血液輸送到肺部，收集氧氣；另一條路徑是將血液輸送到身體的其他部位，將氧氣輸送到身體各個器官。

**1** 心臟右邊的部分將血液泵至肺，血液在那裏吸收氧氣並釋放二氧化碳。

**2** 含氧量高的血液，如圖紅色所示，返回心臟的左側。

**3** 血液被泵到體內其他器官，提供氧氣並吸收二氧化碳。

**4** 含氧量低的血液回到心臟，循環週期重新開始。

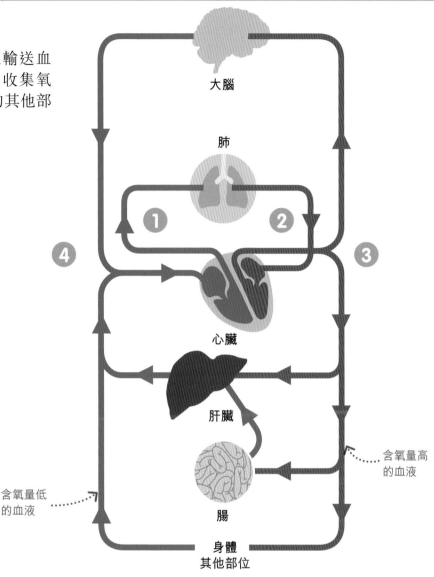

大腦

肺

心臟

肝臟

腸

含氧量低的血液

含氧量高的血液

身體其他部位

---

**現今科技**

## 修補心臟

如果一個人有不健康的飲食習慣，脂肪會在為心臟肌肉提供血液的冠狀動脈中堆積。冠狀動脈就會變得狹窄，不能正常工作。在某些情況下，修復冠狀動脈需要插入一個金屬支架，擴張變窄的動脈。

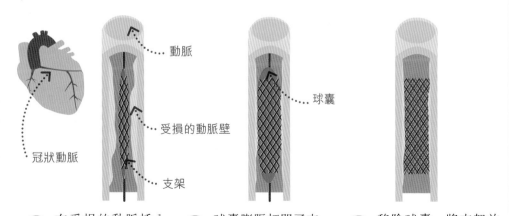

動脈

受損的動脈壁

支架

冠狀動脈

球囊

**1** 在受損的動脈插入支架。支架裏有一個球囊。

**2** 球囊膨脹打開了支架，擴張有問題的動脈。

**3** 移除球囊，將支架放置在適當的位置。血液就可以自由流動了。

# 排泄

在活細胞中的許多工作過程中都會產生廢物。把這些不需要的化學物質從體內清除的過程叫作排泄。

## 體內的排泄作用

人體最重要的排泄器官是腎臟。同時，另外一些器官在排泄工作中都起着重要的作用。

**1 皮膚**
皮膚分泌汗液主要是令身體降溫，同時會把體內的水和鹽排出體外。

**2 肺**
二氧化碳是呼吸作用中的廢物。它被血液帶到肺部，然後呼出。

**3 肝臟**
肝臟分解多餘的蛋白質，產生一種富含氮的化學廢物 —— 尿素。肝臟還能分解老化的血球，產生膽色素隨膽汁排出。

**4 腎臟**
腎臟過濾血液中的尿素、多餘的水分和其他廢物，產生尿液。

**5 膀胱**
膀胱儲存腎臟的尿液，尿液充滿時膀胱會膨脹，它的神經末梢會觸發排尿的衝動。

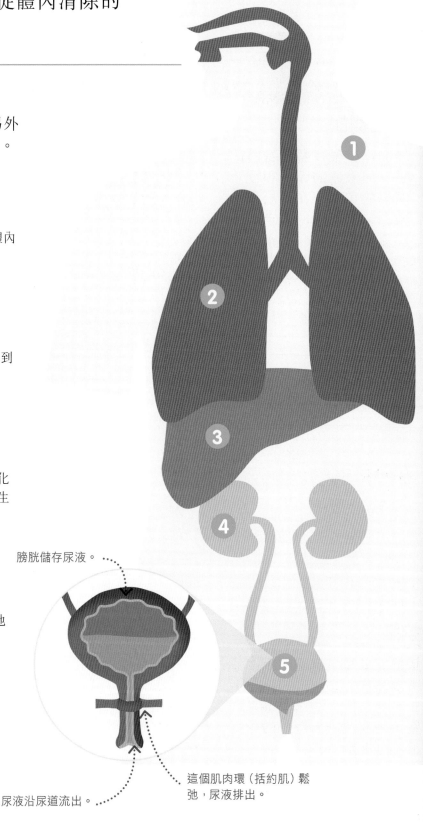

膀胱儲存尿液。

尿液沿尿道流出。

這個肌肉環（括約肌）鬆弛，尿液排出。

## 顏色測試

尿提供了很多關於身體的信息。如果尿的顏色很淺，說明你的身體正在排出多餘的水分。如果尿的顏色較深，那你可能需要多喝水了。有些食物能改變尿液的顏色或氣味。試試吃紅菜頭、黑莓和蘆筍，看看會發生甚麼事！

## 植物的排泄作用

植物以葉子排出化學廢物。呼吸過程中產生的二氧化碳會釋放到空氣中，或者在光合作用中消耗殆盡。其他廢物會儲存在細胞內，直到葉子死亡，從植物上脫落。

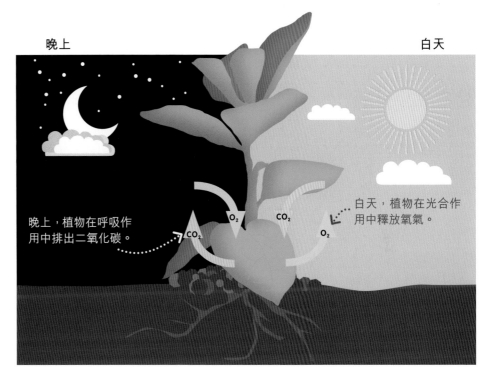

晚上

白天

晚上，植物在呼吸作用中排出二氧化碳。

$CO_2$

$O_2$

$CO_2$

$O_2$

白天，植物在光合作用中釋放氧氣。

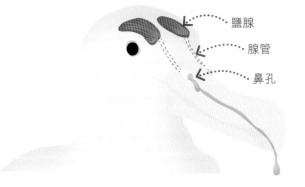

鹽腺

腺管

鼻孔

## 鹽腺

海水太鹹了，我們不能喝，但有些動物可以喝，這要歸功於牠們擁有能排出鹽的特殊器官。海鳥有鹽腺，可以過濾血液，排出海水中多餘的鹽。排泄物從牠們的鼻孔流出，是一些帶鹽的液體。海龜可從眼淚中排出鹽。

## 排遺

排泄代表清除來自活細胞的代謝廢物。許多動物還必須清除不是來自細胞的廢物，如糞便 —— 來自腸道未能消化的食物。把糞便排出體外的過程叫作排遺，而不是排泄。

糞便

# 對抗感染

人體總是受到有害微生物的攻擊，免疫系統會識別這些入侵者，摧毀並記住它們。

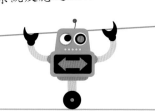

一些疾病，如哮喘，是由免疫系統反應過度引起的。

## 建立免疫系統

每當遇到一種新細菌，身體就會學習如何迅速攻擊它，這就給了身體持久的免疫力。

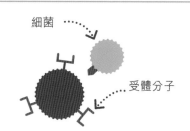

細菌

受體分子

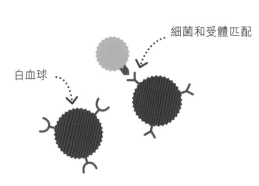

細菌和受體匹配

白血球

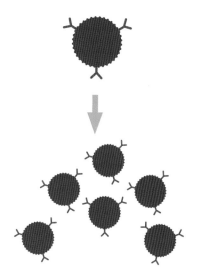

**1** 有些細菌在空氣中從一個人傳播到另一個人。吸入這些細菌時，它們可能會進入血液或其他體液。

**2** 白血球試圖在表面上以各種各樣的受體分子來鎖定細菌。最終找到匹配的受體。

**3** 匹配成功的白血球，分裂出成千上萬的新細胞，所有新細胞都具有匹配的受體。

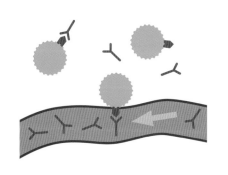

吞噬細胞

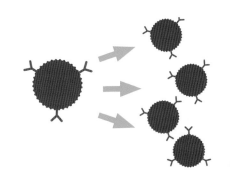

**4** 新細胞釋放大量受體分子，稱為抗體，它們走遍全身，並附在細菌上。

**5** 這些抗體充當另一種白球的燈塔，稱為吞噬細胞。吞噬細胞吞噬並消滅細菌。

**6** 檢測到細菌的血球會產生記憶細胞，這些記憶細胞會在體內停留數年，一旦該細菌返回，它們就會迅速發動攻擊。

# 身體屏障

物理和化學屏障是抵禦大多數細菌的第一道防線，這些
屏障能阻止細菌進入體內柔軟的組織。

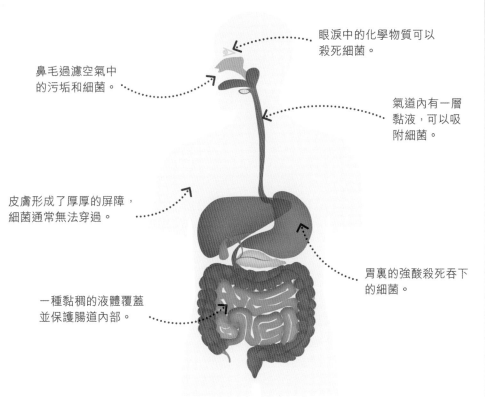

眼淚中的化學物質可以
殺死細菌。

鼻毛過濾空氣中
的污垢和細菌。

氣道內有一層黏
液，可以吸附細菌。

皮膚形成了厚厚的屏障，
細菌通常無法穿過。

胃裏的強酸殺死吞下
的細菌。

一種黏稠的液體覆蓋
並保護腸道內部。

## 疫苗

疫苗令人對疾病產生免疫力，
它們是由經過改良的、無害
的細菌製成的。當疫苗注入
人體時，改良後的細菌會觸
發白血球產生抗體並記住這
些細菌。

經過改良的細菌

抗體

# 炎症

如果你的皮膚受傷了，細菌就會侵入。為擋住它們
的去路，傷口周圍會腫脹、疼痛和發紅，這就是炎
症。

血凝塊堵住傷口。

腫脹逐漸消退。

細菌

白血球

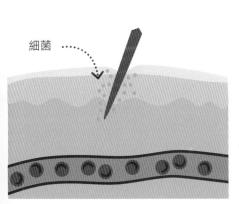

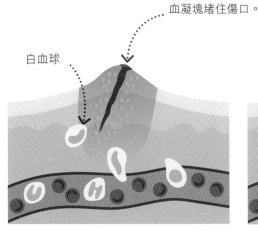

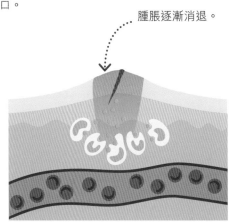

**1** 尖銳的物體刺穿皮膚，細菌趁機會
侵入。傷口周圍受損的細胞會釋放
引發炎症的化學物質。

**2** 周圍的血管變寬，皮膚變紅。血管
中的液體滲出，引起腫脹，白血球
進入受損區域。

**3** 白血球襲擊並吞噬細菌。受損的部
位開始癒合，腫脹也逐漸消退。

# 感覺與反應

為了生存，生物必須感知周圍環境並對食物或危險作出反應。動物的感覺和反應比植物快，這歸功於動物的神經系統和肌肉系統。

人類的神經系統以每小時 360 公里的速度傳遞信息。

## 生存能力

大腦是動物神經系統的控制中心。以下五個步驟可得知動物的大腦如何決定對環境變化的反應。

狐狸是兔子的刺激物。

兔子的大腦接收和處理關於刺激的信息。

**1 刺激**
刺激是指任何的環境變化，這些變化能引發生物的反應。看到和嗅到肉食性動物，比如狐狸，對兔子來說是一種強大的刺激。

**2 感受器**
兔子有不同的感受器（如眼睛、鼻子和耳朵），可以檢測不同類型的刺激。牠的感受器能收集信息，然後發送到大腦。

**3 控制中心**
兔子的大腦處理來自感受器的信息。它意識到狐狸是危險的，並決定應該如何應對。

# 植物是怎樣感覺和反應的

植物可以檢測到光或水，但牠們沒有神經系統或肌肉幫助其作出快速反應。牠們的反應非常緩慢，只能通過生長狀況來體現。

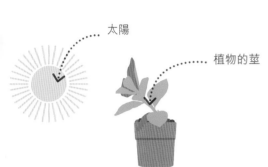

## 1 光

光對植物的莖是一種刺激。莖背光的一側比向光的一側長得快，這使植物會向光彎曲。

## 2 觸覺

當攀緣植物的捲鬚或莖碰到其他東西時，牠們會作出彎曲的反應。因此能在成長過程中得到支撐。

## 3 重力

植物的根感覺到重力並在泥土裏往下生長。無論種子以何種方式發芽，牠們的根都會彎向重力的方向。

## 4 效應器

兔子的大腦將信息發送到效應器，效應器是身體的一部分，會產生反應，如肌肉。大腦傳遞信息給兔子的腿部肌肉，使其收縮。

## 5 反應

在看到狐狸的一刹那，兔子飛奔逃跑，鑽進狐狸不能鑽進的洞穴裏。

---

**試一試**

# 敏感的皮膚

人類皮膚每個部位的敏感程度都不一樣。有些格外敏感的部位含有更多的觸覺感受器（檢測觸覺的神經細胞）。試用髮夾或萬字夾的兩個末端同時接觸指尖。你能感覺到一個尖端還是兩個呢？試一下你其他部位的皮膚。能感覺到兩個尖端，就是皮膚上含有大量觸覺感受器的地方。

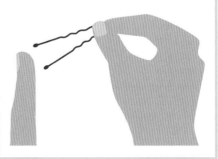

# 人體神經系統

神經系統是身體的控制網絡，這個由數十億神經細胞組成的錯綜複雜的網絡，在大腦和身體其他部位之間傳遞着高速的電子信號。

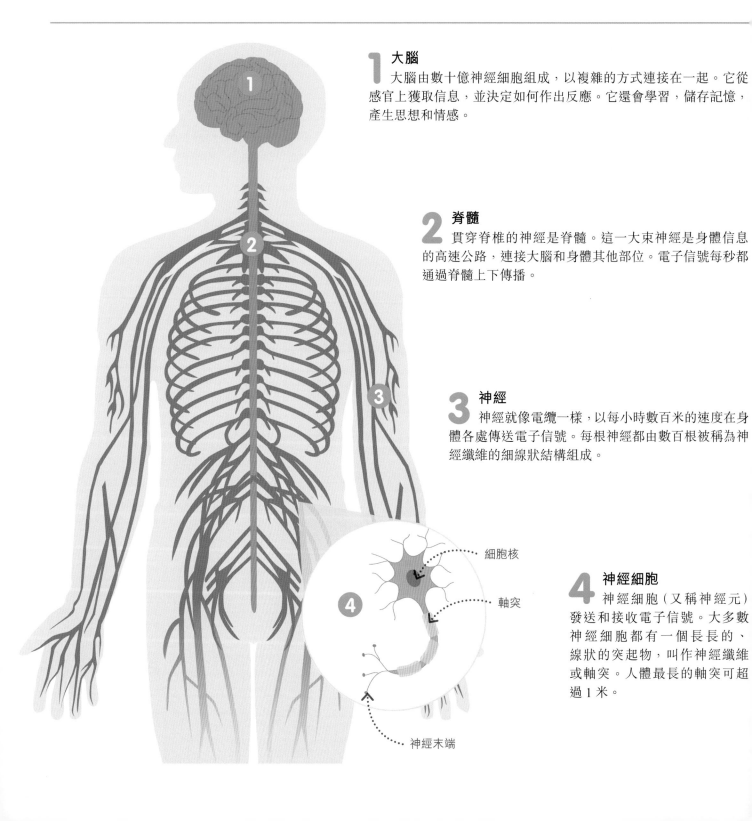

## 1 大腦
大腦由數十億神經細胞組成，以複雜的方式連接在一起。它從感官上獲取信息，並決定如何作出反應。它還會學習，儲存記憶，產生思想和情感。

## 2 脊髓
貫穿脊椎的神經是脊髓。這一大束神經是身體信息的高速公路，連接大腦和身體其他部位。電子信號每秒都通過脊髓上下傳播。

## 3 神經
神經就像電纜一樣，以每小時數百米的速度在身體各處傳送電子信號。每根神經都由數百根被稱為神經纖維的細線狀結構組成。

## 4 神經細胞
神經細胞（又稱神經元）發送和接收電子信號。大多數神經細胞都有一個長長的、線狀的突起物，叫作神經纖維或軸突。人體最長的軸突可超過 1 米。

細胞核

軸突

神經末端

# 傳遞神經信號

神經元在叫作突觸的連接處相遇。突觸有一個微小的間隙，可以阻止電子信號從一個細胞直接傳遞到另一個細胞。而神經遞質這種化學物質則可以在間隙中傳遞信息。

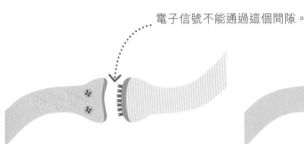

電子信號不能通過這個間隙。

神經遞質通過間隙。

電子信號繼續它的旅程。

**1** 電子信號（神經脈衝）沿着神經元傳遞，直到它到達細胞的末端。

**2** 受到信號的觸發，神經細胞末端儲存的神經遞質會釋放出來。

**3** 這些化學物質與下一個細胞上的受體結合，觸發新的電子信號。

# 大腦皮層

大腦的最外層叫作大腦皮層。人類的大腦皮層的範圍非常大。腦溝和腦回將大腦皮質劃分為幾個區域，這些區域叫作腦葉。一些腦力工作，如處理語言，會集中在特定的腦葉處理。但大多數腦力工作涉及大腦的許多部分協作，這些是人類尚未完全理解的。

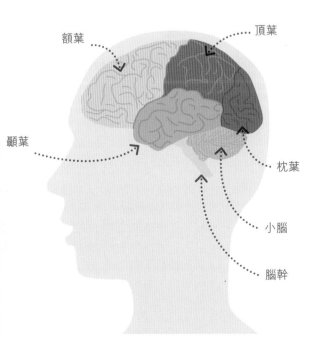

額葉

頂葉

顳葉

枕葉

小腦

腦幹

## 現今科技

# 義肢

義肢是一種人工替代品，可以代替失去的肢體。現代的義肢上有感應器，可以接收肌肉中的神經信號，使用者可通過大腦意識移動機械手。

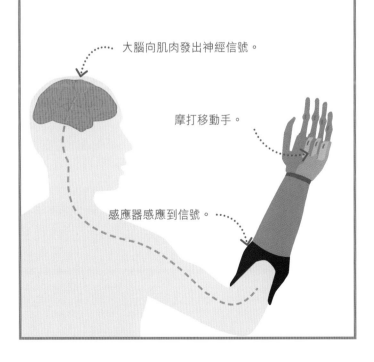

大腦向肌肉發出神經信號。

摩打移動手。

感應器感應到信號。

# 人類的眼睛

眼睛是讓我們看到世界的感覺器官。在光線的刺激下，眼睛向大腦發送神經信號，這些信號在大腦中被處理成影像。

大腦結合了雙眼的影像來創造 3D 視覺。

## 眼睛是如何運作的

眼睛像照相機一樣工作，聚焦光線直到獲得清晰的圖像。光線可能是直接從光源（如太陽或燈）到達眼睛的，也可能來自物體反射的光。

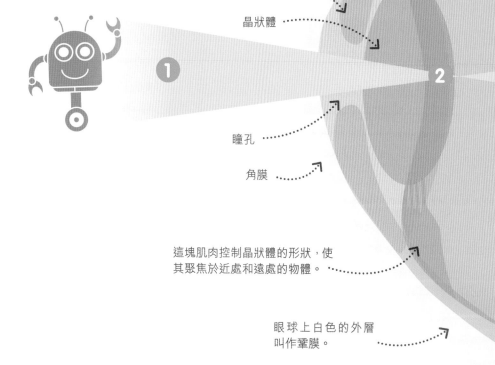

視網膜是眼球的內層。

虹膜

晶狀體

瞳孔

角膜

這塊肌肉控制晶狀體的形狀，使其聚焦於近處和遠處的物體。

眼球上白色的外層叫作鞏膜。

**1 光線進入**

光線通過眼睛前部的角膜的透明部分進入眼睛。光線通過角膜時，會發生輕微的折射，然後穿過瞳孔。瞳孔是虹膜中間的一個小孔。

**2 聚焦光線**

眼部肌肉會自動改變晶狀體的形狀來聚焦光線，使光線落在眼睛後部的視網膜上，並形成一個清晰、倒立的影像。

**3 探測光線**

視網膜上有數以百萬計的光感細胞：視錐細胞讓你在強光下也能看到物體的顏色；視桿細胞讓你在昏暗的環境下也能看清楚。

# 聚焦

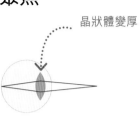

晶狀體變厚。

晶狀體變薄。

## 1 近處視覺

看近處的物體時,晶狀體周圍的肌肉收縮,促使晶狀體變厚,提高聚焦能力。近處的物體變得清晰,遠處的物體變得模糊。

## 2 遠處視覺

看遠處的物體時,晶狀體周圍的肌肉舒張,晶狀體變薄。遠處的物體變得清晰,近處的物體變得模糊。

---

## 虹膜反射

虹膜(眼睛的有色部分)可使瞳孔變小或變大,來控制進入眼睛的光線量。在明亮的環境中,瞳孔會變小;在昏暗的環境中,瞳孔會變大。

在非常明亮的環境中的眼睛

在非常昏暗的環境中的眼睛

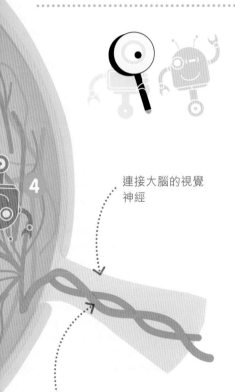

連接大腦的視覺神經

4

血管

## 4 形成影像

視網膜將光信號轉換成神經脈衝,然後沿着視神經進入大腦,大腦將它們加工成細緻、直立的影像。

---

現今科技

## 眼鏡和隱形眼鏡

有些人的眼睛不能恰到好處地將光線聚焦在視網膜上,所以他們看到的世界是模糊的。眼鏡和隱形眼鏡通過折射進入眼睛的光線來矯正視力。

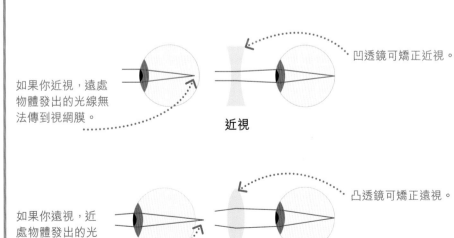

如果你近視,遠處物體發出的光線無法傳到視網膜。

近視

凹透鏡可矯正近視。

如果你遠視,近處物體發出的光線會聚焦到視網膜外。

遠視

凸透鏡可矯正遠視。

# 人類的耳朵

耳朵是身體的聽覺器官，它們探測到空氣中傳播的聲波，然後向大腦發送神經信號，從而產生聽覺。

人的耳朵由外耳、中耳和內耳三個部分組成，外耳是最大的。

## 耳朵是如何運作的

物體振動產生聲波，這些聲波通過空氣傳遞到人的耳朵，在耳朵裏轉換為振感，然後以聲波的形式在耳內的液體中傳送。

**1 外耳**
外耳收集聲波並將其送入鼓膜。鼓膜為一層薄膜，當聲波擊中它時，就會振動。

**2 中耳**
鼓膜將振動傳到位於中耳中的三塊小骨骼 —— 聽小骨，聽小骨像槓桿般來回擺動。它們會放大聲音，並將振動傳遞到內耳。

**3 內耳**
聲音現在以波的形式通過內耳，以當中的液體傳送。這些聲波進入耳蝸。耳蝸是一個蝸牛狀的管道，充滿了微小的毛細胞，毛細胞可以探測聲波。

**4 傳遞信息給大腦**
耳蝸內的聲波使毛細胞上的纖毛彎曲。這些活動會作為神經信號發送到大腦。

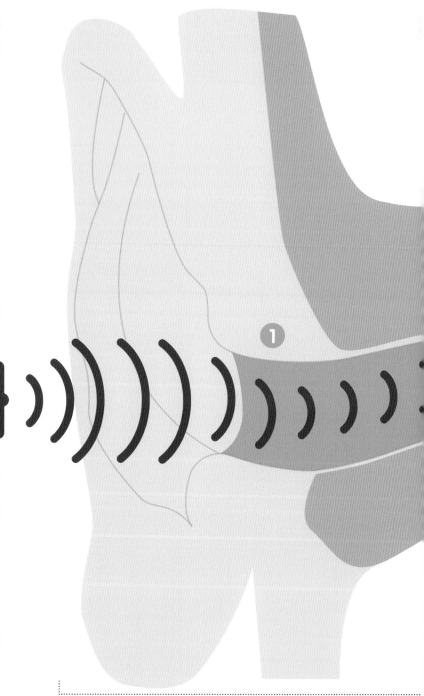

外耳

## 探測音調

不管聲音是低的還是高的，我們的耳朵都能聽到。這是因為耳蝸不同部位的毛細胞能偵測不同的音調。耳蝸中心的毛細胞能偵測像雷聲一樣的低沉聲音，而入口附近的毛細胞則能偵測像鳥鳴一樣的高亢聲音。

## 平衡感

耳朵給我們一種平衡感。當你的頭部移動時，內耳的液體會在耳蝸附近的一組複雜的管道和腔內晃動。流動的液體會觸發運動感應器，向大腦發送信號，告訴大腦頭部的位置和動作。

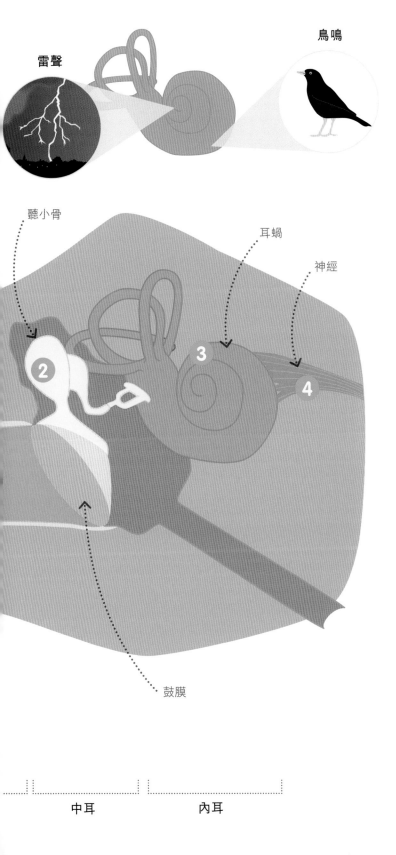

鳥鳴

雷聲

聽小骨

耳蝸

神經

2

3

4

鼓膜

中耳　　　　　　內耳

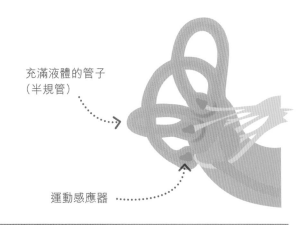

充滿液體的管子
（半規管）

運動感應器

## 植入人工耳蝸

人工耳蝸是一種能夠幫助聾人增強聽力的電子設備。傳聲器接收聲音，並將無線電信號傳送給植入皮下的接收器，接收器通過電線向植入耳蝸的電極發送電信號，刺激毛細胞。

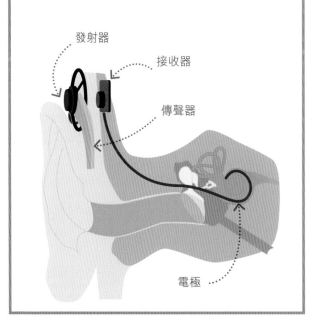

發射器

接收器

傳聲器

電極

# 動物是如何移動的？

所有生物都能移動，但動物比植物移動得更頻繁。這是因為動物有肌肉系統和神經系統，可以控制更大、更快的活動狀況。

動物需要四處活動來尋找食物和配偶，或者躲避危險。

## 動物的移動

動物通過收縮肌肉運動。當肌肉收縮時，會拉動身體的某些部位，幫助動物改變姿勢或從一個地方移動到另一個地方。運動需要能量，而能量來自呼吸作用。有些動物的肌肉收縮得很快，這就意味着牠們可以快速移動。

一些肌肉收縮，推動身體前端向前移動。

其他肌肉令蚯蚓皺成一團，拉動餘下的身體往後。

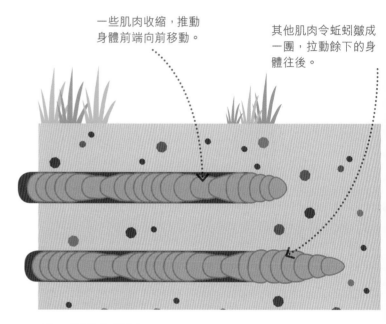

**1 游動**
魚通過收縮（或舒張）身體兩側的肌肉來游動，使身體有規律地向左、向右彎曲，幫助魚用尾巴在水中移動，而魚鰭則保持身體的平衡。

**2 蠕動和鑽洞**
許多軟體動物都有大量肌肉來幫助牠們活動。雖然蚯蚓前進的速度很慢，但是牠們的肌肉令牠們有足夠的力量來推開土壤向前進，做成一條地道。

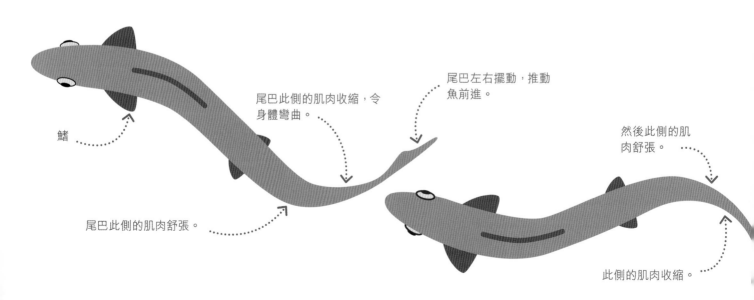

鰭

尾巴此側的肌肉收縮，令身體彎曲。

尾巴左右擺動，推動魚前進。

然後此側的肌肉舒張。

尾巴此側的肌肉舒張。

此側的肌肉收縮。

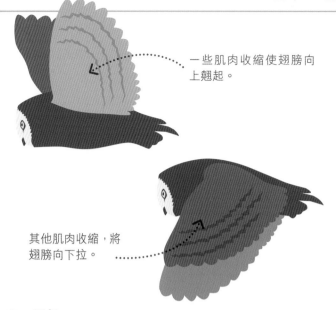

一些肌肉收縮使翅膀向上翹起。

其他肌肉收縮，將翅膀向下拉。

昆蟲用腳抓住地面。

腿部肌肉收縮令昆蟲可移動。

腿關節可以彎曲，所以腿可以前後移動。

## 3 飛行

飛行的動物有強壯的肌肉，可以上下拍動翅膀。昆蟲背部的翅膀，與四肢分開。但是鳥類用牠們的「前肢」作為翅膀來飛行。

## 4 走和跑

有腿的動物用腿走路、跑步、鑽洞、攀爬，甚至游泳。昆蟲、蜘蛛、蜥蜴、鳥類和哺乳類動物的腿部都有強健的肌肉，當這些肌肉收縮時，腿在關節處彎曲，幫助動物移動。獵豹是所有動物中跑得最快的。

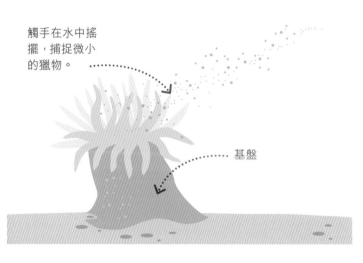

觸手在水中搖擺，捕捉微小的獵物。

基盤

## 5 可移動的觸手

海葵雖然看起來像植物，但牠們是肉食性動物。大部分時間裏，牠們的基盤（腳）固定在海牀。牠們會用有肌肉的觸手捕食路過的獵物，然後將獵物轉移到位於身體中心的口盤（嘴）裏。

---

### 試一試

# 擺動行走

當我們走路或跑步時，右腿向前，會擺動左臂，相反亦然。嘗試讓你的右臂和右腿一起擺動，左臂和左腿一起擺動，會感到很奇怪嗎？當我們的腿向前邁步時，擺動另一側的臂，可以平衡走路時造成的身體扭曲。

手臂和同側的腿一起擺動。

手臂和不同側的腿一起擺動。

# 肌肉

肌肉是令身體可以運動的組織。所有肌肉都是通過收縮（變短）來擠壓或拉動身體的。

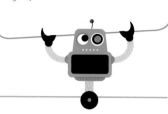

收縮最快的肌肉是控制眨眼的那塊肌肉，它每秒可以收縮五次。

## 相反的配對

肌肉可以拉動骨骼，但不能推動骨骼。為解決這個問題，肌肉通常排列成相反的一對，把骨骼拉向兩個不同的方向。

**1** 如果你想彎曲手臂，大腦首先向上臂的肱二頭肌發送神經信號。

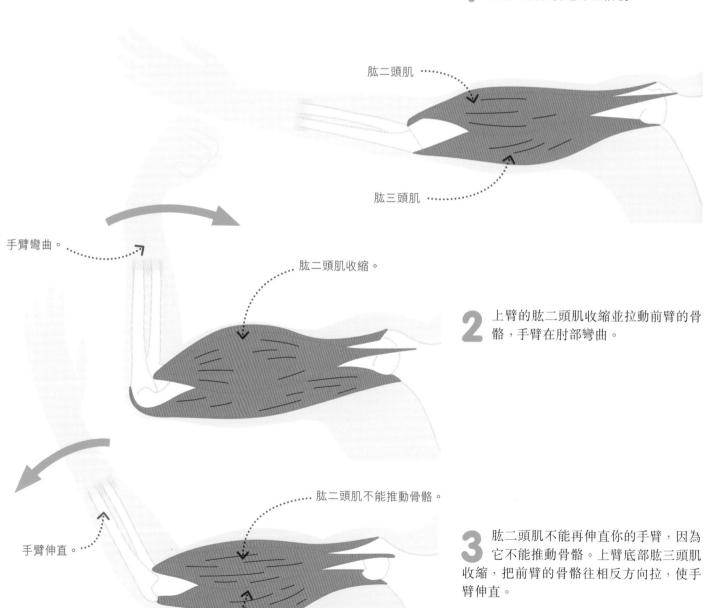

肱二頭肌

肱三頭肌

手臂彎曲。

肱二頭肌收縮。

**2** 上臂的肱二頭肌收縮並拉動前臂的骨骼，手臂在肘部彎曲。

肱二頭肌不能推動骨骼。

手臂伸直。

**3** 肱二頭肌不能再伸直你的手臂，因為它不能推動骨骼。上臂底部肱三頭肌收縮，把前臂的骨骼往相反方向拉，使手臂伸直。

肱三頭肌收縮。

# 肌肉的種類

人體的肌肉主要有三種類型。附在骨骼上的肌肉叫作骨骼肌或隨意肌，我們可以有意識地控制它們。其他肌肉則是無意識的，不需要我們思考就能自動工作。

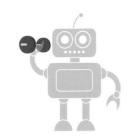

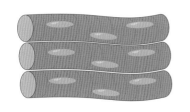

**1 骨骼肌**

骨骼肌由肌肉纖維組成。它們形狀細長，可以強而有力地收縮，但重複使用後會感到疲勞，需要休息才能恢復。

**2 平滑肌**

平滑肌位於腸胃壁。它們是自動工作的，在消化系統中擠壓食物，不需要經過思考。

**3 心肌**

心臟的肌壁由心肌構成，心肌由分支細胞組成。這些肌肉約每秒鐘收縮一次，並且會不間斷地工作。

---

**試一試**

# 機械手

肌肉是靠肌腱這堅韌的組織連接到骨骼上。例如，手指是由前臂的肌肉通過手掌下的肌腱牽引的。你可以用卡紙、繩子和吸管製作機械手，觀察它們是如何運作的。

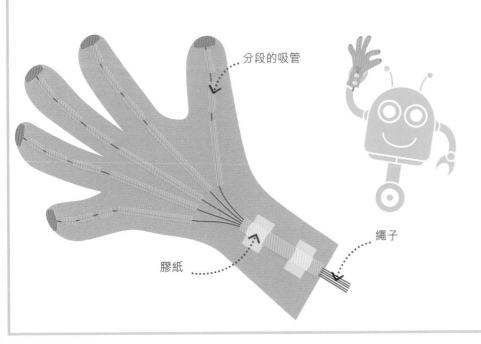

分段的吸管

膠紙

繩子

**1** 在卡紙上畫出手的輪廓，然後剪下來。

**2** 把吸管切成小段，用膠紙黏在手掌和手指上，腕關節和指關節處留有空隙。在空隙處摺疊卡紙，留下折痕。

**3** 將繩子穿過手腕處的吸管，直到每根手指的頂端，並用膠紙固定。

**4** 嘗試拉動腕部的繩子。每根繩子控制一根手指。

# 骨骼

人類由 200 多塊骨骼組成，非常靈活。它們在支撐身體的同時，能幫助身體活動。

## 1 頭骨
頭骨由 22 塊骨頭組成，它們牢牢地鎖在一起，包圍大腦形成一個保護頭盔。

## 2 脊柱
脊柱由 33 塊互相咬合連接的椎骨組成，它支撐着整個軀幹。

## 3 肋骨
24 根肋骨在胸腔周圍形成一個弧形的「籠子」。它們幫助呼吸，並且保護心臟和肺部。

## 4 髖骨
寬大的髖骨為強而有力的腿部肌肉提供附着點，並且形成支撐腹部內柔軟器官的「骨骼搖籃」。

## 5 四肢骨骼
最長和最強壯的骨骼在四肢。這些骨骼之間的關節非常靈活，可以幫助身體活動。

## 6 骨的內部結構
人體最大的骨骼不完全是堅硬的，內部的蜂窩狀結構使它既輕巧，又堅固。

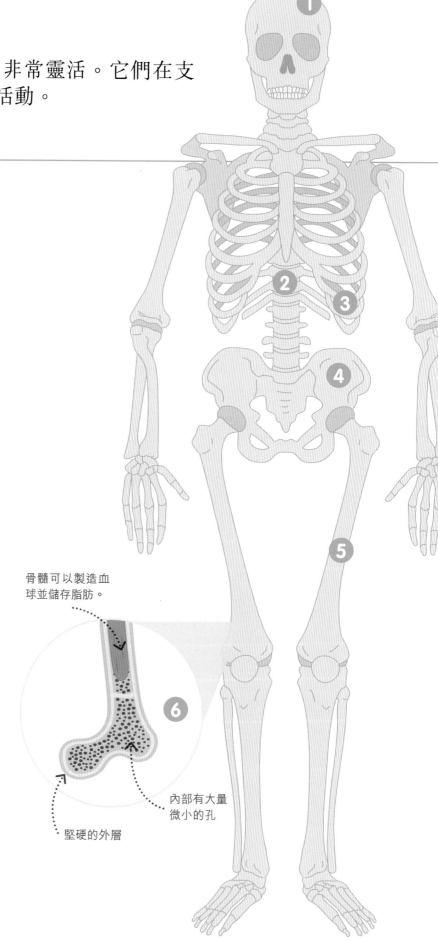

骨髓可以製造血球並儲存脂肪。

內部有大量微小的孔

堅硬的外層

# 關節

兩塊或兩塊以上的骨頭會形成一個關節。關節是由纖維組織和肌肉束連接在一起的，特定類型的關節允許骨骼以特定的方式運動。

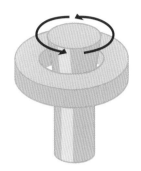

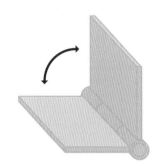

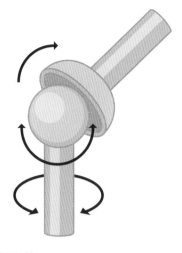

**1 樞軸關節**
轉動腦袋時，使用的是樞軸關節。這種關節能使一根骨骼繞另一根骨骼旋轉。

**2 鉸鏈關節**
彎曲一根手指時使用的是鉸鏈關節。與門鉸鏈一樣，它們讓骨只向一個方向移動。

**3 球窩關節**
髖部和肩部有球窩關節，它們可以讓胳膊和腿任意擺動。

# 動物的骨骼

動物骨骼的運作方式多種多樣。有些是由身體裏的骨頭組成的，就像人類的身體；其他則是在身體外面。有些軟體動物以液體為骨骼。

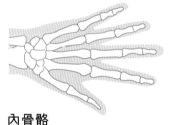

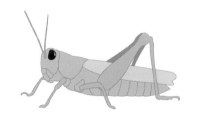

**1 內骨骼**
人類和其他大多數大型動物都有內部骨骼。

**2 外骨骼**
小動物如昆蟲有外骨骼，它同時是盔甲。

**3 靜水骨骼**
一個長且充滿液體的腔室緊緊地附在肌肉內，形成蠕蟲的靜水骨骼。

---

**現今科技**

## 人造髖部

關節在年老時可能會磨損，造成活動時會疼痛，尤其是在髖部。在髖關節置換手術中，球窩髖關節以金屬球和臼杯製成的人造關節代替。

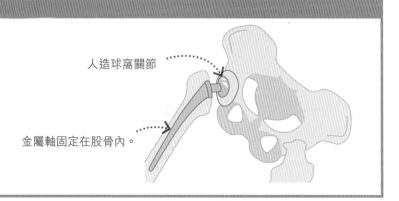

人造球窩關節

金屬軸固定在股骨內。

# 保持健康

生活方式會影響健康。養成健康、均衡的飲食
習慣，有助強身健體並且提高免疫力。

與鍛煉一樣，遊戲和體育運
動對身體都有益處。

## 運動的用處

進行體育活動時，無論是玩耍還是鍛煉，你的心臟、肺
和肌肉都會更加努力地工作。長期保持有規律的運動，
身體便會適應這種運動模式，你的心臟、肺和肌肉，甚
至骨骼都會變得更強壯，令你的體魄更強健。

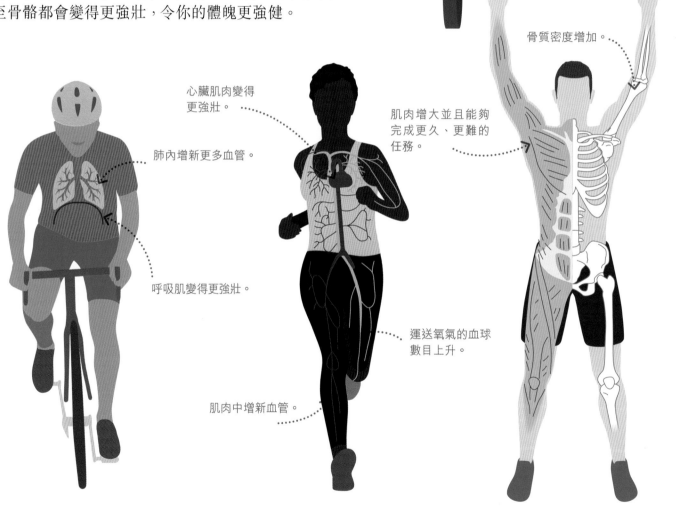

骨質密度增加。

心臟肌肉變得
更強壯。

肺內增新更多血管。

呼吸肌變得更強壯。

肌肉增大並且能夠
完成更久、更難的
任務。

運送氧氣的血球
數目上升。

肌肉中增新血管。

**1 呼吸系統**
有規律的運動可以令呼吸肌變得更
強壯，肺部製造新血管。這些變化有助
身體更快地吸收氧氣。

**2 循環系統**
心臟變得更大、更強壯，可以泵
出更多血液。循環系統在輸送氧氣時變
得更有效率，靜止心率下降。

**3 肌肉和骨骼**
肌肉、肌腱和韌帶都會變得更大、
更強壯。骨骼變得更寬，骨質密度增加
以承受更大的壓力，關節變得更靈活。

# 不同種類的運動

有氧運動和無氧運動是主要的運動類型。有氧運動使你呼吸加劇，這對呼吸系統和循環系統都有好處。無氧運動涉及短時間內身體的爆發力訓練，可以增強肌肉和骨骼。

**有氧運動**

**1 球類遊戲**
足球和許多其他競爭性運動中有大量的有氧運動，這些運動令人覺得有趣，而不是苦差。

**2 慢跑**
有規律的慢跑對心臟和肺都有益處，還能提高耐力。耐力是長時間保持體力活動的能力。

**3 踏單車**
踏單車主要對心臟和肺有益。與其他大多數運動相比，它對肌肉、骨骼和關節的壓力比較小。

**無氧運動**

**4 舉重**
舉重可以增強身體特定肌肉的力量，提高骨質密度。

**5 體操**
體操訓練能提高身體的力量、柔韌性和平衡性。

**6 短跑**
短跑可以鍛煉下肢和手臂的肌肉，還可以提升心肺功能。

---

# 吸煙危害健康

吸煙在許多方面危害健康。吸進去的煙霧改變肺部氣管內的細胞，並在肺泡中留下焦油，使肺的工作效率降低。吸煙還會損害血管，導致心臟病發作和中風。除此之外，煙中的有毒化學物質幾乎可以在身體的各個部位引發癌症。

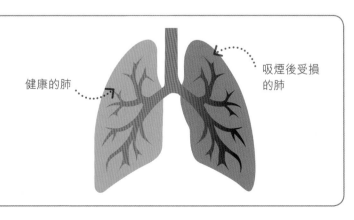

健康的肺

吸煙後受損的肺

# 動物的繁殖

動物長大成年後可以繁殖後代。兩種不同的繁殖方式
是有性繁殖和無性繁殖。

複製的生物體與原生物
體有完全相同的基因組。

## 有性繁殖

雄性和雌性產生有性生殖細胞,然後兩性生殖細胞結
合形成受精卵,再由受精卵發育成新個體,這就是有
性生殖。每一個新個體都繼承了父母雙方不同的特
點,令所有新個體都是獨一無二的。

**1 雄性生殖細胞**
生殖細胞是在生殖器官內產生的。雄性的生殖器
官是睪丸,它產生的生殖細胞是精子,外形像小蝌
蚪,可以游動。

雄性

睪丸(雄性生殖器官)

陰莖

**2 雌性生殖細胞**
雌性的生殖器官是卵巢。它能產生一種叫作卵
子的生殖細胞,卵子中含有大量的營養物質幫助後代
發育。

雌性

卵巢(雌性生殖器官)

子宮

卵子從卵巢排出。

一個卵子受精只
需要一個精子。

**3 受精**
在兔子和其他哺乳類動物中,當雄性和雌性交
配時,睪丸中的精子進入雌性體內。這種兩性生殖細
胞結合的過程叫作受精。

**4 嬰兒**
卵子受精後,會分裂很多次,長成一個新的個
體 —— 胚胎。有些動物會產卵,胚胎在母體外發育,
而哺乳類動物的胚胎則在母體子宮內發育。

每個受精卵都能發育
成一隻小兔子。

# 無性繁殖

單一個體就能完成無性繁殖，而不需要兩性配對。許多小動物和微生物都是無性繁殖的，後代擁有與它們相同的基因。無性繁殖有三種常見的方式：出芽生殖、分裂生殖和斷裂生殖。

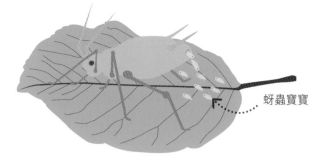

蚜蟲寶寶

## 1 出芽生殖

蚜蟲不需要交配就能生育後代，牠們可以快速繁殖。這些蚜蟲出生時已經懷有下一代的寶寶。

## 2 分裂生殖

海葵可以自身分裂成兩部分進行繁殖，形成具有相同基因的個體。分裂從口盤（嘴）開始，然後到身體的其他部分。這個過程需要五分鐘到幾小時不等。

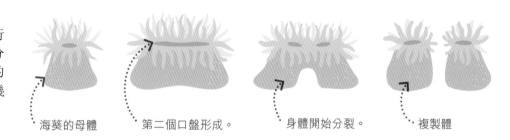

海葵的母體　　第二個口盤形成。　　身體開始分裂。　　複製體

## 3 斷裂生殖

當一些動物被切成碎片時，身體碎片可以長成全新的身體。例如，如果扁蟲被切成小塊，每一小塊都會變成一隻新扁蟲。

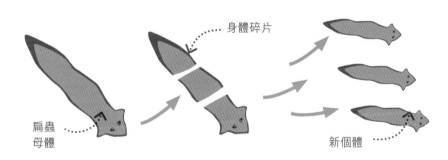

身體碎片

扁蟲母體　　新個體

---

**現今科技**

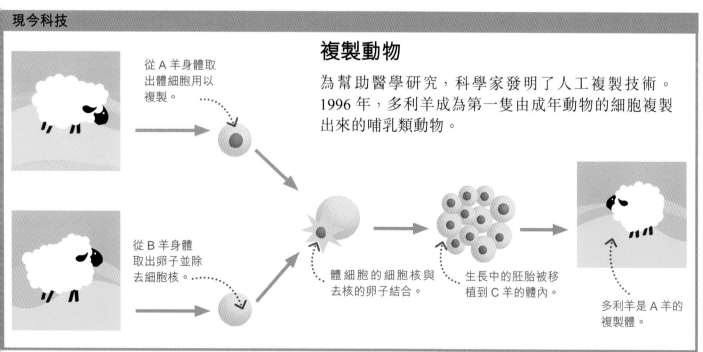

## 複製動物

為幫助醫學研究，科學家發明了人工複製技術。1996 年，多利羊成為第一隻由成年動物的細胞複製出來的哺乳類動物。

從 A 羊身體取出體細胞用以複製。

從 B 羊身體取出卵子並除去細胞核。

體細胞的細胞核與去核的卵子結合。

生長中的胚胎被移植到 C 羊的體內。

多利羊是 A 羊的複製體。

# 哺乳動物的生命週期

動物在成長和繁殖過程中會經歷不同的生命週期。大多數哺乳類動物，包括人類，生命的第一階段都在母親的身體裏度過。

極少數哺乳類動物（鴨嘴獸和針鼴）會產卵。

出生之前，哺乳類動物的幼崽稱為胎兒。

**1** **懷孕的媽媽**
哺乳類動物的寶寶在媽媽的子宮裏發育。

成年老鼠可以繁殖。

老鼠一次可以生下多個寶寶。

**4** **成年老鼠**
哺乳類動物成年後會尋找伴侶，然後繁衍後代。

**2** **新生兒**
新生的哺乳類動物以乳為食，母乳是由母親的腺分泌出來的。母乳中含有新兒成長需要的所有營養。

**3** **成長**
年幼的哺乳類動物逐漸長大，牠們變得好奇和頑皮，這有助於牠們了解周圍的世界。

# 鳥類的生命週期

與哺乳類動物不同，幼鳥在蛋中發育，蛋通常產在巢中。
與哺乳動物一樣，大多數鳥類在生命週期的早期依賴父母
的照顧。

一個鴕鳥蛋的重量相
當於 500 個麻雀蛋。

通常雄性鳥和雌性鳥的
羽毛顏色不同。

**1 成年的鳥**
許多鳥類，包括麻雀，通過鳴叫尋找伴侶。
雄性麻雀和雌性麻雀合作築巢。

幼鳥的羽毛日益豐滿。

麻雀的窩是由樹枝、草、
樹葉和羽毛築成的。

**2 生蛋**
母親下蛋，父母雙
方輪流坐在蛋上令蛋保
持溫暖。

**4 離開巢穴**
當幼鳥成長到可
以飛時，就會離開鳥
巢。父母還會繼續餵
養牠們大約一個星期。

**3 雛鳥**
雛鳥從蛋中孵化出來。父母用毛毛蟲和其他昆蟲
餵養牠們。

# 蛋的孵化

與直接產下後代的哺乳類動物不同,鳥類是在蛋內發育的。雞蛋最初是一個巨大的細胞,隨着時間的推移分裂成小雞的不同組織和器官。

小雞孵出來之前,喙上有一個尖尖的小牙齒,用來啄開蛋殼。

**1 蛋殼**
雞蛋的外殼上有很多小孔,可以讓空氣進入。

**2 氣囊**
氣室幫助小雞在蛋裏呼吸。

**3 卵黃繫帶**
兩條如繩子一樣的卵黃繫帶,連接在蛋的兩端,固定蛋黃的位置。

**4 蛋黃**
蛋黃主要由脂類(油和脂肪)和蛋白質組成。這些營養物質滋養着發育中的胚胎,並隨着胚胎的成長而耗盡。

**5 胚胎**
胚胎開始時是一簇細胞。它們分裂繁殖,最終變成小雞。

**6 蛋白**
蛋白有緩衝作用,防止胚胎盤受震蕩,也可以滋養胚胎。它的主要成分是水,也含有蛋白質。

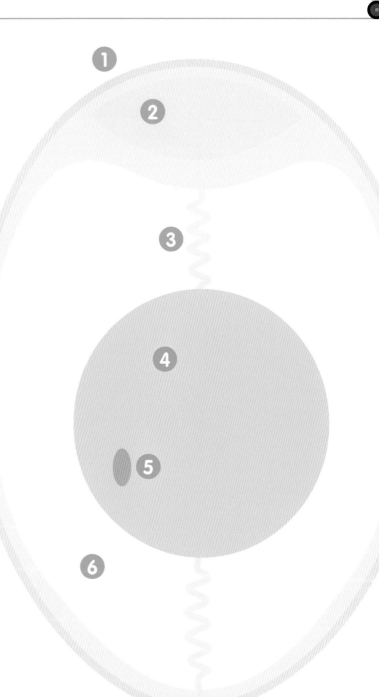

# 小雞的發育進程

小雞在蛋內發育完全需要 21 天。在這段時間裏，母雞坐在蛋上令蛋保持溫暖。

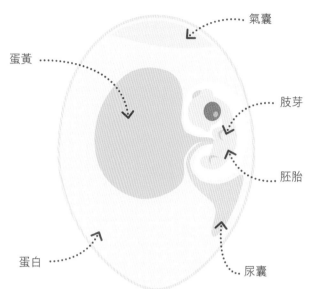

**1 第5天**
胚胎的四肢已經開始生長。稱為尿囊的囊袋從胚胎上開始生長並附在蛋殼上。它通過蛋殼吸收氧氣提供給胚胎，並排出二氧化碳。

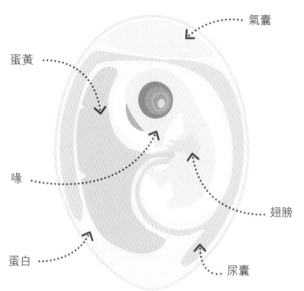

**2 第9天**
胚胎生長得更大了。它的翅膀正在發育，喙已經出現了。尿囊擴張，直到覆蓋整個殼的內層。

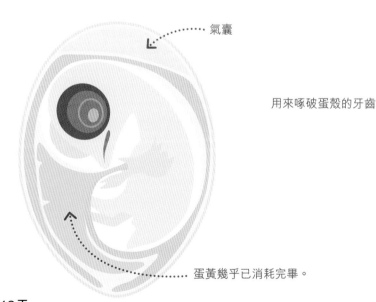

**3 第12天**
四肢長得更長了，爪子和鼻孔都在發育。柔軟的羽毛覆蓋着小雞，小雞的腿上長有鱗片。

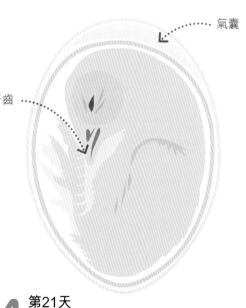

**4 第21天**
小雞呼吸的第一口空氣來自蛋內的氣囊，小雞在殼裏蠕動着，殼微微裂開。它用喙上的一顆牙齒啄開蛋殼，然後破殼而出。

# 兩棲類動物的生命週期

青蛙屬於兩棲類動物。許多兩棲類動物早期生活在水裏,成年後生活在陸地上。當牠們準備在陸地上生活時,身體會經歷一種巨大的變化,這個過程叫作變態。

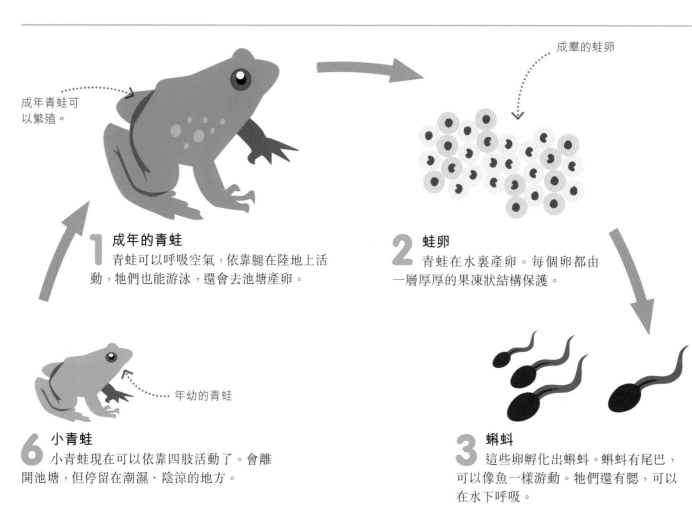

成年青蛙可以繁殖。

成羣的蛙卵

### 1 成年的青蛙
青蛙可以呼吸空氣,依靠腿在陸地上活動,牠們也能游泳,還會去池塘產卵。

### 2 蛙卵
青蛙在水裏產卵。每個卵都由一層厚厚的果凍狀結構保護。

年幼的青蛙

### 6 小青蛙
小青蛙現在可以依靠四肢活動了。會離開池塘,但停留在潮濕、陰涼的地方。

### 3 蝌蚪
這些卵孵化出蝌蚪。蝌蚪有尾巴,可以像魚一樣游動。牠們還有腮,可以在水下呼吸。

前肢

先長出後肢。

### 5 發育成形
慢慢長出前肢,尾巴越變越短直至消失。蝌蚪現在已經基本發育成一隻青蛙了。

### 4 長出後肢
隨着蝌蚪的成長,牠們的後肢先長出來,腮會消失,開始浮出水面呼吸空氣。

# 昆蟲的生命週期

許多昆蟲長大成年時會經歷變態的階段。蟲蛹在近乎靜止無活動的情況下，其實都在變態的階段之中。

有些昆蟲幾乎一生都處於幼蟲階段，成年後幾小時就會死亡。

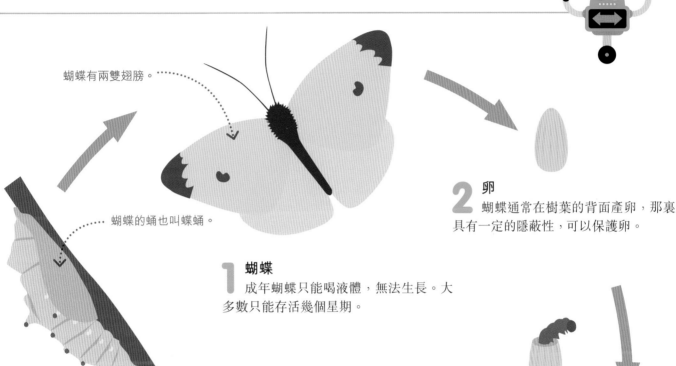

蝴蝶有兩雙翅膀。

蝴蝶的蛹也叫蝶蛹。

**2 卵**
蝴蝶通常在樹葉的背面產卵，那裏具有一定的隱蔽性，可以保護卵。

**1 蝴蝶**
成年蝴蝶只能喝液體，無法生長。大多數只能存活幾個星期。

**6 蛹**
毛毛蟲停止進食或移動，變成蛹。幾天或幾週後，牠會變成蝴蝶，破蛹而出。

**3 孵出**
毛毛蟲從卵裏孵化出來，開始尋找食物。牠們先吃卵殼，然後開始吃樹葉。

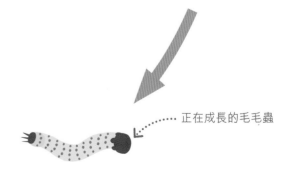

正在成長的毛毛蟲

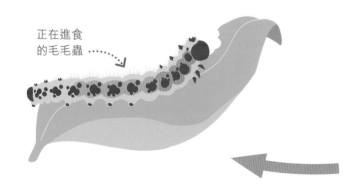

正在進食的毛毛蟲

**5 長大**
毛毛蟲幾乎不間斷地吃東西，而且長得很快。牠們會蛻皮幾次，每次蛻皮後身體就會長大。

**4 幼蟲**
幼蟲一般通過蠕動來移動身體。毛毛蟲是蝴蝶的幼蟲。

# 人類的繁殖

當男性的精子與女性的卵子結合時,人類的生殖過程就開始了。融合的細胞產生一個胚胎,在九個月後發育成嬰兒。

在女性的一生中,卵巢會釋放大約 400 顆卵子。

## 人類的生殖系統

男性和女性的生殖系統都包括專門產生生殖細胞的器官。女性的生殖系統包括子宮,這是一個肌肉發達的器官,它可以孕育胎兒。

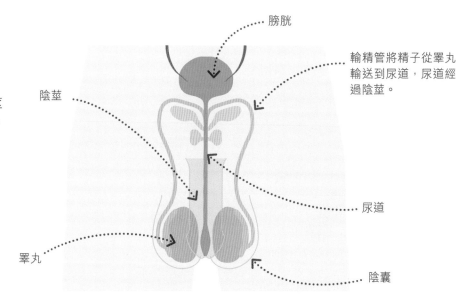

膀胱

輸精管將精子從睪丸輸送到尿道,尿道經過陰莖。

陰莖

**1 男性生殖系統**
男性生殖系統的主要組成部分是陰莖和兩顆睪丸。睪丸懸掛在體外的陰囊內。睪丸每天可以製造數百萬顆精子。

尿道

睪丸

陰囊

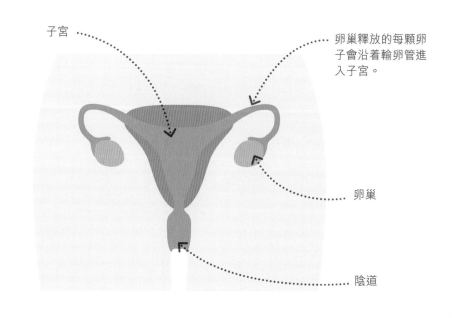

子宮

卵巢釋放的每顆卵子會沿着輸卵管進入子宮。

**2 女性生殖系統**
女性生殖系統的主要組成部分是子宮、陰道和兩個卵巢。卵巢儲存和釋放卵子。如果一個卵子受精,它會發育成一個嬰兒,在子宮內生長九個月。一旦發育完成,嬰兒會在出生時通過陰道離開母體。

卵巢

陰道

# 月經週期

月經週期是女性身體為懷孕做準備的過程。一個月經週期是 28 天左右，它分為四個階段。

**以28天的週期為例**

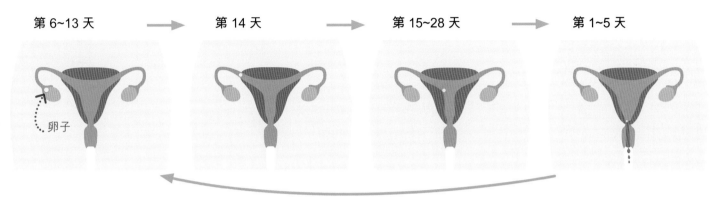

第 6~13 天 → 第 14 天 → 第 15~28 天 → 第 1~5 天

卵子

**1** 子宮內膜增厚，為釋放卵子作準備，卵子在卵巢中發育成熟，便會排出。身體正在為可能的懷孕機會作準備。

**2** 卵巢排出卵子，稱作排卵。卵子通過輸卵管到達子宮。如果這個過程中卵子受精，子宮內膜會繼續增厚。

**3** 如果卵子沒有受精，子宮內膜就不需要再增厚。卵子會分解並通過陰道排出體外。

**4** 子宮內膜脫落，以經血的形式從陰道排出，稱作月經。

# 受精

當男性在性交過程中釋放的精子進入女性的陰道時，精子會游向卵子。受精是精子成功與卵子結合的過程。結合形成的受精卵開始繁殖，形成一簇細胞，幾週後會發育成胚胎。

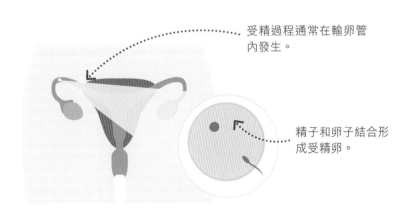

受精過程通常在輸卵管內發生。

精子和卵子結合形成受精卵。

## 體外受精

體外受精（IVF）是一種幫助難以受孕的人繁育後代的方法。精子和卵子取自父母的身體，在實驗室裏將它們混合，直到完成受精。有時，或會把精子注入卵子，再將受精卵放入女性子宮，繼續懷孕的過程。

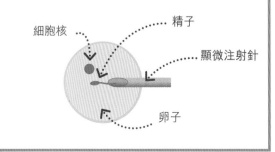

細胞核

精子

顯微注射針

卵子

# 懷孕和分娩

人類的卵子受精後，可以在母體子宮內發育成嬰兒。這個過程叫作懷孕。母親的身體提供了嬰兒發育的一切需要。

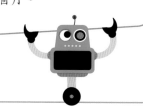

人類的懷孕期為 9 個月，大象的懷孕期為 21 個月。

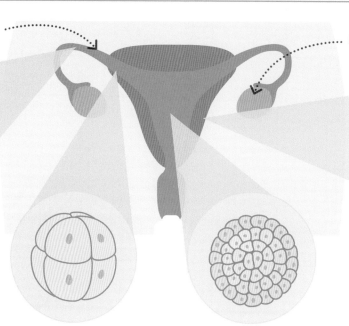

**1 受精卵**
精子和卵子結合成為受精卵。這過程在輸卵管內發生，輸卵管位於卵巢（卵子產生的地方）和子宮（嬰兒生長的地方）之間。

**2 胚胎**
當受精卵向子宮移動時，會分裂成兩個細胞，然後是四個、八個等等。此階段已成胚胎。

**3 在子宮裏**
四、五天後，胚胎到達子宮。它現在由幾十個細胞組成，看起來像漿果，但卻是中空的。

**4 着牀**
受精後大約六天，胚胎會在子宮壁着牀。胚胎內部的細胞最終會形成胎兒的身體。外層的細胞開始形成胎盤，幫助胎兒吸收營養。

---

現今科技

## 超聲波掃描

醫生可以通過超聲波掃描技術檢查未出生的嬰兒是否健康。用一支會發出超聲波的探針，按在母親的皮膚上檢查。探針會接收來自胎兒的超聲波回音，機器會將回音轉化成活動的影像，顯示在屏幕上。

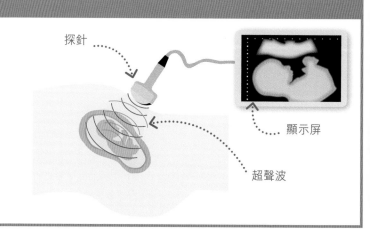

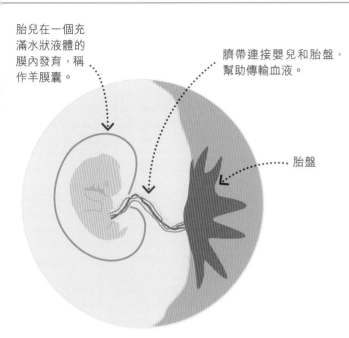

胎兒在一個充滿水狀液體的膜內發育,稱作羊膜囊。

臍帶連接嬰兒和胎盤,幫助傳輸血液。

胎盤

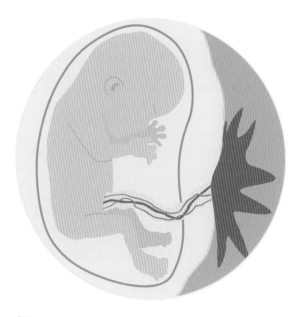

## 5 身體的成長

受精後大約三週,一個小小的身體就形成了。它只有一厘米長,其中頭佔了很大的比例,四肢即將生長,還長有尾巴。他的心臟在跳動,將血液輸送到胎盤,吸收母親血液中的營養。

## 6 胎兒

在受精九週後,胎兒看起來像人類了。雖然他只有老鼠的一半大小,但所有主要的身體器官都已經形成。他可移動,但還聽不見、看不見。他需要在子宮裏再等待六個多月。

## 7 出生

大約 38 週後,胎兒已做好出生的準備了。子宮的入口變寬,子宮壁的肌肉開始收縮擠壓。母親能感覺到這些宮縮的反應,知道自己即將分娩。胎兒周圍的羊膜囊破裂,子宮內的肌肉把胎兒推出體外。嬰兒通常是頭朝下出生的。出生後,嬰兒的肺開始工作,並第一次呼吸到空氣。

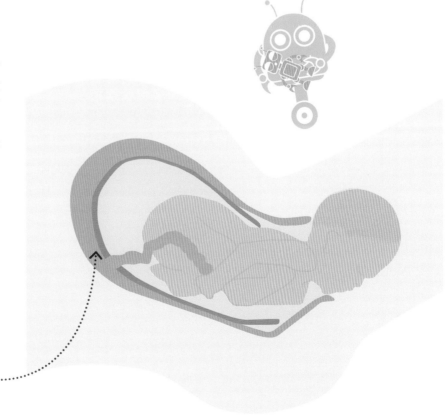

子宮壁的肌肉收縮擠壓,把胎兒推出體外。

# 生長和發育

隨着年齡增長，一個嬰兒會變成一個成年人。最巨大的變化是在童年和青春期，不過，人的一生其實都在不斷變化。

## 正在生長的身體

當胚胎在母體內形成時，生長發育的過程就開始了，並在出生後繼續進行。生長是身體尺寸的增加，而發育則包含身體運作方式的改變。

新生嬰兒的頭幾乎和成年人的一樣大。

青年建立較強的肌肉。

**1 嬰兒期**
　　新生嬰兒是不能自理的，但他們會在出生後的兩年內快速成長。到了12 至 18 個月大時，他們就能走路了。

**2 童年**
2 至 10 歲，孩子會長高並學習說話。他們會學新技能，變得更獨立。

**3 青春期**
11 至 18 歲，青少年會經歷青春期——一段身體發生變化的時期，這段時期為繁育後代做好身體上的準備。

## 細胞分裂

身體產生更多細胞以進行生長發育。許多種類的細胞可以分裂，但在此之前，每個細胞都會複製其遺傳信息。

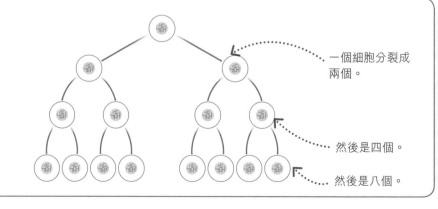

一個細胞分裂成兩個。

然後是四個。

然後是八個。

# 速長期

在青春期，骨骼中的主要骨頭變長，身體會快速生長。女孩比男孩先進入青春期，11 歲左右的女孩多數比男孩高，但到了 14 歲左右，男孩就會趕上。成年男性普遍比成年女性高。

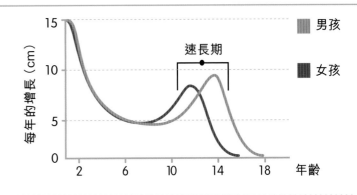

4 **成年早期**
成年早期是骨骼最結實、身高最高的時期。男性和女性可以繁育後代，成為父母。

5 **成年後期**
在成年後期，皮膚會失去彈性，出現皺紋。頭髮開始變白。男性的髮線可能會後移。

6 **老年**
在老年期，人的骨骼、關節和肌肉會變得脆弱，感官也可能會退化，心臟的工作效率降低。

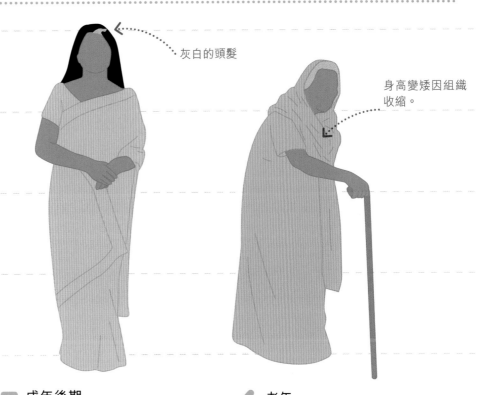

灰白的頭髮

身高變矮因組織收縮。

---

**現今科技**

# 幹細胞

大多數體細胞有特定的作用，不能改變，但幹細胞可以發育成不同的體細胞組織，令幹細胞具有重要的科學研究意義，因為它們可以發育成各種器官，進而替換病人體內受損的器官。

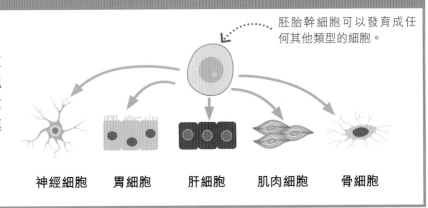

胚胎幹細胞可以發育成任何其他類型的細胞。

神經細胞　胃細胞　肝細胞　肌肉細胞　骨細胞

# 基因和 DNA

所有生物的細胞都含有基因，基因中的遺傳信息儲存在 DNA 中。基因由父母傳給後代，並控制着所有生物的生長發育。

染色體非常小，10 萬條染色體可以塞進一個小黑點裏。

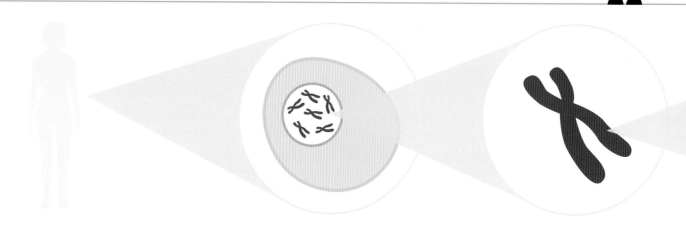

**1 身體**
生物的身體如何形成、運作以及他的外觀主要取決於他的基因。人體由大約 2 萬種不同的基因控制。

**2 細胞**
所有生物都由細胞這種微小單位構成。每個細胞都帶着該生物的整套基因，而這些基因通常儲存在細胞核中。

**3 染色體**
在細胞核內，染色體藏着基因。人的細胞內有 46 條染色體，狗的細胞內有 78 條染色體，豌豆的細胞內有 14 條染色體。

## 複製

DNA 有驚人的自我複製能力，令基因可以在細胞分裂或生物繁殖時進行複製。

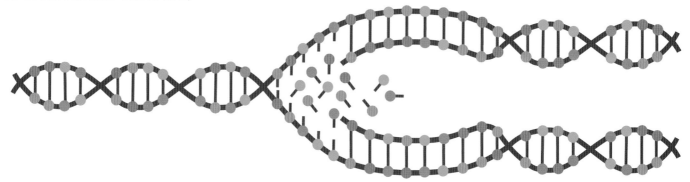

**1** DNA 分子分解成兩條鏈，每一條都有攜帶遺傳信息的鹼基序列。

**2** 一種鹼基總是與特定類型的鹼基配對，所以單鏈是新鏈的樣板。

**3** 兩組完全相同的 DNA 分子形成，每組都有相同的遺傳信息。

四種不同的鹼基（用字母 A、C、T和G 表示）形成了一個沿着 DNA 分子兩側排列的序列。

蛋白質分子由氨基酸組成。

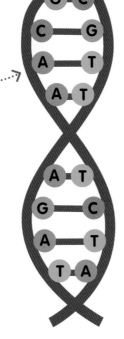

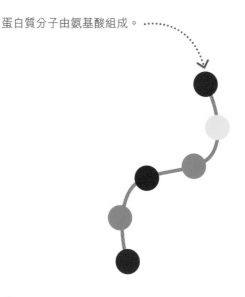

**4** DNA
染色體有一個非常長的 DNA 分子（脫氧核糖核酸）。DNA 分子看起來像梯子，但扭曲成雙螺旋結構。

**5** 基因
沿着 DNA 分子排列的化學物質叫作鹼基。就像字母組成單詞一樣，鹼基的排列形成一種代碼。基因是一段特定的 DNA 序列。

**6** 蛋白質
基因中，鹼基的排列方式控制蛋白質中氨基酸的排列方式。蛋白質控制細胞和身體的工作方式及外觀。

---

現今科技

# DNA 指紋分析

因為每個人都有一組獨特的基因，所以犯罪現場的 DNA 可以幫助識別疑犯。

電流使 DNA 片段在凝膠裏移動。

每個人的 DNA 指紋都不一樣。

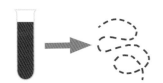

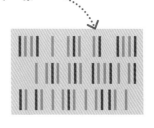

**1** 從犯罪現場取得的體液中，提取的 DNA 被切割為成千上萬的 DNA 片段。

**2** 這些 DNA 片段被放在一塊凝膠上，凝膠的兩端連着電極。

**3** 幾個小時後，DNA 片段形成了一種可以識別身分的圖案 —— DNA 指紋。

# 變異

地球上有數十億種生物，但沒有兩種是完全一樣的。這種變異部分是由遺傳差異造成的，部分是由生物生活的環境造成的。

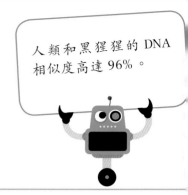

人類和黑猩猩的 DNA 相似度高達 96%。

## 1 物種之間的變異

自然界充滿了變異。科學家已經確認了大約 200 萬種不同的物種，可能還有數百萬種未被發現。我們用「生物多樣性」描述生活在地球上，或共享一個特定生態系統的各種生物。

## 2 物種內的變異

即使在同一個物種內，也沒有兩個個體是完全相同的。牠們在外觀上可能有明顯的差異，比如圖中的這些異色瓢蟲；又或者在一些不明顯的地方存在差異，例如抵抗疾病的能力、行為或其他特徵上。這種變異令進化過程變得充滿可能（參考頁 82）。

## 3 連續的變異

一些特徵，如人類的身高，就是連續的變異。這代表一個人的身高可介乎最矮和最高之間的任何一個數值。如果量度許多人的身高並把結果繪製成圖表，會形成一條正態分佈曲線。此分佈方式正符合典型的連續變異的特徵。

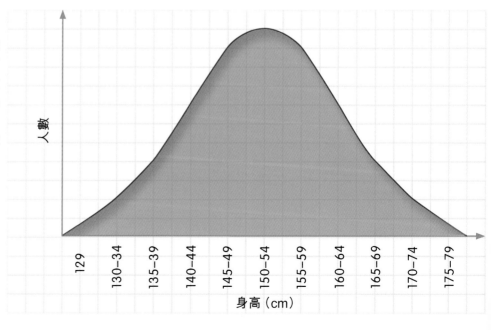

人數

129 | 130-34 | 135-39 | 140-44 | 145-49 | 150-54 | 155-59 | 160-64 | 165-69 | 170-74 | 175-79

身高（cm）

# 4 不連續的變異

右圖顯示的是不連續的變異，這意味着選擇的數量是有限的，它們之間沒有關聯。例如，人類只有四種血型：A 型、B 型、AB 型和 O 型。不連續的變異通常是由一個或幾個基因引起的。相比之下，連續變異是由數量較多的基因、環境，或以上兩者共同造成的。

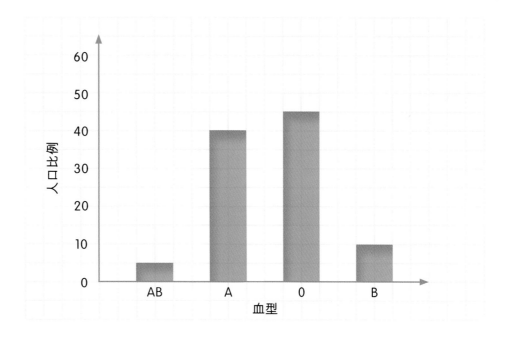

人口比例（縱軸，刻度 0、10、20、30、40、50、60）

血型（橫軸：AB、A、O、B）

---

# 變異的來源

一個物種內部的許多變異來自遺傳差異。突變產生新的基因，有性繁殖將基因轉換成新的組合。而環境都會影響生物的發育。

**1** 突變基因可以儲存在 DNA 分子中。結果新基因出現，產生變異。例如，控制皮膚和皮毛顏色的基因突變，可能會導致動物患上白化病。

**2** 有性繁殖讓每個生物都擁有父母雙方基因的獨特組合，這就是一個家庭的所有孩子看起來都不一樣的原因。同卵雙胞胎是個例外，因為他們擁有相同的基因，不過由於成長環境不同，他們仍然是獨一無二的。

**3** 環境影響生物的發展。例如，在陰暗處生長的植物比在陽光充足處生長的植物要高，但葉子不那麼濃密。環境和基因以複雜的方式相互作用，決定生物的特徵。例如，一些環境因素可以打開或關閉基因。

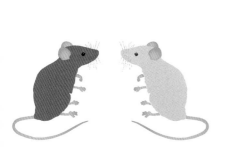

棕色的老鼠　　　白化病老鼠

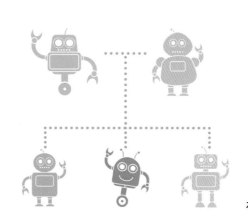

在陽光充足處生長　　在陰暗處生長

# 遺傳

當生物體繁殖時，牠們的後代通常看起來與父母相似。因為所有生物體都遺傳了父母的基因，而基因會控制牠們的身體發育方式。

同卵雙胞胎的基因完全相同。

## 有性繁殖

在有性繁殖中，生物體會遺傳雙親的基因。每一個後代通常會得到父母雙方不同組合的基因，令每一個後代都獨一無二。

**1 父母**

基因儲存在染色體上，染色體幾乎出現在所有類型的細胞的細胞核中。人類的每個細胞中有 46 條染色體，加起來便帶着一套完整的人體基因。

**2 生殖細胞**

為有性繁殖，男性和女性的身體會產生生殖細胞——一種只有 23 條染色體的特殊細胞。男性的生殖細胞稱為精子，女性的生殖細胞稱為卵子。生殖細胞中的每一條染色體都來自雙親染色體的兩種基因的混合。

**3 後代**

在有性繁殖過程中，精子和卵子結合成一個新個體。這兩組染色體結合在一起，使孩子擁有另一組 46 條染色體，一半來自父親，一半來自母親。

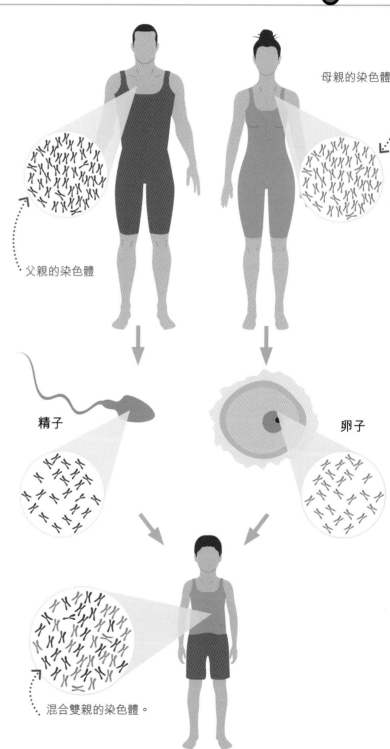

母親的染色體

父親的染色體

精子　　　卵子

混合雙親的染色體。

# 基因對

有性繁殖的有機體從雙親各自繼承了一組染色體,所以每個基因都有兩份。有時,這兩份基因略有不同,這些不同版本的基因叫作等位基因。兩個不同的等位基因,一個可能會比另一個更強勢,佔據主導地位。佔主導地位的等位基因被稱為顯性基因。

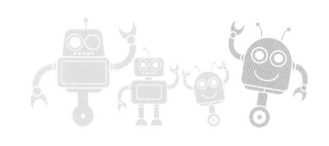

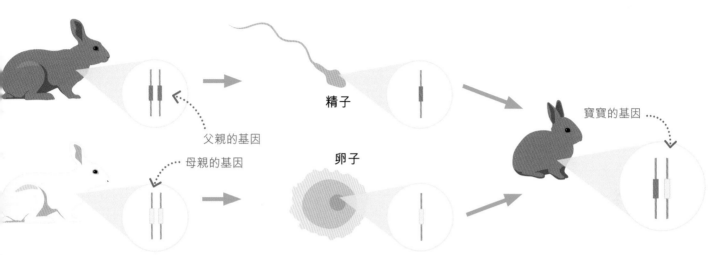

父親的基因

母親的基因

精子

卵子

寶寶的基因

**1** 成年兔子體內都有兩個控制顏色的基因。皮毛呈棕色的父親有兩個讓皮毛呈現棕色的基因,皮毛呈白色的母親有兩個讓皮毛呈現白色的基因。

**2** 父親的所有精子裏都有一個讓皮毛呈現棕色的基因,母親的所有卵子裏都有一個讓皮毛呈現白色的基因。

**3** 後代繼承了這兩個等位基因,但是讓皮毛呈現棕色的等位基因佔主導地位,所以兔子寶寶的皮毛是棕色的。

## 性染色體

人類和其他哺乳類動物由兩種特殊的染色體——性染色體控制性別。雌性有兩條 X 染色體,雄性有一條 X 染色體和一條 Y 染色體。

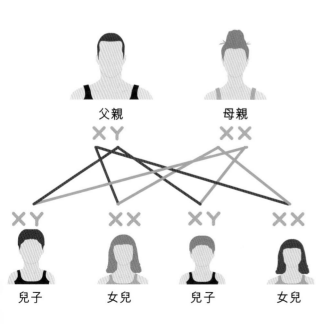

父親

母親

X Y

X X

X Y

X X

X Y

X X

兒子

女兒

兒子

女兒

## 遺傳疾病

一些遺傳疾病是由性染色體上的基因引起的。例如,色盲可以因 X 染色體上的一個有缺陷的基因引起。這種病在女孩中不太常見,因為她們的第二個 X 染色體可補上,令引發疾病的基因無法起作用。然而,在男孩身上,由於 Y 染色體上缺少匹配的等位基因,有缺陷的基因便會起作用而出現色盲。

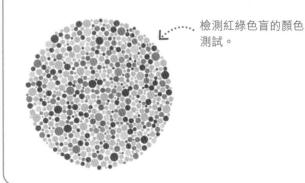

檢測紅綠色盲的顏色測試。

# 進化

經年累月，生物為適應周圍不斷變化的環境而變化。這種變化稱為進化，引致新物種（生物體類型）的形成。進化是由自然選擇的過程驅動的。

1859 年，英國科學家查爾斯・達爾文提出了自然選擇的進化論。

## 自然選擇

在自然界，生存是一場競賽，有贏家也有輸家。那些存活下來並繁衍後代的生物，會把幫助牠們成功生存的基因遺傳給下一代。但如果環境發生改變，贏家可能會變成輸家。

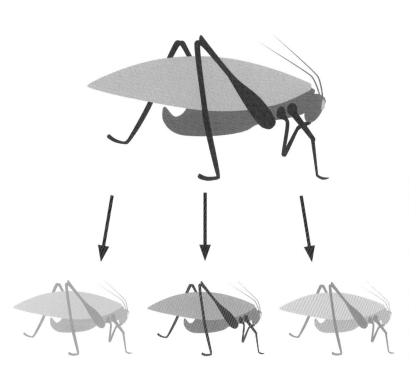

鳥較容易發現棕色和粉紅色的蟋蟀

### 1 新的基因產生變異

當生物體繁殖時，它們的基因會被複製。有時複製過程中出現的錯誤會催生出新的基因，使種羣更多樣化。例如，控制蟋蟀皮膚顏色的基因突變可能導致出現不同顏色的蟋蟀。

### 2 適者生存

在綠色的樹葉間，棕色和粉紅色的蟋蟀很容易被鳥類看到，因此更容易被吃掉。綠色的蟋蟀則容易隱藏。它們存活下來並將基因遺傳給下一代，令綠色蟋蟀越來越多。這個過程叫作自然選擇。

## 過去的證據

進化是在一段很長的時間內發生的,所以很難觀察得到。然而,史前生物的化石為我們打開了一扇通向過去的窗戶,讓科學家能夠找到進化的路徑。例如,始祖鳥的生物化石讓我們知道,鳥類可能是由小型恐龍進化而成的。始祖鳥與任何現存的鳥類都不同,牠有鋒利的牙齒、巨大的前爪和骨質尾巴。然而,牠也有翅膀,外形很像現在的鳥類。

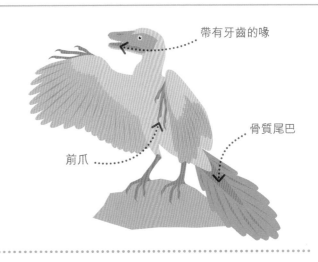

帶有牙齒的喙

骨質尾巴

前爪

現在,綠色的蟋蟀更容易被發現,所以種羣開始改變顏色。

### 3 環境改變

隨着時間推移,環境發生變化。例如,氣候的變化可能會使茂密的森林變成沙漠。在多沙的環境中,棕色的蟋蟀很難被發現,存活的概率更大。蟋蟀種羣會隨之改變顏色,以適應新環境。

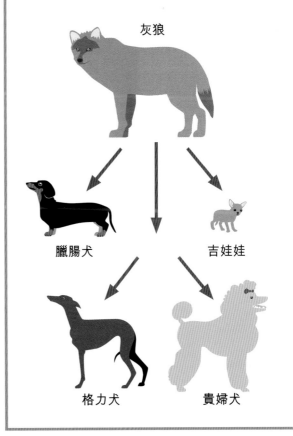

現今科技

## 人工選擇

人類可以繁殖植物和動物的品種,選擇具有他們喜歡的特徵的後代。隨着時間推移,這可能會戲劇性地改變生物體,就像自然選擇的過程一樣。這過程稱為「人工選擇」,創造出的狗的品種與牠們的祖先灰狼有非常不同的外觀和行為。

灰狼

臘腸犬

吉娃娃

格力犬

貴婦犬

# 植物

植物是生長在陸地或水中的生物。與動物不同，植物不能從一個地方移動到另一個地方。幾乎所有植物都是自己製造食物，從陽光中獲取能量。

植物是綠色的，因為牠們使用一種綠色的化學物質葉綠素來捕捉太陽的能量。

## 植物的部位

大多數植物有根、莖和葉子。許多植物還有花。植物的每個部分都有特定的作用。

**1 花**
花會生出種子，種子就可變成新植物。花的中心被花瓣包圍。

**2 葉子**
葉子可以捕捉陽光。牠們利用光能製造能量豐富的食物分子。

**3 莖**
莖支撐着植物面向光源。牠把水分和營養從根部輸送到植物的各個部位。我們把樹的莖稱為樹幹，樹幹上長有樹枝。

**4 根**
根把植物固定在土地上，使其不會被雨水沖走，也不會被風吹走。牠們從土壤中吸收水分和礦物質。

花瓣通常顏色鮮艷。

花苞（還未長成的花）

莖

大多數植物的葉子是綠色的。不同的植物有不同形狀的葉子。

根

# 植物需要甚麼來生長

植物需要一些物質才能生存、生長並保持健康。最重要的是陽光和水，另外還需要適宜的溫度和礦物質。

**1** 植物利用光來製造食物。如果你把一株植物放在窗台上，牠會彎着身子向着陽光生長。牠嘗試得到夠多的陽光。

**3** 當溫度適宜時，植物會生長得很好。有些植物喜歡炎熱的天氣，另一些則喜歡涼爽的環境。

微風中的植物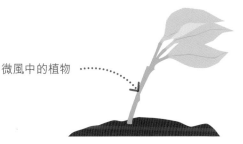

**4** 所有植物都需要空氣。牠們利用空氣中的二氧化碳製造食物，利用氧氣將食物中的能量釋放出來。

**5** 礦物質幫助植物苗壯成長。大多數植物的根從土壤中吸收礦物質。漂浮植物則從水中獲取礦物質。

**2** 植物需要水才能生存和保持挺拔的姿態。當植物得不到足夠的水分時，牠的莖和葉子都會枯萎。

土壤富含養分。

---

**現今科技**

## 溫室

農民在溫室中種植蔬菜和水果。窗戶圍住了陽光的熱量，令溫室內的溫度比室外高。溫室可以用來種植喜歡較高溫度的植物，比如葡萄和蕃茄。

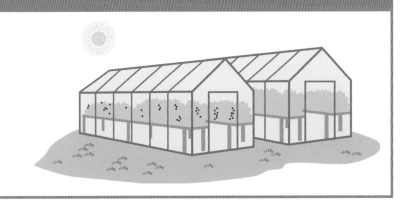

# 植物的種類

從生活在水中的微小綠色植物到參天大樹，植物的種類各不相同。這些外形差異很大的植物都可被分為兩大類：開花植物和不開花植物。

科學家已經鑒定出 40 多萬種不同種類的植物。

## 開花植物

世界上大多數的植物都是開花植物。所有開花植物都有一個相似的生命週期，從種子開始生長，成熟時開花。植物可以與其他植物交換雄性和雌性的生殖細胞，來進行有性繁殖。

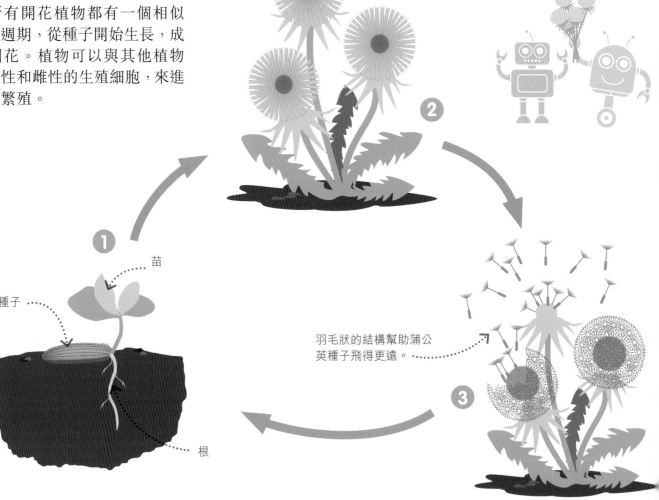

鮮艷的顏色和富含糖分的花蜜可以吸引昆蟲。

羽毛狀的結構幫助蒲公英種子飛得更遠。

苗

種子

根

**1 幼苗**
開花植物以種子的形式開啟生命歷程。種子吸收水分後，會長出根和芽，形成幼苗。

**2 花**
許多花顏色鮮艷，吸引昆蟲或其他動物，這些動物可以將一朵花的生殖細胞帶到另一朵花。這個過程叫作授粉。

**3 新種子**
已授粉的花可以製造新種子。一些種子為了傳播得更遠，會長出翅膀或羽毛形狀的結構，乘風飛行。

# 不開花植物

不是所有植物都開花繁殖。不開花植物包括針葉樹、蕨類植物和苔蘚植物等。

雌性的毬果製造種子。

## 1 針葉樹

針葉樹的種子長在毬果內。針葉樹有針狀的葉子，令牠們可以在寒冷或乾燥的地方生存。

## 2 蕨類植物

大多數蕨類植物都長有細嫩、分叉的葉子，牠們生活在陰涼的地方。蕨類植物沒有種子。 牠們由細小的單細胞——孢子長成。牠們會在風中飄散。

## 3 苔蘚植物

大多數苔蘚植物生長在潮濕的地方，通常像墊子一樣在地上鋪展開來。牠們沒有根，沒有花，也沒有種子。苔蘚植物都是通過孢子繁殖的。

## 4 藻類植物

藻類是一種簡單、像植物的生物，生活在水中，沒有真正的莖、葉和根。牠們在水中傳播孢子來繁殖，很多細小得要用顯微鏡來察看。

# 常綠植物和落葉植物

有些植物全年都有葉子，稱為常綠植物。落葉植物則靠落葉來度過冬天，然後在春天長出新的葉子。

落葉樹木在冬天落葉。

樹葉在秋天改變顏色。

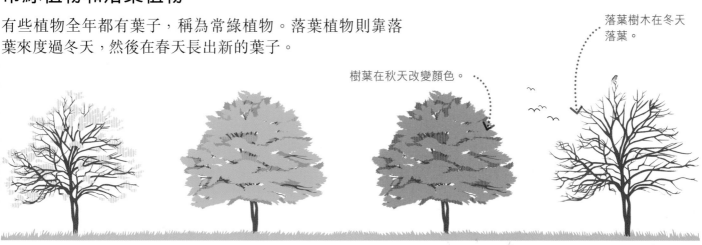

春　　　　夏　　　　秋　　　　冬

# 光合作用

植物利用光能製造生長需要的食物。這過程稱為光合作用。

光合作用對地球上的生命至關重要，因為它幾乎為所有生物提供食物。

## 光合作用如何運作？

**1** 植物的根從土壤中吸收水分和礦物質。葉脈將水輸送到植物的其他部分，包括葉子。

**2** 空氣中的二氧化碳通過小孔進入樹葉。這些小孔稱為氣孔。

**3** 葉子有一種叫作葉綠素的綠色物質，可以吸收陽光中的能量。葉綠素讓葉子呈綠色。

**4** 在樹葉中會出現一系列的化學反應。這些反應把土壤中的水和空氣中的二氧化碳，以及太陽的能量結合起來，產生葡萄糖和氧氣。

**5** 植物以光合作用產生的葡萄糖，製造新的組織或儲存能量。氧氣作為光合作用的廢棄物，釋放到空氣中。

陽光

二氧化碳

水

## 製作食物

此化學方程式（參考頁 140–141）展示了光合作用的過程。水和二氧化碳結合，製造葡萄糖和氧氣。

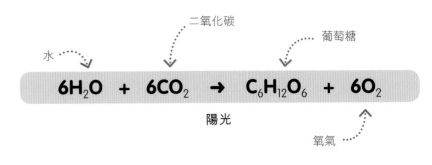

二氧化碳

水

葡萄糖

$$6H_2O + 6CO_2 \rightarrow C_6H_{12}O_6 + 6O_2$$

陽光

氧氣

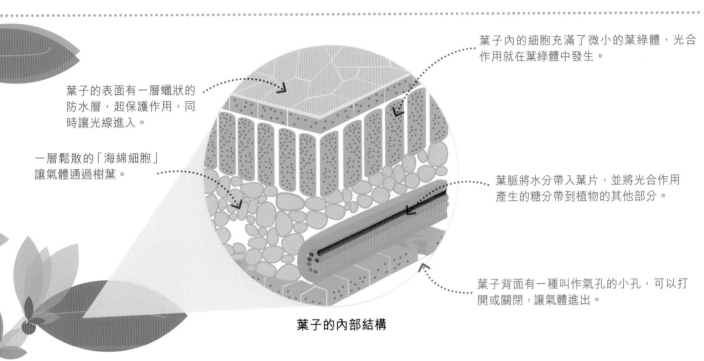

葉子的表面有一層蠟狀的防水層，起保護作用，同時讓光線進入。

一層鬆散的「海綿細胞」讓氣體通過樹葉。

葉子內的細胞充滿了微小的葉綠體，光合作用就在葉綠體中發生。

葉脈將水分帶入葉片，並將光合作用產生的糖分帶到植物的其他部分。

葉子背面有一種叫作氣孔的小孔，可以打開或關閉，讓氣體進出。

**葉子的內部結構**

氧氣

5

試一試

## 光合作用的運作

以下的簡單實驗可以觀察光合作用的運作。在裝滿水的容器裏放一些水草，用一盞燈照着水草，你會看到牠開始產生浮氣泡。這些氣泡裏的氣體就是光合作用的廢棄物 —— 氧氣。試把光線移到離水草更近或更遠的地方，看看氣泡的數量會有甚麼變化？

氣泡

水草

# 植物中的運輸系統

正如人類有一個循環系統把血液帶到全身一樣，許多植物都有一個運輸系統把水和營養帶到任何需要的地方。

植物內部的微小管道將水和營養物質從一個地方轉移到另一個地方。

## 蒸騰作用

水在植物內的活動叫作蒸騰。樹葉不斷在空氣中蒸發水分，但樹會從土地吸收更多水分。在一棵大樹上，水蒸發到空氣中之前可能已經運送到 50 米以上。

**1** 葉片表面的氣孔，可以讓葉片內的水蒸氣溢出到空氣中。

**2** 水分從葉片中流失，與此同時，更多水分通過木質導管吸到葉片。就像用吸管喝飲料一樣，水從根部通過木質導管吸上來。

**3** 樹根內的壓力推動水分向上升進入樹幹。

**4** 樹根不斷從土壤中吸收水分，補充葉子流失的水分。一棵大樹能吸收很多水，令其下的土壤變乾。

水分通過木質導管沿着樹幹向上流動。

水分被根吸收。

# 木質部和韌皮部

植物的運輸系統由木質導管和韌皮導管的顯微管組成。樹液在導管內流動,當中含有水和溶解物質,如礦物質和糖類。

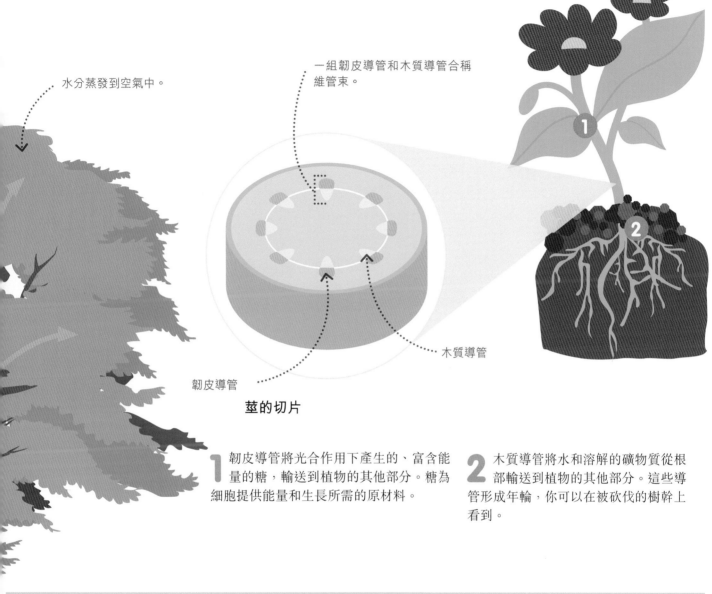

水分蒸發到空氣中。

一組韌皮導管和木質導管合稱維管束。

韌皮導管

木質導管

**莖的切片**

**1** 韌皮導管將光合作用下產生的、富含能量的糖,輸送到植物的其他部分。糖為細胞提供能量和生長所需的原材料。

**2** 木質導管將水和溶解的礦物質從根部輸送到植物的其他部分。這些導管形成年輪,你可以在被砍伐的樹幹上看到。

---

試一試

## 改變顏色

改變花的顏色可以表演一些植物魔術。這個實驗展示了水是如何沿植物的莖向上流動的。

**1** 在一個花瓶或者燒杯中加水和食用色素。任何顏色的色素都可以。

**2** 請大人幫助斜剪白色康乃馨的花莖底部,然後放入花瓶中。

**3** 幾小時後,溶液沿着莖向上移動,花會改變顏色。

# 花

不管大小、形狀或顏色如何,所有花都會生出雄性生殖細胞和雌性生殖細胞,讓植物進行有性繁殖。

> 風力授粉的植物不需要用顏色鮮艷的花來吸引動物。

## 一朵典型的花

許多花依靠蜜蜂等小動物將雄性生殖細胞帶到另一朵花上。為了吸引這些小動物,一朵典型的花有五顏六色的花瓣、強烈的氣味和供動物食用的花蜜。

### 1 雄性部分
花的雄性部分叫作雄蕊。雄蕊頂端有黃色的粉末 —— 花粉,花粉可以附在來訪的昆蟲身上。花粉含有雄性生殖細胞。

### 2 雌性部分
花的雌性部分叫作花柱。許多花只有一枝花柱。花柱的基部是子房 —— 雌性生殖細胞的房間。花柱的頂端有一個叫作柱頭的黏性部位,花粉附在柱頭上。

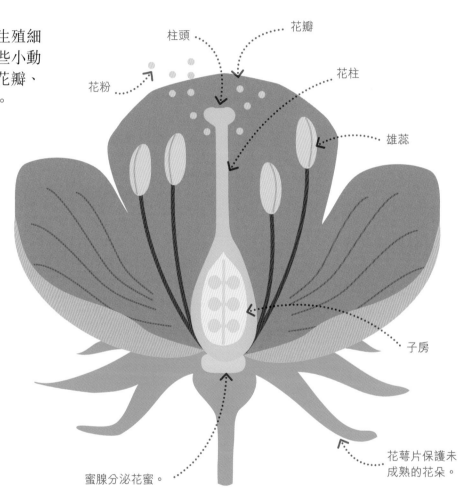

花粉
柱頭
花瓣
花柱
雄蕊
子房
花萼片保護未成熟的花朵。
蜜腺分泌花蜜。

---

現今科技

## 僱用蜜蜂

農民有時會付錢給養蜂人,讓養蜂人把蜂箱帶到他們的田地和果園,為農作物授粉。這項服務可以幫助更多花生出種子,結出果實,提高農作物產量。

# 授粉

當花粉進入子房，花才能製造種子，這就是授粉。有些植物可以自己授粉，但大多數需要從同一物種的其他植物處獲得花粉。

蜜蜂身上的花粉落到另一棵樹上一朵花的花柱上。

花粉生出一根管子，長到花裏。

**1** 蜜蜂停在蘋果花上，以花蜜為食，採集花粉帶回蜂巢。蜜蜂進食時，花粉附在牠的身上。然後蜜蜂飛往另一棵蘋果樹。

**2** 蜜蜂落在另一朵蘋果花上，花粉落到這朵花的柱頭上。花粉帶着一個雄性生殖細胞，通過花中的一根管子直通子房。

# 授粉後

花授粉後會結出種子和果實。許多水果的果肉都很甜，所以動物會吃水果，這個過程中可能會把種子吞進體內，排泄後將種子帶到新地方。

蘋果的果肉由花的基部和子房發育而來。

殘存的萼片

凋謝的花瓣

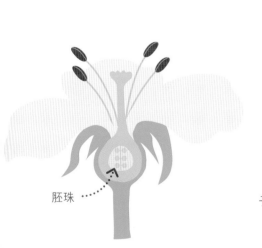

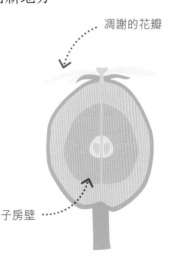

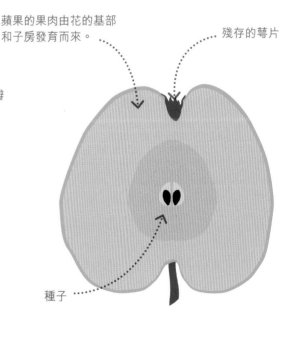

胚珠

子房壁

種子

**1** 授粉後，雄性生殖細胞和雌性生殖細胞在叫作胚珠的微小圓形結構中結合。胚珠將發育成種子。

**2** 雄蕊脫落，花瓣枯萎而死。當子房開始形成果實時，子房壁就會膨脹起來。

**3** 果實成熟後會逐漸變甜。果實裏的種子會長出保護層並變硬。

# 散播種子

種子想找到新的生長環境，必須遠離原植物。植物會以多種方式傳播種子。

一顆強壯的樹的果實「砰」地一聲爆開，牠的種子能彈飛到 30 米外。

### 動物傳播種子

許多種子是由動物傳播的。此方式散播的種子數量較少，但會比隨風傳播的種子大。

**1 可食用的水果**
鳥類吃下有種子的漿果，這些種子可以通過鳥類的腸道，不會造成傷害。種子在鳥糞中，鳥糞為幼苗提供營養。

**2 囤積**
松鼠在冬天會把橡果帶走吃，然後把其中一部分埋在地下儲藏。有些橡果被遺忘了，長成了新的橡樹。

**3 順風車**
一些植物的種子，如牛蒡的種子上長有細小的鈎子。這些種子附在動物的皮毛上，被帶到新的棲息地。

# 風傳播種子

有些植物產生的種子可以透過風傳播。為了傳播得更遠，這些種子通常很小、很輕，而數量比較多。

像翅膀的形狀

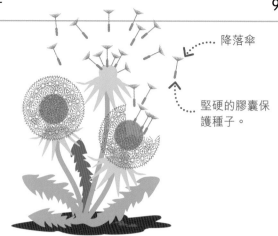

降落傘

堅硬的膠囊保護種子。

## 1 翅膀

梧桐樹和楓樹的種子形狀像翅膀，可以在風中旋轉，減慢下落速度，幫助自己飄得更遠。

## 2 飄走

一朵蒲公英能生出 150 顆種子，每顆種子都有堅硬的外殼。傘形的柔毛讓種子可以隨風飄動。

種子被抖落。

種子拋離母體。

## 3 抖動

裝有種子的罌粟頭在風中搖動，把牠裏面小而輕的種子抖落到微風中。

## 4 果實爆裂

有些植物的果實會在其種子做好傳播的準備時裂開，把種子彈飛到遠離母體的地方。

# 水傳播種子

一些生長在水附近的植物，可以產出能在水上漂浮的種子。這些種子通常比通過動物或風傳播的種子大得多，比如海椰樹產出的最大的種子 —— 海椰子。

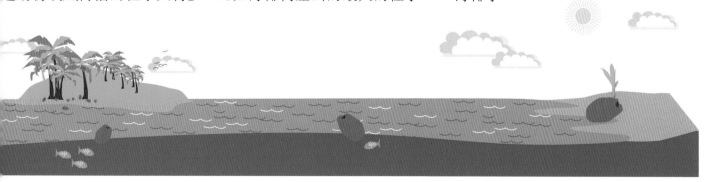

## 1 椰子從椰樹上掉到水裏，漂向大海。

## 2 椰子在水裏漂着。在堅硬外殼的保護下，牠可以存活幾個月。

## 3 椰子被沖到遙遠的海灘，在那裏發芽並長成一棵新的椰樹。

# 種子如何生長？

在適當的條件下，種子發芽長成幼苗，這過程稱為萌發。
有些種子在發芽前可以存活幾個月、幾年甚至幾個世紀。

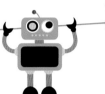

種子在發芽前處於休眠期（有生命力但是不活躍的時期）。

## 種子是甚麼？

種子是新植物生長的容器。每粒種子都被堅硬的外殼（種皮）保護，裏面有一個叫作胚的植物寶寶。胚裏有根和芽，還有初生葉。種子還含有大量的食物，儲藏營養物質的子葉幾乎填滿了種子內部。

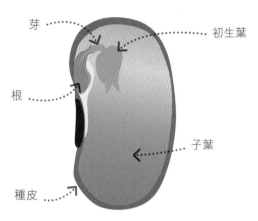

芽
初生葉
根
子葉
種皮

**豆種子**

## 發芽

大多數種子只有吸收水分才會發芽，水分吸收會使種子中休眠的細胞再生。在幼苗得到光照之前，它的生長是由自身儲藏的營養物質來驅動的。

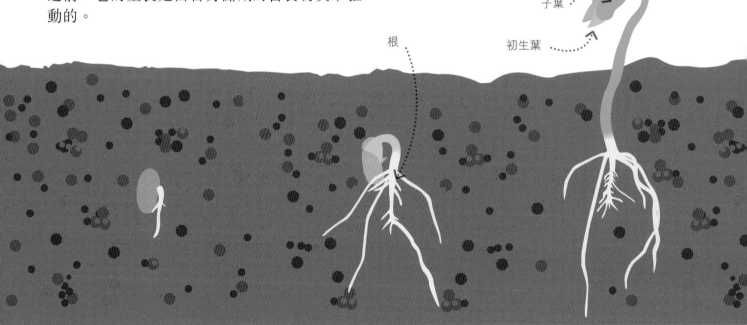

子葉
初生葉
根

**1** 土地裏的水令豆種子膨脹，種皮裂開。

**2** 第一枝根開始向下生長。根上的細小導管從土壤中吸收水分和礦物質。

**3** 第一株芽破土而出，暴露在陽光下。子葉為幼苗提供食物。

## 合適的條件

種子要發芽，需要適宜的溫度、充足的氧氣和水。植物通常會結出大量的種子，因為許多種子會落在條件不適宜的地方，根本無法生長。如果條件適宜，種子就會長成幼苗。

適宜的溫度

氧氣

水

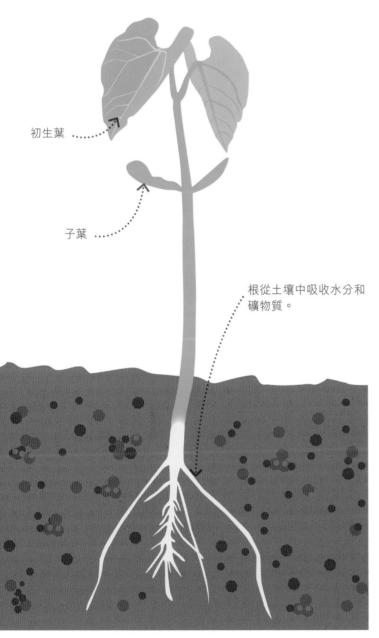

初生葉

子葉

根從土壤中吸收水分和礦物質。

**4** 幼苗長出第一片真正的葉子（初生葉）。這些真正的葉子現在可以為幼苗製造食物，讓牠長得更大。

### 試一試

# 發芽的種子

種子通常在土壤中發芽，我們很難看到牠們在地下經歷了甚麼變化。在這個簡單的實驗中，你可以看到一顆豆種子如何發芽。實驗只需要一個乾淨的杯子和一些濕棉。

濕棉

**1** 在一個乾淨的杯子裝滿濕棉。在濕棉間放一粒豆種子，然後把杯子放在溫暖、陰暗的地方。不時加水保持棉的濕潤。

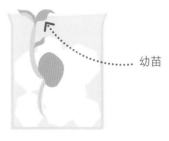

幼苗

**2** 豆種子大概需要一個星期才能發芽。觀察第一枝根和第一株芽。當第一片初生葉出現後，將杯子放到有光線的地方。

# 植物的無性繁殖

在無性繁殖中，只有一個父母。許多植物都是無性
繁殖的，牠們能夠快速繁殖和蔓延。

無性繁殖的後代與父母的
基因完全相同。

## 植物如何無性繁殖？

一株植物的任何部分幾乎都能長成一株全新
的植物，因此植物有許多無性繁殖的方式。

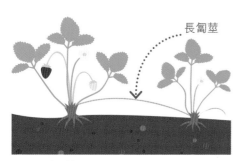

長匐莖

**1 長匐莖**
像草莓般能在莖上橫向生出新植物
的，可稱為長匐莖。這些植物會生根長
成新植物。

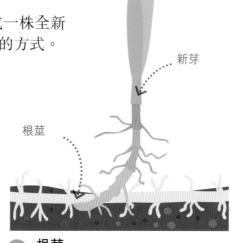

新芽

根莖

**2 根莖**
像竹子般的植物會從地下水平生
長的根莖中生出新芽。

楊樹長出成千
上萬的「複製」
小樹。

**3 吸盤**
有些樹會生出稱為吸盤的樹根繁
殖，這種樹根向側面生長。吸盤上的芽
會長成小樹。

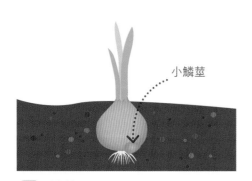

小鱗莖

**5 鱗莖**
　鱗莖由很多層變態的鱗葉組成，類
似一間地下的食物儲存室。除了儲存營
養外，還能從根部周圍的「小鱗莖」中產
生新植物。

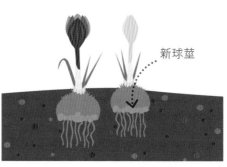

新球莖

**6 球莖**
　球莖看起來像鱗莖，和鱗莖功能
相似，但牠由莖形成，而且更堅固。球
莖上的芽可以長出新球莖。

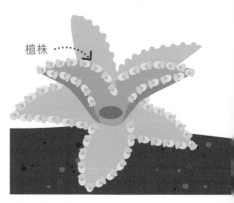

植株

**7 植株**
　這種叫作「寬葉不死鳥」的多肉植
物能夠在葉子邊緣長出微小的植株。植
株會掉落在地，長成新植物。

# 扦插和嫁接

植物的無性繁殖能力令園丁和植物學家很容易培育出新植物。扦插和嫁接是培育植物最常見的方法。

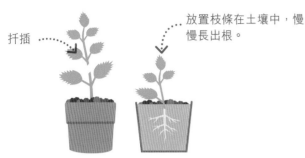

扦插 ......

放置枝條在土壤中,慢慢長出根。

**1** 扦插是從植物上切下一根枝條,然後把切好的枝條插進土壤。幾週內,枝條長出根,形成了一株全新的植物。

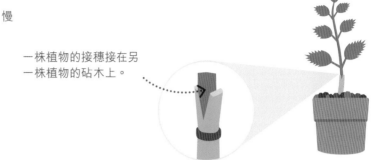

一株植物的接穗接在另一株植物的砧木上。

**2** 嫁接是把一根枝條嫁接到另一株植物上,讓牠們一起生長。例如,玫瑰的枝條通常被嫁接到另一種根更結實的玫瑰上。

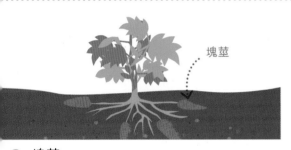

塊莖

**4** 塊莖
一些植物把營養物質儲存在地下叫塊莖的膨脹物中。這些塊莖可以長出新芽。

種子 ......

**8** 無性種子
蒲公英會生出不尋常的種子,牠們是原植物的複製體,是一種無性繁殖,稱為無融合生殖。

## 現今科技

# 種植香蕉

大多數種植的香蕉都與華蕉的基因相同。華蕉是無籽的,不能有性繁殖,所以新植物都是靠吸盤方式生長出來的。野生香蕉可以有性繁殖,但牠們的果實有很大的種子,很難吃。

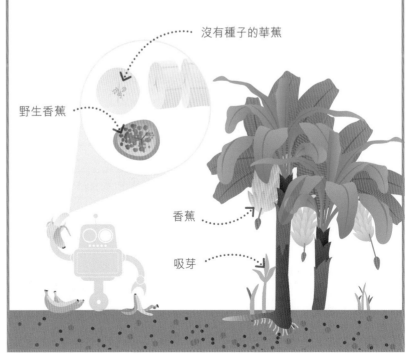

沒有種子的華蕉

野生香蕉 ......

香蕉

吸芽

# 單細胞生物

動物和植物的身體都由數十億個細胞組成，而單細胞生物則由一個細胞組成。單細胞生物無處不在，甚至在你的身上和體內。

## 細菌

細菌是最常見的單細胞生物，也是目前已知的最小的生物。一茶匙的土壤就含有超過 1 億顆細菌，你的身體更是 40 萬億細菌的家園。某些類型的細菌是有益的。例如，生活在人體腸道內的細菌可以幫助消化食物。另外一些類型的細菌是有害的，如果它們進入人體就會引起疾病。

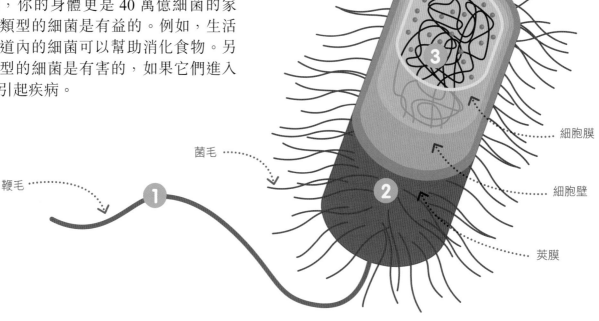

DNA　細胞質　細胞膜　細胞壁　莢膜　菌毛　鞭毛

**1 鞭毛**
有些細菌有長長的鞭狀纖維 —— 鞭毛。它可以旋轉令細菌四處移動。

**2 莢膜**
很多細菌有保護層或莢膜。上面可能長有毛髮，叫作菌毛，幫助細胞附在物體上。

**3 DNA**
細菌沒有細胞核來儲存基因。它們的基因由細胞質中糾纏在一起的環形 DNA 分子攜帶。

## 細菌的形狀

許多細菌以其獨特的形狀命名。最常見的形狀有圓形（球菌）、桿狀（桿菌）和螺旋狀（螺旋菌）。一些細菌結合形成鏈狀、簇狀或墊子狀。

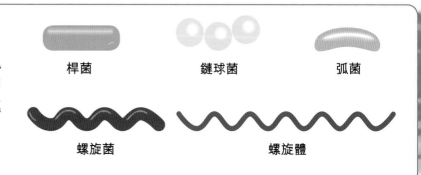

桿菌　鏈球菌　弧菌　螺旋菌　螺旋體

# 藻類

藻類是一種結構簡單的植物，生活在水中，利用陽光製造食物。大量的藻類植物漂浮在湖泊和海洋的表面，成為水生動物的食物來源。這裏只展示幾種常見的藻類。

有些藻類有鞭毛，可以像鞭子一樣來回擺動。

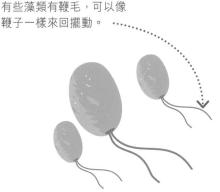

許多藻類用礦物質，如碳酸鈣或二氧化矽製成保護殼。

**1 小球藻**
這種藻類生活在河流和湖泊中。有時牠會在水族箱中繁殖，像綠色的煙霧。

**2 矽藻**
地球大氣中約三分之一的氧氣來自矽藻，牠們生活在湖泊和海洋中。牠們有二氧化矽殼層，二氧化矽是砂的礦物成分。

**3 衣藻**
這種藻類可以在土壤、雪、湖泊和海洋中生存。牠有一個簡單的眼點，可以游向或遠離光線。

# 原生動物

各種各樣的原生動物都屬於單細胞生物，牠們主要以進食其他單細胞生物為生。其中最大的原生動物是變形蟲，牠們可改變形狀來移動和捕食。

偽足

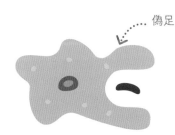

食物泡

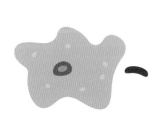

**1** 變形蟲沒有進食的嘴巴。牠們會慢慢在細菌周圍流動。

**2** 變形蟲的細胞質伸出來，形成偽足，偽足可以包圍並捕獲獵物。

**3** 偽足結合在一起，將獵物包圍在一個食物泡中。變形蟲分泌消化液來消化食物。

---

**現今科技**

## 清潔污水

污水處理廠用大量細菌和其他微生物來清潔污水。常用的設備「滴濾牀」中有一根旋轉的管子將污水滴入充滿礫石的水池。污水裏的有機物為細菌提供了養料，細菌在礫石上形成一層黏稠的薄膜。這層薄膜可以殺死和消化有害細菌，然後從滴濾牀底部流出乾淨的水。

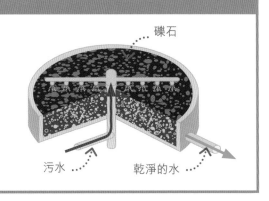

礫石

污水　乾淨的水

# 生態學

生態學是研究生態系統的科學。生態系統是一個由生物與環境構成的共同體，在這個共同體中，生物與環境之間互相影響。

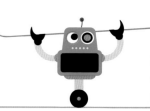

生態系統包括環境中的非生物元素，如土壤、岩石和水。

## 生態系統

一個生態系統可以像水坑一樣小，也可以像雨林一樣大。每個生態系統都包括不同的物種，牠們會互動，形成一個羣落。

每個生態系統都需要能源。

一個羣落中的不同物種為了生存而互相依賴。

這個種羣由瞪羚組成。

**1 種羣**
種羣是一組屬於同一物種、生活在同一地區的生物。動物種羣通常包括有繁殖能力的成年動物和牠們的後代。

**2 羣落**
一個羣落是不同種羣共享一個環境。它包括植物、草食性動物、肉食性動物和分解者。

**3 生態系統**
生態系統是由生物羣落和非生物環境組成的。大多數生態系統都以太陽為能源。植物吸收太陽的能量，然後將能量傳遞給以牠們為食的有機體。

# 環境因素

降雨和溫度等環境因素會影響生態系統中哪些物種
可以生存。

## 1 降雨

世界上有些地方總是很乾燥，而另一些
地方全年都有大量降雨。缺水的沙漠裏只
有少量特殊品種的植物，但潮濕多雨的環
境中可以生長繁茂的森林。

濕度越高

沙漠　　　　　草地　　　　　雨林

## 2 溫度

當你從地球的兩極往赤道旅行，會發
現溫度逐漸上升，植被類型改變。針葉林
可在夏季涼爽、冬季嚴寒的地方茂密生
長，而雨林可在全年溫暖的赤道處生長。

溫度越高

針葉林　　　　　落葉林　　　　　雨林

# 生態系統中的關係

一個健康的生態系統通常有許多物種，牠們以各種不同的方式互
動，形成一個關係網。

## 1 競爭

同一個種羣的成員必須爭奪有限的食物。這種競爭阻止
了一個種羣過度增長。

## 2 捕食

肉食性動物獵食其他動物，防止草食性動物增長過
多，使植物能夠茁壯成長。

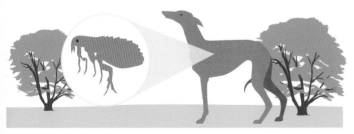

## 3 寄生

寄生蟲生活在其他動物的身上或體內。牠們會引致
疾病，減緩種羣增長的規模或速度。

## 4 互利共生

互利共生的關係對雙方都有利。例如，昆蟲通過收
集花粉幫助植物繁殖，花粉也為昆蟲提供食物。

# 食物鏈和循環

食物鏈顯示了能量如何在生態系統中流動，一種物種如何作為另一物種的食物。物質同樣在生態系統中流動，但它與能量不同，可以持續循環。

## 食物鏈

所有生物都需要食物來維持生命。一些動物吃植物，那些動物又被其他動物捕食。這樣，食物中的能量就通過食物鏈從一個有機體傳遞到另一個有機體。

海面上細小的浮游植物是海洋食物鏈的生產者。

**1 能量來源**
太陽是幾乎流經所有食物鏈的能量來源。它的能量以光的形式傳遞到地球。

**2 生產者**
可以生產食物的生物稱為生產者。植物利用陽光中的能量產生能量豐富的食物分子。

**3 初級消費者**
初級消費者是草食性動物。比如吃樹葉的蝸牛就是初級消費者。

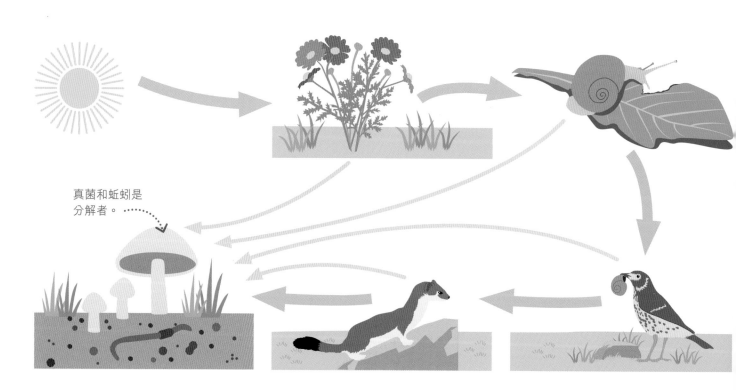

真菌和蚯蚓是分解者。

**6 分解者**
有些生物通過分解死去的生物體及其排泄物獲得食物。這些生物稱為分解者。

**5 三級消費者**
捕食二級消費者的動物稱為三級消費者。比如捕食鳥類和其他小動物的鼬鼠。

**4 二級消費者**
二級消費者吃草食性動物。比如以蝸牛和其他無脊椎動物為食的鶇鳥。

# 生物量塔

當能量沿食物鏈傳遞時，大部分能量以熱能或其他形式消耗了。結果食物鏈中作為食物的能量越來越少。這就是肉食性動物的數量比草食性動物少的原因。生物量塔顯示，從下往上每層生物體的總數量越來越小。

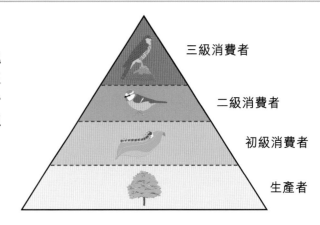

三級消費者

二級消費者

初級消費者

生產者

# 循環再用

構成所有生物的原子不斷被循環再用，在生物組織和非生物環境之間循環往復。例如，植物從空氣中的二氧化碳吸收碳原子，並利用它們在光合作用中製造食物。動物吃植物時吸收了碳，但動物和植物又在呼吸過程把碳釋放到空氣中。植物通過根部從地下吸收氮原子，然後利用氮製造蛋白質。動物利用這些氮構建身體組織，但氮會以動物排泄物或動物屍體的形式返回土壤。

空氣中的碳原子

植物吸收碳。

動物和植物釋放碳。

植物吸收氮。　　廢物釋放氮。

土壤中的氮原子

## 現今科技

### 生物質能

生物質能是一種可再生的能源，由植物廢料，如木材、農作物廢料、紙張和木屑製成。與化石燃料（如煤和石油）不同，生物燃料不會產生二氧化碳污染大氣。這是因為燃燒生物燃料所釋放的二氧化碳與種植新農作物和樹木所吸收的二氧化碳是平衡的。

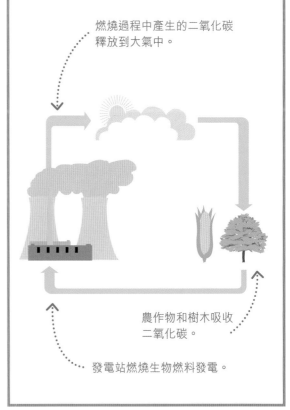

燃燒過程中產生的二氧化碳釋放到大氣中。

農作物和樹木吸收二氧化碳。

發電站燃燒生物燃料發電。

# 人類和環境

過去 100 年，地球的人口增加了三倍，而且數量還在急劇增加。不斷向增長的人口提供能源、食物、水和其他資源可能在許多方面損害自然環境。

樹木被砍伐製成木材，樹林被改成農田。

## 1 喪失棲息地

野生動物面臨失去自然棲息地的威脅，例如森林等。為了滿足人類對土地、食物、飲用水、能源和其他資源的需求，這些棲息地被清除，資源被人類佔有。

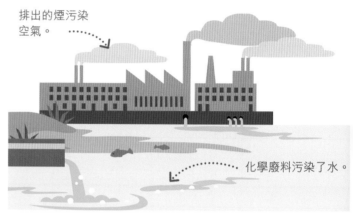

排出的煙污染空氣。

化學廢料污染了水。

## 2 污染

人類活動產生的化學廢料會危害環境。一些化學物質對野生動物有毒，或者在食物鏈中積累至有毒的水平。其他廢物，如二氧化碳會改變地球的氣候。

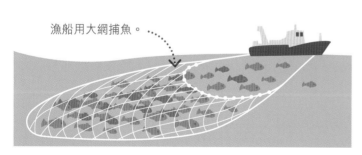

漁船用大網捕魚。

## 3 過度開採

有些種類的食物，比如魚，是從野外獲取的。如果動物被獵殺的速度快於繁殖的速度，牠們的數量就會下降，甚至會完全消失。

美洲灰松鼠已經擴散到歐洲。

## 4 外來物種入侵

當人們把物種引入一個新地方時，這個物種會傷害當地的野生動物。如果新來的物種沒有天敵，牠們會迅速繁殖，取代本地物種。

# 生物多樣性

如果一個生態系統包含大量不同的物種,我們說它具有高度的生物多樣性。保護生物多樣性豐富的地區很重要,因為它們在許多方面對人類有益。

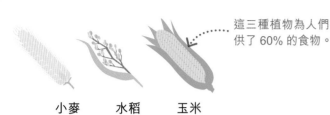

這三種植物為人們提供了 60% 的食物。

小麥　　水稻　　玉米

## 1 食物供應

我們種植的農作物的野生「親戚」,可以用於研發新品種,新品種可以抵抗疾病或其他問題,確保我們未來的食物供應。

## 2 水的供應

森林等植物品種豐富的生態系統,可以吸收雨水並緩慢釋放來減少洪水。森林還能過濾水,幫助防止由污水引起的疾病。

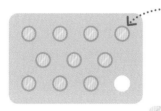

青蒿素是從一種叫作青蒿的植物中提取出來的。

## 3 藥物

許多藥物最初是從植物中提取出來的,比如阿司匹靈。熱帶雨林等生態系統可以成為新藥物的來源。

蜜蜂在植物之間傳播花粉,促進植物繁殖。

## 4 昆蟲助手

蜜蜂等昆蟲為許多農作物授粉,包括蘋果和桃子。其他昆蟲,比如瓢蟲,可捕食損害農作物的害蟲。

---

試一試

# 建立蜜蜂旅館

不是所有蜜蜂都住在蜂房裏!可以幫助獨居的蜜蜂建立一個蜜蜂旅館,給牠們一個安全的巢來繁殖後代。

保持罐頭水平,並且確保它不會在風中移動。

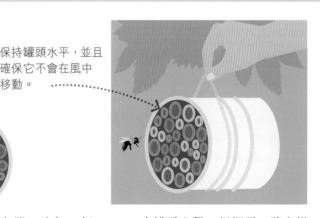

**1** 收集中空的莖並晾乾,或者請成年人幫你把竹子切成一節一節的。

**2** 用莖填充一個空容器,比如一個錫罐,直到它們緊緊地擠在一起。

**3** 在罐子上繫一根繩子,將它掛在一堵靠近草地或花園的牆上,並確保那是個陽光充足的地方。

物質

MATTER

從呼吸的空氣、吃的食物到行走的地面，
一切都由物質構成，而所有物質都由原子
組成。這些粒子小得驚人，形成一滴雨就
需要3,000億個原子。原子的種類只有118
種，但它們以各種各樣的方式組合在一
起，創造出宇宙中的各種物質。

# 原子和分子

從雨滴、塵埃、植物，到岩石、恆星、行星和我們呼吸的空氣，宇宙中所有東西都以物質的形式存在。動物和人都是物質。所有物質都是由叫作原子和分子的微小粒子組成的。

## 1 原子

原子是構成萬物的基石。它們非常小，人體中大約有 7,000 億億億個原子。原子有 118 種不同的類型。

## 2 元素

只由一種原子構成的純物質叫作元素。銅、金、銀、鐵和氧都是其中一些元素。因為原子有 118 種不同的類型，所以也有 118 種不同的元素。

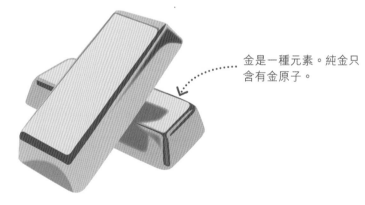

金是一種元素。純金只含有金原子。

## 3 分子

一些元素的原子，如氫、氧和氮，結合在一起形成分子。化學鍵的力把原子結合在一起。有些分子只有幾個原子，有些分子則有數以千計的原子。

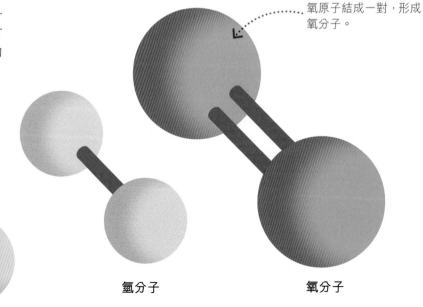

氧原子結成一對，形成氧分子。

氦原子不會結合。

氦原子　　　　　氫分子　　　　　氧分子

## 4 化合物

多過一種原子的分子稱為化合物。例如，水是氫原子和氧原子的化合物。我們從肺部呼出的二氧化碳是氧原子和碳原子的化合物。

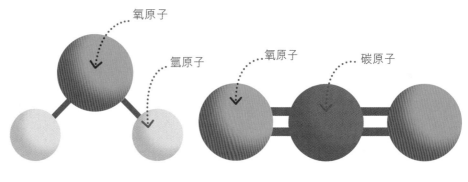

水分子　　　　　　　二氧化碳分子

## 5 化學符號

每個元素都有自己的獨特符號，由一兩個字母組成。例如，C 代表碳，H 代表氫，He 代表氦，N 代表氮，O 代表氧。

## 6 化學式

科學家使用化學符號和數字表示化合物中的元素是如何結合在一起的，這叫作化學式。水的化學式是 $H_2O$，二氧化碳的化學式是 $CO_2$。

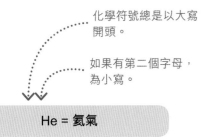

化學符號總是以大寫開頭。

如果有第二個字母，為小寫。

He = 氦氣

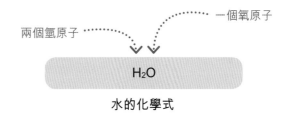

兩個氫原子　　　一個氧原子

$H_2O$

水的化學式

Pb = 鉛

Pb 來自「鉛」的拉丁文「plumbum」。

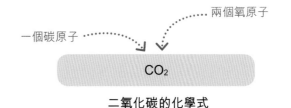

一個碳原子　　　兩個氧原子

$CO_2$

二氧化碳的化學式

---

**試一試**

# 製作分子模型

用黏土捏成小球，然後用小棍把這些黏土小球連接起來，你的分子模型就大功告成了。試着製造水分子（$H_2O$）和二氧化碳分子（$CO_2$）的模型。每種元素使用不同顏色的黏土：白色代表氫，紅色代表氧，黑色代表碳。

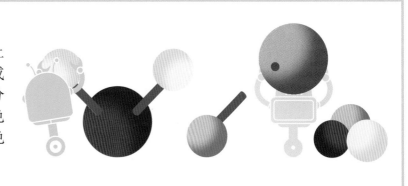

# 物質的狀態

大多數物質以三種不同的形式存在：固體、液體或氣體。因為分子可以不同的方式聚集，所以有此三種狀態。

## 1 固體

固體中的分子緊密地結合在一起，分子之間有較強的鍵，令固體有一個固定的形狀。固體不會像液體和氣體那樣流動或改變形狀。

## 2 液體

液體中的分子可以互相滑動，使液體迅速改變形狀。液體可以適應任何形狀的容器。

房子是由磚和木頭等堅硬的固體築成的。

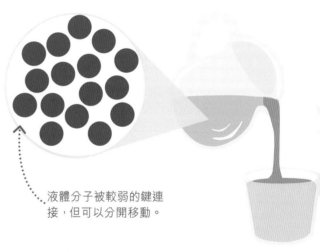

液體分子被較弱的鍵連接，但可以分開移動。

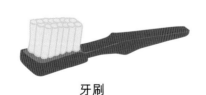

牙刷

顏料

植物油

餐具

木頭

蜂蜜

## 擠壓實驗

扭緊空瓶的瓶蓋,用手捏一下。然後在瓶中裝滿水,再試一次,你會發現注滿水的瓶捏不動了。因為液體中的分子已聚得較密,很難再推壓得更近,但是氣體中的分子的距離要遠得多,可以擠壓。

容易被擠壓。

很難被擠壓。

**3** 氣體

氣體分子之間沒有化學鍵,所以它們可以自由移動,分散或填滿任何容器。空氣是由氣體構成的,你看不見它們,但可以把它們困在氣泡或氣球裏。

氣體中的分子以每小時數百米的速度飛行。

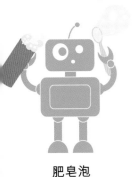

肥皂泡

氣泡

## 噴霧劑

噴霧劑包含了三種狀態的物質。外面的罐子是固體;內部的噴霧是液體;罐子的頂部含有壓縮氣體,這種氣體在高壓下被壓縮在一個狹小的空間裏。當按下按鈕時,壓縮氣體會以霧狀的微小液滴將液體排出。

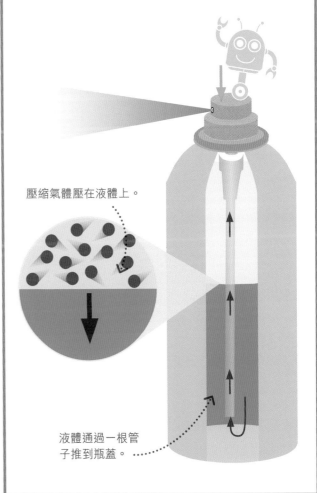

壓縮氣體壓在液體上。

液體通過一根管子推到瓶蓋。

# 物態變化

當固體熔化或液體凝固時,我們說它們發生了物態變化。每當一種物質改變狀態,它會流失或獲得能量。

當物質改變狀態時,它仍然是同一種化學物質。冰、液態和水蒸氣都是水的各種形式。

## 可逆變化

向某物質增加熱能可以使它從固體變成液體,或從液體變成氣體。當物質失去能量時,就會出現相反的變化。所有物質只要失去或獲得足夠的能量,都能改變狀態。即使空氣都可以變成液體或固體,金屬可以熔化成液體,再變成氣體。

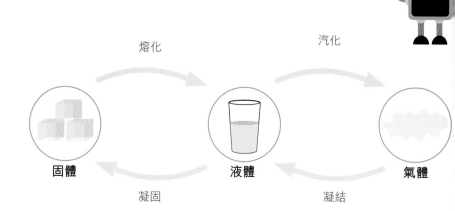

熔化 　　　 汽化

固體 　　　 液體 　　　 氣體

凝固 　　　 凝結

## 1 凝固

當溫度變得夠低時,液體就會凝固,變成固體。例如,水在 0°C 時就會結冰,組成液態水的分子流失能量,令分子緊密地聚集。

## 2 熔化

當加熱固體時,它會熔化變成液體。增加的熱能打斷了分子之間的化學鍵,使分子可以相對移動。因此,液體可以流動。固體變成液體的溫度叫作熔點。

## 鑄造金屬

即使像金屬和玻璃,如果溫度夠高,都會熔化。有些東西是用熔化的金屬鑄造而成的,將熔化的金屬倒入模具,等它冷卻並凝固後,就會變成模具的形狀。

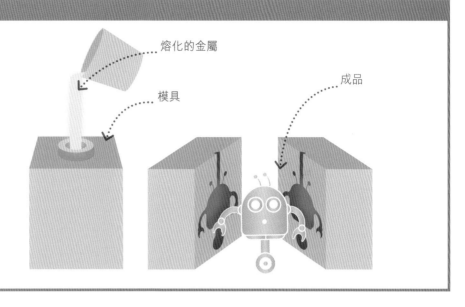

熔化的金屬

模具

成品

**3 汽化**
當液體受熱時,分子運動得更快,開始脫離液體狀態,以氣體的形式逸出,這叫作汽化。如果把水加熱到 100°C,水就會沸騰,變成氣體。

**4 凝結**
當溫度降低時,氣體分子會失去能量並結合在一起,令氣體變成液體,這個過程稱作凝結,形成雨、霧、露水和雲層。在寒冷的天氣裏,我們呼出的氣體會呈霧狀。

# 物質的性質

工程師必須為每個工程選擇合適的建築材料，考慮材料的特性。果凍做的橋沒用，它不能支撐汽車的重量，但是石頭做的橋卻可以。

人體中最堅硬的物質是保護牙齒的琺瑯質。

## 描述材料

固體材料可以是硬的，也可以是軟的；可以是脆的，也可以是有彈性的，這取決於其分子的排列。科學家們用特定的術語描述這些特性。

**1 彈性**
彈性是固體在被拉伸或擠壓後，能夠恢復到原來的形狀和大小的能力。如果你鬆開一條拉緊的橡筋，它會立即恢復到原來的形狀。

**2 強度**
強度是材料抵抗推力或拉力的能力。磚頭很結實，足以承受整座大樓的重量。

**3 展性**
一種可展的材料可以被錘打或壓成特有的形狀。造型黏土具有可展性。金屬也具有可展性，如鋁被捲成薄板製成廚房用的錫紙。

**4 延性**
延性是材料可以被拉伸成細線的能力。金和銅很有韌性，它們可以被拉伸成比人的頭髮還要細的金屬絲。

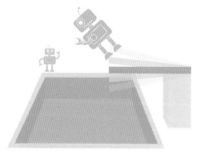

**5 柔度**
有些物體具有彈性，例如，跳水板可稍微彎曲，這樣你就可以在上面彈跳。物體的柔度取決於它的材料和形狀。

**6 脆性**
脆性材料不會彎曲、拉伸或改變形狀。當施加在它上的力夠大時，它就會斷裂。陶瓷和許多玻璃製品都是易碎品。

# 7 硬度

硬材料不易產生划痕,軟材料容易產生劃痕。材料的硬度是用莫氏硬度計測量的。該量表將材料的硬度與 10 種普通礦物的硬度比較,這些礦物的硬度從 1 級(最軟)至 10 級(最硬)排列。

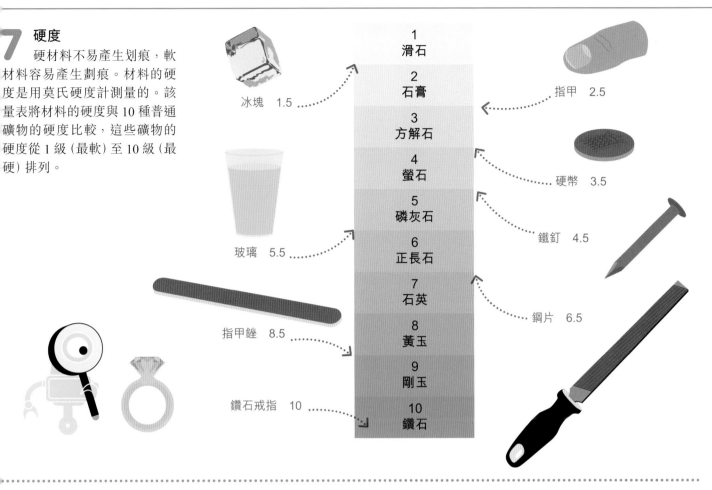

冰塊　1.5

玻璃　5.5

指甲銼　8.5

鑽石戒指　10

1 滑石
2 石膏
3 方解石
4 螢石
5 磷灰石
6 正長石
7 石英
8 黃玉
9 剛玉
10 鑽石

指甲　2.5

硬幣　3.5

鐵釘　4.5

鋼片　6.5

## 改變性質

高溫和低溫可以改變材料的性質。比如,某些金屬只有在加熱時才具有延展性,而黏土通常很容易捏出各種形狀。然而,在窯中烘烤後,它會變得又硬又脆。

---

### 試一試

## 黏度競賽

液體流動的程度不同,這特性稱為黏度。輕薄的、容易流動的液體的黏度低,而厚實的、黏稠的液體的黏度高。我們可以通過黏度競賽的測試來比較不同液體的黏度。將以下的液體各放一勺在托盤的起點線上:水、花生醬、蜂蜜、番茄醬、植物油和奶油。傾斜托盤,看看每一種液體流動的速度有多快。哪種黏度最高?

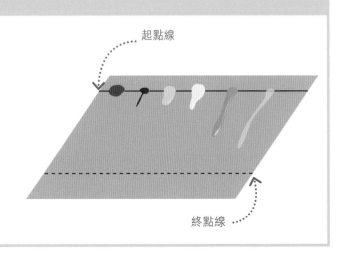

起點線

終點線

# 膨脹的氣體

氣體由數十億的原子或分子組成，它們可以自由移動。溫度越高，這些粒子運動的速度就越快，擴散得越遠，使氣體膨脹。

## 熱氣球

第一個熱氣球於 1783 年升空，是世界上第一個飛行器。熱氣球是最簡單的交通工具之一，至今仍在使用。它將熱空氣困在一個大氣球裏，通過氣體膨脹把乘客升到空中。

熱空氣繼續膨脹。

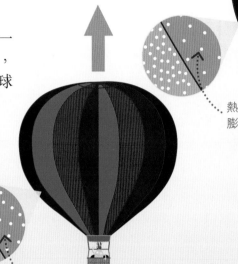

燃燒器

氣體分子

隨着溫度升高，氣球內部的氣體分子變得不那麼密集。

**1** 熱氣球在地面時，氣球內部和外部的溫度相近。內部和外部的氣體分子是等間距的，我們説它們有相同的密度。

**2** 當加熱氣球內部的空氣時，這些氣體分子就散開了。氣球內部的氣體分子變得不那麼密集，令它變輕。結果，氣球開始上升。

**3** 氣球內部的空氣溫度越高，它的密度就越小，相比外部又重又冷的空氣也就更輕。因此，氣球升得越來越高。

---

現今科技

## 比空氣還輕

在第一個熱氣球飛上天後不久，人們就開始試驗能夠載客長途旅行的巨型氣球 —— 飛艇。當時，有一些飛艇使用了氫氣，而不是熱空氣，因為氫氣的密度比空氣低得多。然而，氫氣是易燃氣體，一不小心就會發生災難性的爆炸。今天的飛艇主要使用氦氣，因為氦氣的密度低，而且不易燃。

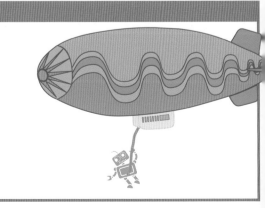

熱空氣被釋放。

氣球內部的氣體分子變得更加密集。

冷空氣被吸入。

4 想把氣球拉回地面，只需要冷卻氣球內部的空氣。將氣球內部的熱空氣從頂部的通風口釋放，令冷空氣從底部吸入氣球內，取代了被釋放的熱空氣，氣球便會下沉。

熱空氣比冷空氣升得高，因為它的密度較小。冷空氣會沉到熱空氣的下面，因為它的密度較大。

## 自然界中的熱空氣

自然界都可找到上升的熱空氣。太陽作為一個完美的加熱器，創造出熱柱的上升暖氣流，可高高舉起飛翔的鳥兒和滑翔機。

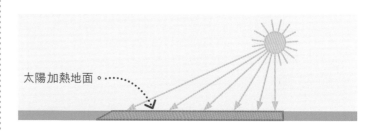

太陽加熱地面。

1 太陽把熱量傳遞到地面，所以地面變暖。

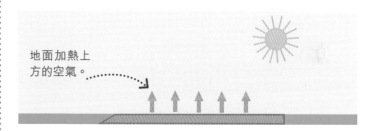

地面加熱上方的空氣。

2 地面把熱量傳送到它上方的空氣中。

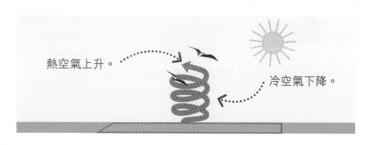

熱空氣上升。

冷空氣下降。

3 由於熱空氣密度較小，所以熱空氣上升。鳥兒可以利用上升的熱空氣把自己升到空中。

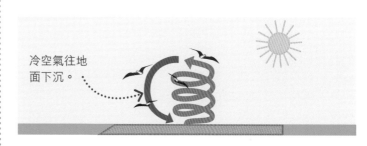

冷空氣往地面下沉。

4 當熱空氣升到很高的地方，就會冷卻下來，所以它會開始往地面下沉，形成一個循環。

# 密度

石卵比浴室海綿小，但更重。如果體形小的物體內有更多物質，它們可能會比體形大的物體更重，密度更大。

密度比水小的物體會漂浮在水面，密度比水大的物體會下沉。

## 比較質量、體積和密度

質量是指一個物體中有多少物質，體積是指該物體佔了多少空間，而密度是按每單位的體積計算有多少質量。

**1 同等質量**

這兩個機械人用同樣的材料製成，所以密度相同。當它們體積相同時，質量都會相同，因此它們能在搖搖板上保持平衡。

**2 不同體積**

這兩個機械人由相同的材料製成，密度相同，但是右邊的機械人的體積較大，質量也較大。因此，右邊的搖搖板會下沉。

**3 不同密度**

這兩個機械人由不同密度的不同材料製成。用黃金製成的機械人比用鐵製成的機械人小，但質量較大。因為黃金的密度大概是鐵的 2.5 倍。

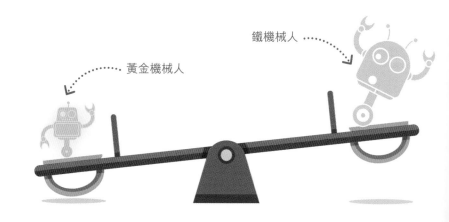

黃金機械人

鐵機械人

# 不同狀態下的密度

大部分固體比液體的密度大，因為它們的分子排列得更緊密。氣體的分子分散，中間有很大的空隙，所以氣體的密度比固體或液體的密度小得多。

固體分子排列得
非常緊密。

液體分子排列得
沒那麼緊密。

氣體分子相
距很遠。

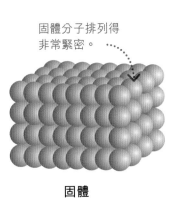
固體

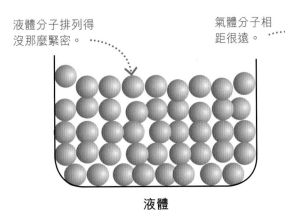
液體

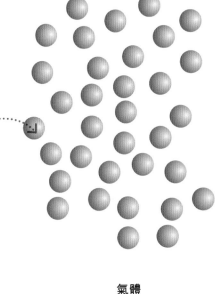
氣體

# 金屬的密度

你可以用物體的質量除以體積來計算密度。這些鋁塊、鐵塊和金塊的體積都是 $1cm^3$（立方厘米）。不過，由於這些金屬有不同的密度，所以它們的質量都不一樣。鋁的密度最小，為 $2.7g/cm^3$（克每立方厘米）。黃金的密度是鋁的 7 倍多，為 $19.3g/cm^3$。

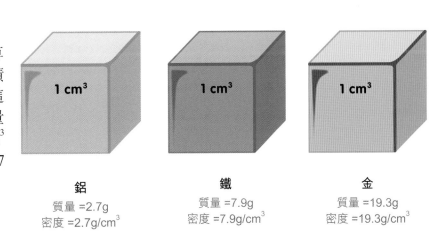

鋁
質量 =2.7g
密度 =2.7g/cm³

鐵
質量 =7.9g
密度 =7.9g/cm³

金
質量 =19.3g
密度 =19.3g/cm³

---

現今科技

## 發泡膠粒

發泡膠粒有 95% 以上的空氣，它的密度非常低，而且重量非常輕。發泡膠有非常好的緩衝作用，因此，它是一種理想的包裝材料。易碎物品通常放在裝有發泡膠粒的盒裏運輸。想一想，你有沒有收過裝有發泡膠粒的速遞包裹？

發泡膠粒

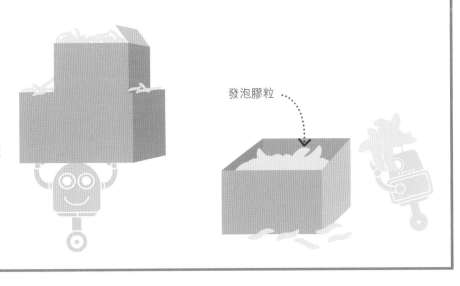

# 混合物

與純化學物質不同的是，混合物中混合了不同的化學物質，而這些物質之間沒有化學鍵。固體、液體和氣體可以許多不同的方式混合在一起。

空氣是氣體的混合物，而岩石是固體的混合物。

## 混合物的種類

在混合物中，一種物質在另一種物質中擴散，形成粒子。根據粒子的大小，混合物可分為溶液、膠體和懸濁液。

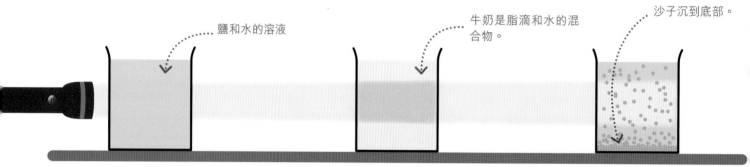

鹽和水的溶液

牛奶是脂滴和水的混合物。

沙子沉到底部。

**1 溶液**
鹽和水的混合物就是溶液，鹽的粒子很小，肉眼根本看不見它們。溶液是透明的，光能直接穿過它。

**2 膠體**
膠體中的粒子比溶液的大，如牛奶。其中的粒子往往大到足以散射光線，看到穿過的電筒光束。

**3 懸濁液**
懸濁液中的粒子很大，清晰可見，如沙子和水的混合物。如果將懸濁液靜置一段時間，會沉澱下來。

## 膠體的種類

膠體可以由固體、液體和氣體的不同組合而成。每個組合都有一個特定的名稱。

空氣清新劑

打發的忌廉

果凍

**固溶膠**
分散在固體中的液滴

蛋黃醬

**乳液**
分散在液體中的液滴

**氣溶膠**
分散在氣體中的液滴

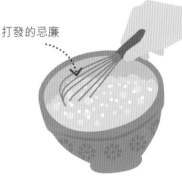

**泡沫**
分散在固體或液體中的氣泡

# 混合物和化合物

與混合物不同,化合物是兩種或以上的化學物質的原子,通過化學結合而形成的物質。混合物很容易分離,但化合物則不然。

硫磺　　鐵屑　　混合物

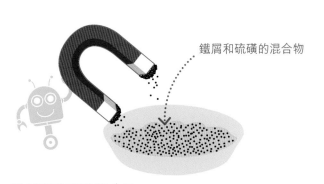

鐵屑和硫磺的混合物

**1 鐵屑和硫磺的混合物**

鐵屑和硫磺的混合物很容易用磁鐵分開。磁鐵把鐵屑從混合物中吸出來,留下硫磺。

硫化鐵

**2 硫化鐵化合物**

加熱鐵屑和硫磺的混合物,會發生化學反應,產生一種叫硫化鐵的黑色化合物。鐵原子和硫原子現在是化學結合的,不能用磁鐵分離。

# 純淨物

純淨物只由一種原子或分子構成。化合物可能是純淨物,但混合物不是。自來水不是純淨物,它是水和礦物質的混合物。蒸餾水只有水分子,是純淨物。

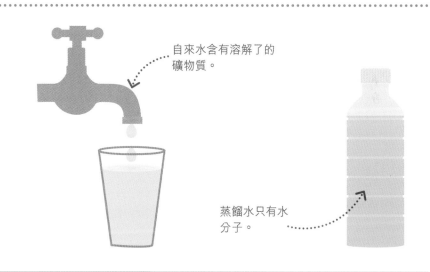

自來水含有溶解了的礦物質。

蒸餾水只有水分子。

現今科技

# 合金

合金是不同金屬,或金屬與非金屬(如碳)的混合物。合金往往比純金屬更硬,令它們的用途更廣。

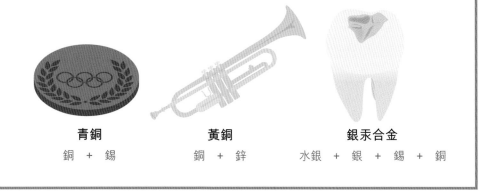

青銅　　　　黃銅　　　　銀汞合金

銅 + 錫　　　銅 + 鋅　　　水銀 + 銀 + 錫 + 銅

# 溶液

當你把糖倒入水中攪拌,它看似消失了。物質以這種方式與液體均勻混合,稱為溶解,而產生的混合物稱為溶液。

糖溶於水後不可見,但仍然可以嚐到它的味道。

## 溶解

溶解在液體中的物質叫作溶質,溶解它的液體叫作溶劑。水是很好的溶劑,因為它能溶解很多東西,比如糖和鹽。

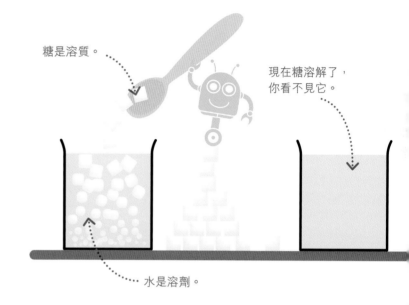

糖是溶質。

現在糖溶解了,你看不見它。

水是溶劑。

**1** 當固體如糖溶於水時,它的分子就會分散在水分子之間。沒有大塊的糖留下,所以糖就看不見了。

一些土壤會懸浮在水中,令水變得很髒。

不能溶解的土壤

**2** 不是所有東西都會溶解在水裏,否則你洗澡的時候就會消失。如果你把土壤放在水裏攪拌,它就不會溶解。相反,它會沉積在底部。

---

現今科技

### 在水中注入氣體

和固體一樣,氣體也能溶解在水中。汽水就是二氧化碳氣體溶解在水中製成的。如果你打開汽水瓶子,會釋放了令氣體溶解的壓力。結果,二氧化碳以氣泡的形式離開溶液,這就是汽水冒泡的原因。

## 可溶或不溶？

櫥櫃裏有哪些食物可溶解，哪些不可？用咖啡、果凍、胡椒、食用油、麵粉做實驗⋯⋯或者用其他父母允許你嘗試的東西做實驗！

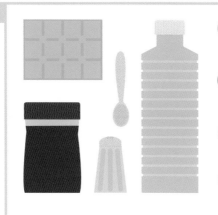

**1** 將一匙你選擇的食物放進一杯冷水中。

**2** 攪拌它。它會溶解還是沉澱在底部？

**3** 再用溫水試一次。結果一樣嗎？

**4** 用其他食物試試。哪種食物最容易溶解？

**3** 攪拌能使溶質在水中溶解得更快。因為攪拌令溶質分子移動，幫助它們在水分子之間擴散。這就是人們把糖加到咖啡裏之後會用匙攪拌的原因。

**4** 溶質在熱水中溶解得較快。當你加熱水時，水分子運動得較快。水分子頻繁地撞擊溶質分子，因此水和溶質迅速混合。比如肥皂和洗髮水配合熱水使用時清潔力較強，因為它們更容易在熱水中溶解。

加熱水會增加水分子的能量，令它們運動得較快。

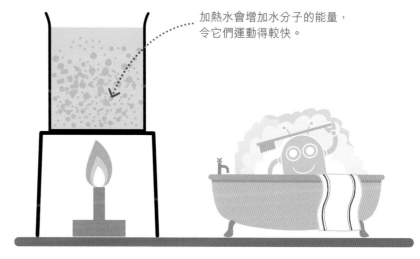

**5** 溶液中有少量溶質，形成稀溶液；有大量的溶質，則形成濃溶液。如果不斷增加溶質，令水最終不能再溶解溶質，那就是飽和溶液。

不能溶解的溶質

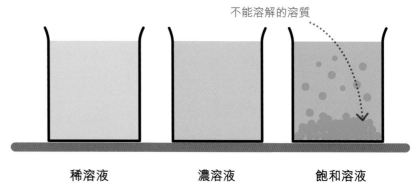

稀溶液　　　　　濃溶液　　　　　飽和溶液

# 分離混合物一

混合物中的化學物質沒有化學結合，因此可以分離。
篩分、傾析和過濾是分離混合物的簡單方法。

從水中分離固體物質的一
個簡單方法是讓水蒸發，
使固體變乾。

## 篩分

可以用篩子把由兩種大小不同的顆粒組成的固體混合物分開。篩
子就像底部有小孔的籃子，小顆粒能穿過小孔，大顆粒則不能。

**1** 如果你一顆顆地撿起石頭，將沙子和石
頭的混合物分開，那是一項很花時間的
工作。用篩子則容易得多。

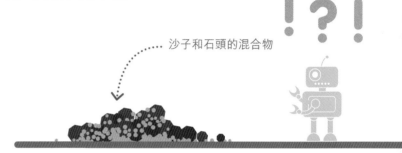

沙子和石頭的混合物

**2** 沙子穿過篩子上的小孔掉下，而大石
頭則穿不過小孔。石頭留在篩子裏，
沙子堆積在下面。

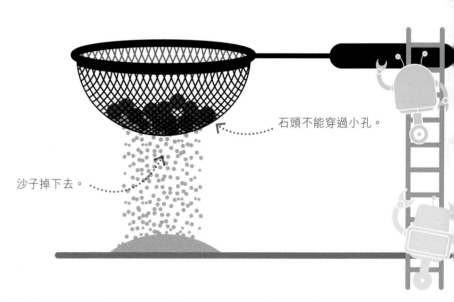

石頭不能穿過小孔。

沙子掉下去。

---

### 現今科技

## 水過濾

污水可以使用濾牀來淨化，濾牀上有一
層層的沙子和石塊，污垢無法通過沙子
和石塊的縫隙，但水可以通過。清澈的
水流出後被送回河裏，或者被送進另一
個殺菌的濾牀。

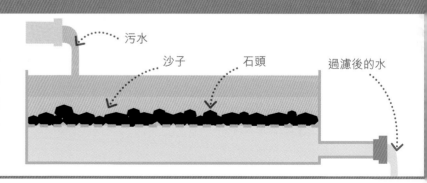

污水

沙子　　　石頭　　　過濾後的水

# 傾析

當不溶性固體顆粒與液體混合並沉殿在底部時，可以倒出液體，稱為傾析。

**1** 要分離沙子和水的混合物，需要等待一段時間，讓沙子沉澱在底部。

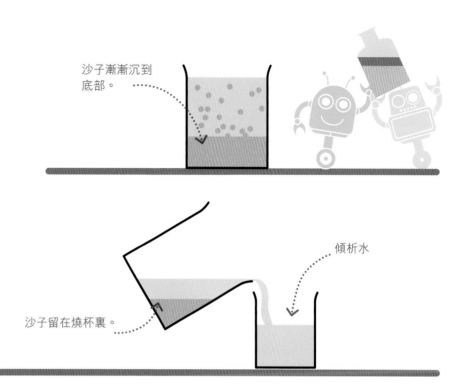

沙子漸漸沉到底部。

**2** 如果小心地傾斜燒杯，你可以倒出水而不倒出底部的沙層。

傾析水

沙子留在燒杯裏。

# 過濾

另一種從液體中分離不溶性固體顆粒的方法是使用濾杯。濾杯的底部有一個小孔，液體可通過，阻止固體顆粒通過。

**1** 喝現磨咖啡時需要過濾，才不會喝到磨碎的咖啡豆。

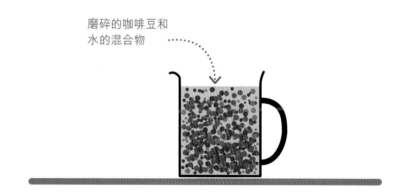

磨碎的咖啡豆和水的混合物

**2** 要過濾咖啡，應把濾紙貼在濾杯上，將混合物倒進去。咖啡從濾杯上的小孔滲出，留下了磨碎的咖啡豆。

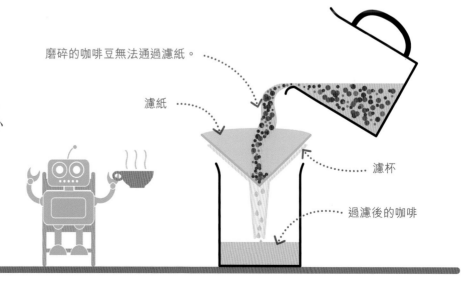

磨碎的咖啡豆無法通過濾紙。

濾紙

濾杯

過濾後的咖啡

# 分離混合物二

和其他混合物一樣，溶液都可以分離開來，因為溶液中的化學物質沒有結合。分離溶液的三種方法是蒸發、蒸餾和色層分析法。

當油漆乾了時，蒸發法可將溶劑從顏料或色素中分離出來。

## 蒸發

加熱溶液，直到液體部分變成氣體，可溶性的固體就被分離出來了。我們稱這種分離方法為蒸發。

硫酸銅溶液

水以氣體的形式揮發。

只有固體的硫酸銅留下來。

**1 加熱**
加熱一份溶解了硫酸銅的亮藍色溶液，煮沸並蒸發。

**2 蒸發**
水以氣體的形式揮發，溶液變得更濃，固體粒子開始形成。

**3 固體殘渣**
水全部蒸發後，只剩下固體的硫酸銅。這些剩下的固體叫作殘渣。

---

**現今科技**

## 可飲用的水

淡水不多的國家，會在海岸興建海水淡化廠。他們把鹽從海水中分離出來，為人們提供可飲用的純淨水。大多數海水淡化廠的運作原理是先蒸發，然後收集可飲用的水。

# 蒸餾

這種分離方法與蒸發法類似，蒸餾是從煮沸的溶液中收集蒸氣並冷卻，直到它凝結成液體。簡單的蒸餾可以把水從鹽溶液中分離出來。

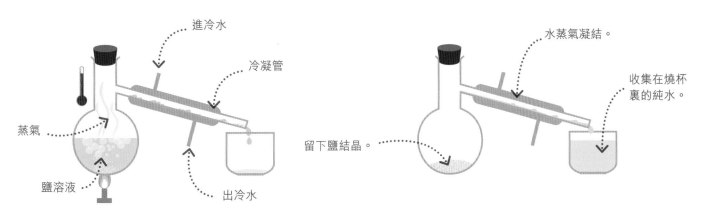

## 1 加熱和蒸發

加熱鹽溶液直到溶液中的水沸騰。水蒸氣通過一個叫作冷凝管的冷卻室。

## 2 冷凝和收集

冷卻後的蒸氣凝結成液態水，滴入燒杯。現在它是純水，而鹽留在燒瓶裏了。

# 色層分析法

染色的化學品可以用色層分析法分離。將化學物質溶解在水中，然後讓它們在吸水材料（比如紙張）上擴散。

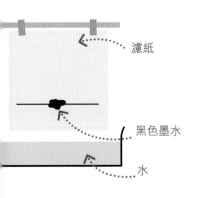

### 1 為了分離黑色墨水中的不同染料，在一張濾紙上放上一點黑色墨水，然後把紙的末端放入水中。

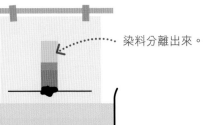

### 2 當紙吸收水分時，黑色墨水溶解並沿着水向上流動。不同的染料分子以不同的速度流動，所以黑色墨水分離成了不同的顏色帶。

---

**試一試**

## 色層分析法製花

用色層分析法製作彩色紙花，只需要濾紙、水和一支黑色麥克筆。

**1** 用黑色麥克筆在濾紙的中間畫一個圓圈。

**2** 把紙對摺兩次成圓錐體。

**3** 把圓錐體的頂端放入水中。確保你畫的圓圈在水面以上。

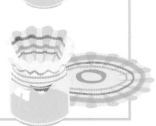

**4** 觀察墨水中的不同顏色在紙張上移動並分離開來。

# 分子運動

分子總是在運動，這就是為甚麼氣味很容易在空氣中散播。當分子以氣體或液體形式逐漸散開，便稱作擴散。

固體中的分子可以振動，但不能從一個地方移動到另一個地方，所以擴散作用不會在固體中發生。

## 擴散作用是如何運作的？

擴散的發生是因為液體或氣體中的分子會隨機運動。當不同的液體或氣體放在一起時，它們的分子會混合，從高濃度的區域往低濃度的區域擴散。隨着時間推移，不同的分子會均勻地混合在一起。

氣味的來源

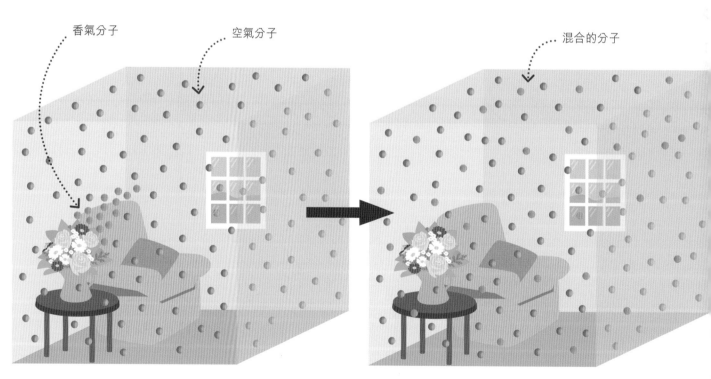

香氣分子　　　空氣分子　　　　混合的分子

**1 擴散**
當你剛把花放在房間裏，花的氣味分子集中在花瓶周圍。但它們很快就開始擴散，並與空氣分子混合。

**2 均勻地混合**
由於氣味分子的運動是隨機的，它們最終會分散開來，直到與空氣混合均勻為止。整個房間裏都瀰漫着花香。

# 溶液中的擴散作用

溶解在液體中的物質可以發生擴散運動。例如，當你把糖放入水中，即使不攪拌，它最終都會溶解並擴散均勻。

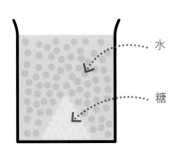

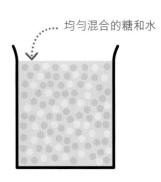
均勻混合的糖和水

1 當糖剛加入水中時，在玻璃杯底部形成一堆晶體。

2 糖逐漸溶解，但起初分子多集中在底部。

3 糖分子隨意移動，直到均勻地擴散在水中。

水
糖

# 布朗運動

1827 年，蘇格蘭科學家羅伯特·布朗在顯微鏡下觀察時，發現水裏有一些塵埃在不停地晃動。這種神秘的運動稱為布朗運動。德國科學家愛因斯坦解釋，因為水分子不斷撞擊塵埃粒子，使其出現無規則的運動。這種液體和氣體中分子的隨機運動也是發生擴散作用的原因。

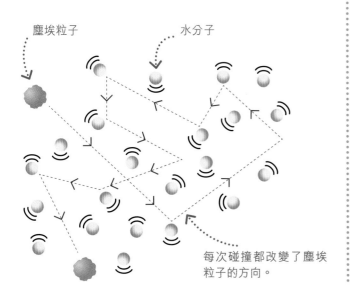
塵埃粒子
水分子
每次碰撞都改變了塵埃粒子的方向。

# 滲透作用

當一種物質可以通過屏障而另一種物質不能時，就會引起一種叫做滲透作用的過程。滲透作用對於活細胞來說很重要，活細胞有一層外膜，可以讓水通過，但阻擋其他物質。比如，如果細胞內部的糖濃度比外部的高，水就會通過屏障擴散，直到兩邊的濃度相等。在這個過程中，細胞吸水膨脹。

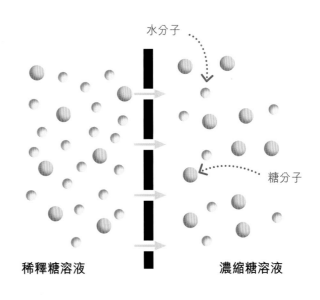
水分子
糖分子
稀釋糖溶液
濃縮糖溶液

# 原子結構

所有物質都由原子構成。每個原子都有一個由質子和中子組成的原子核。圍繞着原子核旋轉的是一種更小的粒子 —— 電子。

原子中的電子數通常等於質子數。

## 碳原子

每個元素在其原子中都有不同數量和排列方式的粒子。例如，在碳原子內部有 6 個質子、6 個中子和 6 個電子。

內殼層

**1 質子**
質子帶正電荷，吸引帶負電荷的電子，並把它們固定在原子核周圍。

**2 中子**
這些粒子不帶電。

**3 電子**
電子在原子核之外。它們帶的負電荷平衡了質子帶的正電荷，所以整個原子是電中性的。

**4 原子核**
原子核是由質子和中子組成的。

**5 電子層**
電子在離原子核不同距離的地方形成叫殼層的電子羣。一個原子最多可以有七層電子層。

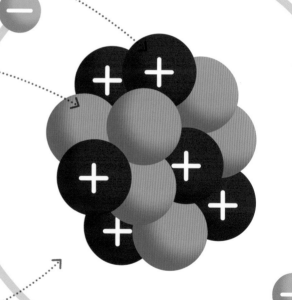

外殼層

## 質量數和原子序數

電子幾乎沒有質量，所以原子的質量幾乎等於原子核的質量。質子和中子的質量是相同的，可以數算兩者的數量便可找出原子的質量。原子的總質量稱為質量數，原子中的質子數稱為原子序數。

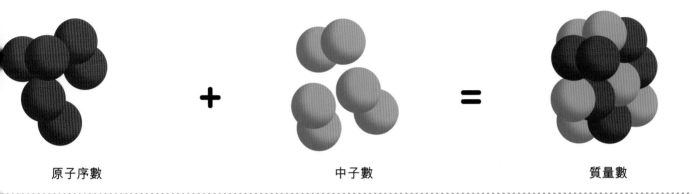

| 原子序數 | 中子數 | 質量數 |

## 原子和元素

每一種化學元素都有一個唯一的原子序數（質子數），所以知道一個原子的質子數就可以知道原子是甚麼元素。例如，氫原子有一個質子，它的原子序數就是 1。

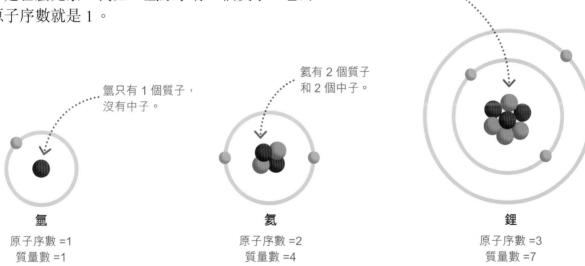

氫只有 1 個質子，沒有中子。

氦有 2 個質子和 2 個中子。

鋰有 3 個質子和 4 個中子。

**氫**
原子序數 =1
質量數 =1

**氦**
原子序數 =2
質量數 =4

**鋰**
原子序數 =3
質量數 =7

---

現今科技

## 原子對撞

科學家以粒子加速器研究原子內部的粒子。在瑞士的大型強子對撞機裏，他們用電磁鐵使這些粒子極速穿越長隧道，然後相撞，產生更小的碎片。這樣做可發現新的粒子。

# 離子鍵

當一個原子把電子給另一個原子時，就會形成離子鍵，使兩個原子緊密相連。以這種方式獲得或失去電子的原子稱為離子。

離子鍵通常在金屬元素和非金屬元素之間形成。

**1** 原子中的電子排列成殼層（參考頁 132–133）。內殼層可以容納 2 個電子，而其他殼層通常可以容納 8 個電子。氬氣的原子有 3 個完整的殼層。

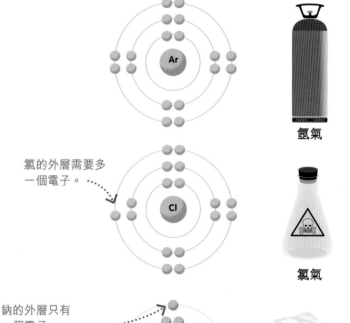

氬氣

**2** 為了保持穩定，大多數原子「想要」完整的、擁有 8 個電子的殼層。然而，許多元素的殼層都不完整。例如，有毒的氯氣的外殼層只有 7 個電子，它需要一個額外的電子才能變得穩定。

氯的外層需要多一個電子。

氯氣

**3** 鈉是一種柔軟的銀色金屬，它的外殼層只有一個電子。如果它可以擺脫這個電子，下層的完整殼層會變成它的外層，令其變得穩定。

鈉的外層只有一個電子。

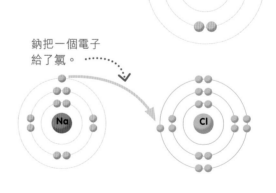

鈉

**4** 當鈉和氯混合時，鈉原子會釋放多餘的外殼層電子給氯原子，所以兩個原子都有了完整的外殼層。結果發生強烈的化學反應，產生大量熱和光。

鈉把一個電子給了氯。

鈉和氯發生化學反應

**5** 電子帶負電荷，所以氯的新電子使它帶負電荷，現在稱作氯離子。鈉失去了一個電子，變成了一個正離子。因為相反的電荷互相吸引，兩個離子結合形成離子鍵。它們結合成鹽。

離子鍵

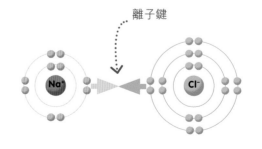

鹽（氯化鈉）

**6** 離子鍵通常以一種被稱為晶格的規則結構將離子聚集在一起。在鹽中，每個帶負電荷的氯離子都被帶正電荷的鈉離子包圍，反之亦然。

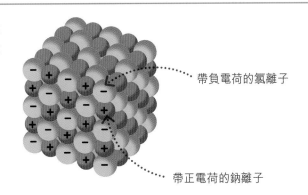

帶負電荷的氯離子

帶正電荷的鈉離子

**7** 離子鍵堅固且不易斷裂，所以離子化合物通常是非常堅硬、易碎的固體，不易熔化。由於離子排列規則，許多離子化合物形成晶體。晶格的排列方式使晶體呈現出獨特的形狀。

天然鹽結晶是方形的。

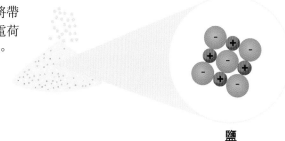

鹽結晶

## 在水中溶解

雖然離子化合物很堅硬，不易熔化，但許多離子化合物很容易溶於水。因為水分子有帶正電荷和帶負電荷的兩端吸引離子，並使它們分離。

**1** 當鹽為固體時，離子鍵將帶正電荷的鈉離子和帶負電荷的氯離子緊密地結合在一起。

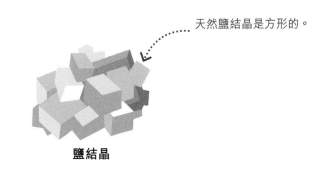

鹽

氫原子

氧原子

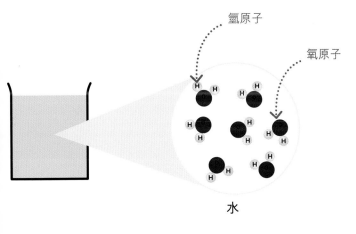

水

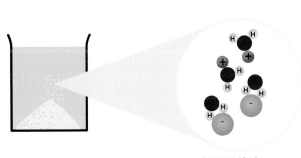

溶解了的鹽

**2** 水分子有一個氧原子和兩個氫原子。氧原子帶少量負電荷，氫原子帶少量正電荷。

**3** 把鹽放入水中時，水分子的正極吸引氯離子，水分子的負極吸引鈉離子。鹽中的離子鍵斷裂，然後離子分散開來，鹽完全溶解。

# 共價鍵

在分子中，有些原子會為了共用電子而結合。這就
形成了一種非常強的鍵，叫作共價鍵。

大多數共價鍵是單
鍵、雙鍵或三鍵。

**1** 一個氫原子的外殼層只有一個電子，但它的外殼
層需要兩個電子才能穩定。一個氯原子的外殼層
有 7 個電子，但它需要 8 個電子才能穩定。

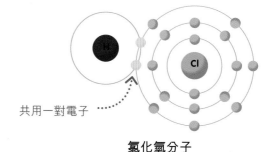

一個電子在外殼層。

內殼

最內層的殼

在外殼中有 7
個電子。

氫原子　　　　　氯原子

**2** 氫原子跟氯原子分享一個電子，氯原子跟氫原
子分享一個電子。這兩個原子現在都有一個完
整的外殼層，一個共價鍵把它們連在一起，形成一個
氯化氫分子。

共用一對電子

氯化氫分子

**3** 一個原子可以和幾個原子形成多個共價鍵，形
成更大的分子。例如，在水分子中，兩個氫原子
與一個氧原子相連，每個氫原子由一個單獨的共價鍵
相連。

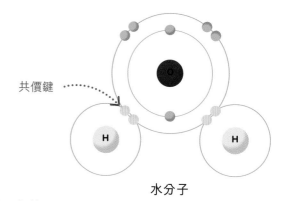

共價鍵

水分子

**4** 有時一個分子中的原子共用兩對電子，我們稱
其形成的共價鍵為雙鍵。例如，在二氧化碳分
子中，雙鍵把兩個氧原子和一個碳原子連接起來。

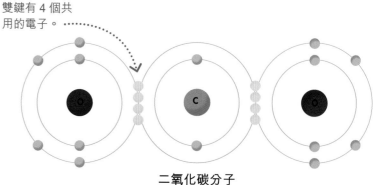

雙鍵有 4 個共
用的電子。

二氧化碳分子

**5** 3 個共用的電子對形成一個三鍵。空氣中的
氮氣分子 (參考頁 170) 由兩個通過三鍵連接
的氮原子組成。

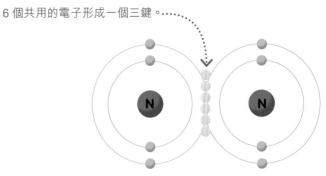

6 個共用的電子形成一個三鍵。

氮氣分子

# 分子間作用力

由共價鍵形成的分子會互相吸引，這種較
弱的鍵稱為分子間作用力。

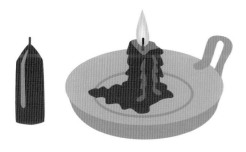

**1** 分子間作用力使氣體冷卻時變成液體，使液體
凝固時變成固體。打破分子間作用力這種弱力
不需要很多能量，它與離子化合物不同，共價化
合物的熔點或沸點很低。

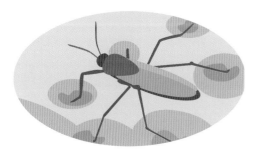

**2** 水分子之間的分子間作用力讓水可以聚集成
水滴，也可以形成一種表面。這種表面形成
的力叫作表面張力。雖然我們很容易打破這個表
面，但輕型的小昆蟲卻可以站在上面。

**試一試**

# 浮起一個萬字夾

水表面的分子被分子間作用力牽引在一起，令水的表
面就像有彈性的皮膚。科學家稱這種力為表面張力。
試試下面這個實驗，看看表面張力是怎麼起作用的。

**1** 在盆子裏裝滿水。

**2** 把萬字夾放在紙巾上。

**3** 輕輕地將紙巾放入水中，
使其停留在水面上。

**4** 紙會吸收水分，最終
下沉，但是因為表面
張力的作用，萬字夾會浮在
水面上。

**5** 在水中加入一滴洗潔
精會削弱表面張力，
萬字夾就會掉進水裏。

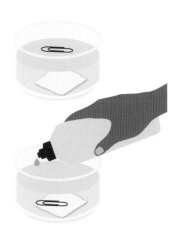

# 化學反應

化學反應將化學物質分解，並形成新的物質。所有化學反應都涉及化學鍵的斷裂或形成。

鐵製品因鐵和氧的化學反應而生鏽。

## 物理變化和化學變化

在物理變化中，物質變化後的化學組成與變化之前是相同的，比如牛油融化。但是在化學變化中，會形成新的化學物質，比如麵包變成吐司。

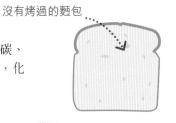

融化了的牛油還是牛油。

吐司的表面主要成分是碳。

沒有烤過的麵包

固體牛油

**1 麵包**
麵包中含有澱粉，澱粉是一種由碳、氫和氧組成的化合物。加熱麵包時，化學反應改變了澱粉分子。

**2 吐司**
麵包的表面吸收熱量，把澱粉變成黑色的碳，水以氣體的形式散到空氣中。

## 反應是如何進行的

在化學反應中，原子重新排列形成新的分子或離子。因此，化學反應產生的新化學物質的性質與原來的有很大的不同。

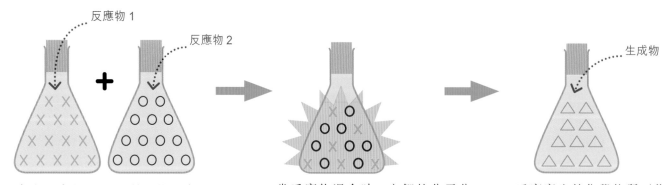

反應物 1

反應物 2

生成物

**1** 參與反應的化學物質叫作反應物。以上的反應有兩種不同的反應物。

**2** 當反應物混合時，它們的分子分裂，原子重新排列。許多反應以熱或光的形式釋放能量。

**3** 反應產生的化學物質叫作生成物。在這個反應中，兩種反應物結合成一種生成物。

# 質量守恆定律

化學反應的生成物的總質量和反應物的總質量是一樣的。反應開始前和結束後都存在相同數目的原子,所以它們的總質量不會改變。因此,我們說質量是守恆的。

水
鈉

**1** 當金屬鈉投到水中時,會發生劇烈反應,產生氫氣(可能會生火)和氫氧化鈉。

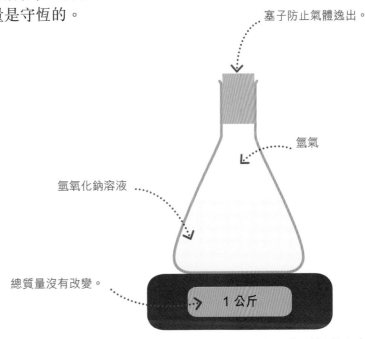

塞子防止氣體逸出。

氫氣

氫氧化鈉溶液

總質量沒有改變。

1 公斤

**2** 反應結束後沒有剩下鈉,但是設備和產品的總質量沒有改變,質量是守恆的。

---

**試一試**

# 瘋狂的泡沫

在醋(乙酸)中加入小蘇打(碳酸氫鈉),就會發生化學反應。這種反應的生成物之一是二氧化碳氣體。這個實驗展示了如何利用化學反應製造非常大量的二氧化碳泡沫。

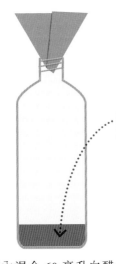

白醋、食用色素和洗潔精的混合物。

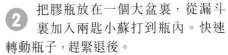

**1** 在空的膠瓶內混合 60 毫升白醋、幾滴食用色素和 10 滴洗潔精。再將紙摺成圓錐形充當漏斗,放到瓶口。

**2** 把膠瓶放在一個大盆裏,從漏斗裏加入兩匙小蘇打到瓶內。快速轉動瓶子,趕緊退後。

# 化學方程式

化學方程式顯示了參與化學反應的原子所發生的變化。方程式的左邊是反應物，右邊是生成物。

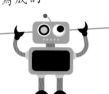

化學方程式在所有語言中都是用同樣的形式寫成的。

## 1 文字方程式

表示化學反應的一個簡單方法是用文字方程式。例如，當加熱粉狀的鐵和硫時，它們會發生反應，生成化合物硫化鐵。右邊的方程式中，箭嘴左邊的是反應物，右邊的是生成物。

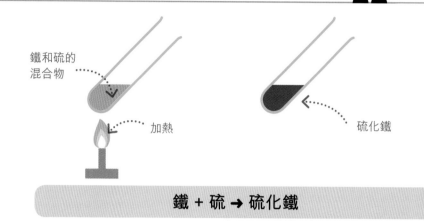

鐵和硫的混合物 ⋯ 加熱 硫化鐵

$$鐵 + 硫 \rightarrow 硫化鐵$$

## 2 符號方程式

也可以用化學符號寫出方程式。鐵的化學符號是 Fe，硫的化學符號是 S，所以鐵和硫的反應可以寫成右邊的方式。與文字方程式不同，符號方程式寫了參與反應的原子比例。在這個例子中，一個鐵原子與一個硫原子發生反應，生成一個硫化鐵分子。

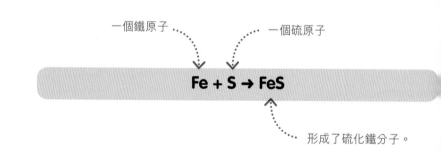

一個鐵原子 ⋯ 一個硫原子

$$Fe + S \rightarrow FeS$$

形成了硫化鐵分子。

## 平衡方程式

化學方程式必須平衡，左邊的原子和右邊的原子要一樣多。換句話說，在生成物和反應物中，每種原子的總數目必須相同。右邊的方程式表示氫與氧反應生成水的方程式是平衡的。

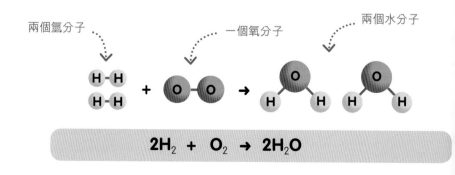

兩個氫分子 ⋯ 一個氧分子 ⋯ 兩個水分子

$$2H_2 + O_2 \rightarrow 2H_2O$$

# 可逆反應

有些反應是可逆的，它們可以在兩個方向發生。例如，當加熱棕色氣體二氧化氮時，它會分解成無色的一氧化氮和氧氣。當這些物質冷卻後，它們會再次發生反應，生成二氧化氮。這個方程式由一個特殊的雙向箭嘴表示化學反應是可逆的。

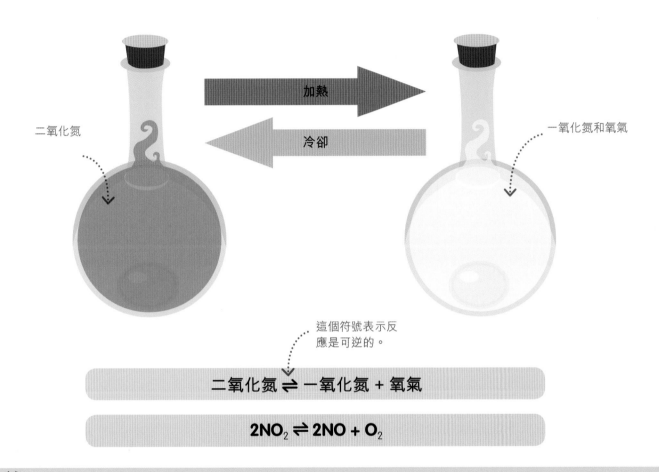

二氧化氮

加熱

冷卻

一氧化氮和氧氣

這個符號表示反應是可逆的。

二氧化氮 ⇌ 一氧化氮 + 氧氣

$$2NO_2 \rightleftharpoons 2NO + O_2$$

---

## 試一試

### 列出方程式

嘗試用化學符號和公式完成鈉和水反應（參考頁 139 上部實驗），列出氫氧化鈉（NaOH）和氫氣（$H_2$）的方程式。文字方程式已經寫好了，由你來完成符號方程式，記得等式必須平衡啊！

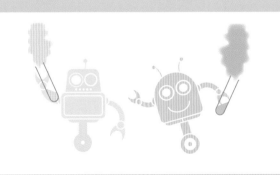

鈉 + 水 ➜ 氫氧化鈉 + 氫氣

$$2Na + 2H_2O \rightarrow ??? + ???$$

答案：$2Na + 2H_2O \rightarrow 2NaOH + H_2$

# 反應的類型

化學反應有許多不同的類型，大多數可分為以下三種：
合成反應、分解反應和置換反應。

人體通過分解反應分解食物。

## 合成反應

**1** 在合成反應中，兩個或以上的簡單反應物結合成一個複雜的生成物。

**2** 金屬鈉（Na）和氯氣（Cl_2）發生反應，生成氯化鈉（NaCl）—— 我們放在食物上的鹽就是這種物質。

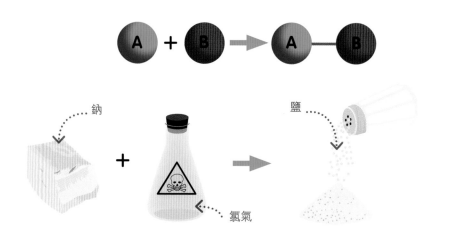

鈉 ⋯ 鹽

＋

氯氣 ⋯

$$鈉 + 氯氣 → 氯化鈉（鹽）$$

$$2Na + Cl_2 → 2NaCl$$

## 分解反應

**1** 在分解反應中，反應物分解成更小、更簡單的生成物。

**2** 藍綠色的碳酸銅（CuCO_3）在加熱後會分解為黑色的氧化銅（CuO）和氣體二氧化碳（CO_2）。

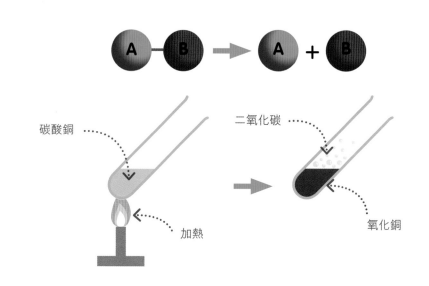

碳酸銅 ⋯

二氧化碳 ⋯

加熱 ⋯

氧化銅 ⋯

$$碳酸銅 → 二氧化碳 + 氧化銅$$

$$CuCO_3 → CuO + CO_2$$

# 置換反應

**1** 在置換反應中,化合物中的一種元素被另一種更活躍的元素替代。

**2** 把銅條放入硝酸銀溶液中,銅原子會取代銀原子。銅溶解,使溶液呈藍綠色,銀從溶液中析出,在銅條上留下一層銀。

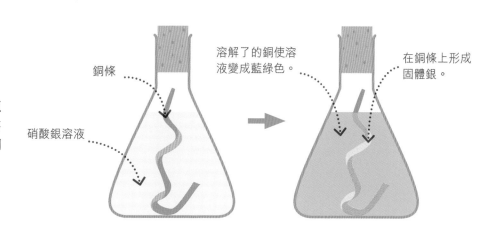

銅條
硝酸銀溶液

溶解了的銅使溶液變成藍綠色。

在銅條上形成固體銀。

銅 + 硝酸銀 → 硝酸銅 + 銀

$$Cu + 2AgNO_3 \rightarrow Cu(NO_3)_2 + 2Ag$$

# 雙置換反應

**1** 在雙置換反應中,兩個離子化合物發生反應,正離子和負離子互換位置,形成兩個新的化合物。

**2** 把硝酸銀溶液和氯化鈉溶液混合,正離子和負離子交換,會形成可溶的硝酸鈉和不可溶的氯化銀。氯化銀以白色固體的形式存在於硝酸鈉溶液中,令其看起來很混濁。

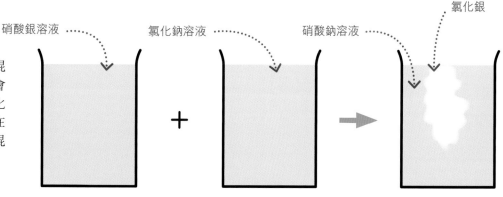

硝酸銀溶液
氯化鈉溶液
硝酸鈉溶液
氯化銀

硝酸銀 + 氯化鈉 → 氯化銀 + 硝酸鈉

$$AgNO_3 + NaCl \rightarrow AgCl + NaNO_3$$

# 能量和反應

化學反應涉及能量的傳遞。有些反應會釋放能量，例如發熱或發光，另一些反應則會從周圍環境吸收能量。

突然釋放大量能量的反應會引起爆炸。

## 活化能

所有的化學反應都需要能量來啟動，因為在新分子形成之前，需要能量來打破原子間的化學鍵。這就是為甚麼一根火柴不摩擦就無法點燃，蠟燭不點燃就不會燃燒。引發反應所需的能量叫作活化能，活化能就像一座反應物必須跨越的小山。

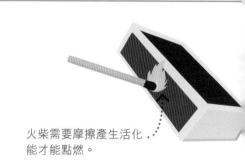

火柴需要摩擦產生活化能才能點燃。

## 放熱反應

打破化學鍵需要能量，但是當新的化學鍵形成時，能量又會再被釋放出來。如果釋放的能量大於吸收的能量，反應就會向周圍釋放能量，通常是發光和發熱。我們稱這些反應為放熱反應。

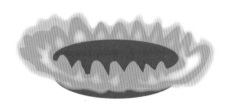

$$CH_4 + 2O_2 \rightarrow CO_2 + 2H_2O$$

甲烷 + 氧氣 → 二氧化碳 + 水

**1** 甲烷（$CH_4$）是煮食爐烹調食物時使用的氣體。點燃甲烷時，它會與空氣中的氧氣（$O_2$）發生反應並燃燒。

**2** 甲烷與氧氣反應的化學方程式表明，這些原子被重新排列成二氧化碳（$CO_2$）和水（$H_2O$）。

---

試一試

## 感受熱

這是一個簡單的放熱反應，你可以動手試試。在膠袋裏放一些洗衣粉，加水攪成糊狀。把袋子拿在手裏，當洗衣粉與水發生反應時，你會感覺到有熱量散發出來。

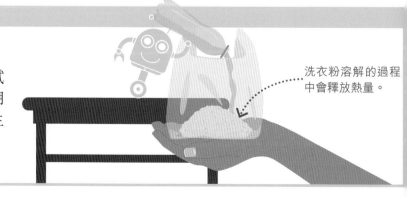

洗衣粉溶解的過程中會釋放熱量。

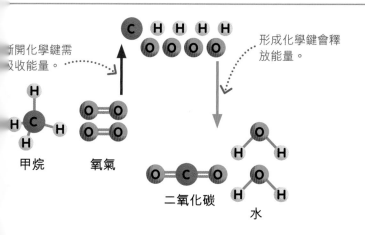

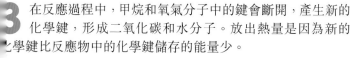

斷開化學鍵需
要吸收能量。

形成化學鍵會釋
放能量。

甲烷　　氧氣

二氧化碳

水

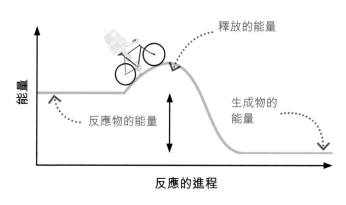

**3** 在反應過程中，甲烷和氧氣分子中的鍵會斷開，產生新的
化學鍵，形成二氧化碳和水分子。放出熱量是因為新的
化學鍵比反應物中的化學鍵儲存的能量少。

**4** 上圖顯示了放熱反應時能量的變化。在反應結束
時，生成物的能量低於反應物的能量。

## 吸熱反應

在某些反應中，斷開現有化學鍵所需要的能量
比形成新化學鍵所釋放的能量還要多。額外的
能量是從周圍環境中吸收的。我們把這種反應
叫作吸熱反應。

**1** 植物以光合作用（參考頁 88–89）從陽
光中吸收能量並儲存在糖中。

二氧化碳 + 水 ➜ 糖 + 氧氣

$6CO_2 + 6H_2O ➜ C_6H_{12}O_6 + 6O_2$

**2** 右圖顯示了吸熱反應時能量的變
化。反應結束時，生成物的能量高
於反應物的能量。

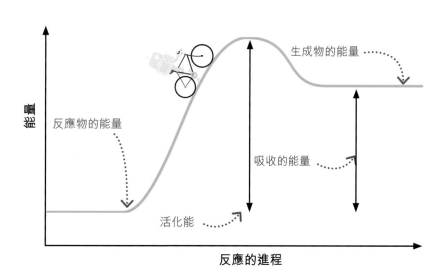

# 催化劑

催化劑是一種使反應加速的化學物質。酶是一種生物催化劑，身體使用它可以完成很多工作，包括消化食物。

唾液含有一種可以消化食物中澱粉的催化劑。

## 能障

除非注入額外的能量，否則有些化學反應會很緩慢或不會發生。例如，除非用火焰加熱木頭，否則木頭燃燒的反應就不會發生。這種額外的能量叫作活化能。催化劑減少活化能的需求，令反應更容易發生。

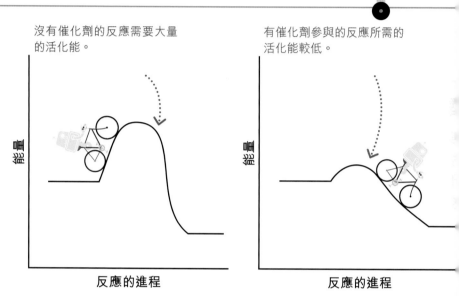

沒有催化劑的反應需要大量的活化能。

有催化劑參與的反應所需的活化能較低。

能量

反應的進程

能量

反應的進程

## 催化劑是如何運作的

催化劑與化學反應中的分子結合，並使它們緊密結合在一起，令反應發生得更快，也更容易。

催化劑

反應物 1

反應物 2

反應中形成了新的分子。

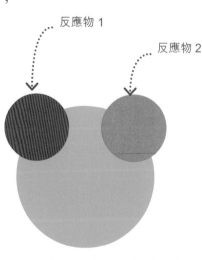

**1** 催化劑分子有一種形狀讓它能夠暫時與反應物的分子結合。

**2** 這兩個反應物的分子黏在催化劑上，相互反應，形成一個新的分子。

**3** 新分子從催化劑中分離出來。發生反應後，催化劑保持不變，可再次使用。

# 固體催化劑

有些催化劑是固體，它們提供了其他分子可以附着的物理表面。農場和花園的肥料中含有氨，氨是由氮氣（$N_2$）和氫氣（$H_2$）兩種氣體組成的，這兩種氣體在粉狀的鐵製成的催化劑的幫助下發生反應，這種製氨的方法叫作哈伯法。

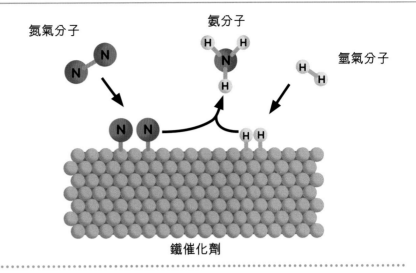

氮氣分子

氨分子

氫氣分子

N

N

鐵催化劑

# 酶

身體使用酶這種生物催化劑可以做很多事情，包括把大的食物分子分解成血液可以吸收的小分子。食物分子與消化酶上形狀特殊的「活性部位」結合，使食物分子與水發生反應，並被分解成更小的分子。

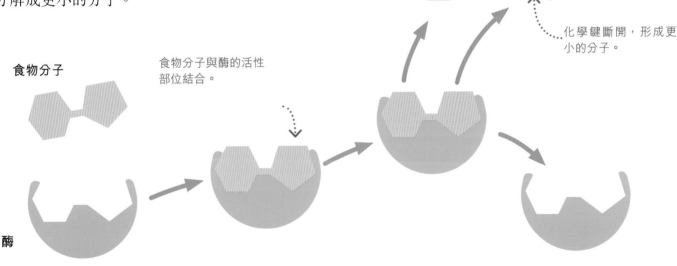

食物分子

食物分子與酶的活性部位結合。

化學鍵斷開，形成更小的分子。

酶

**現今科技**

# 催化轉化器

汽車上的催化轉化器中有一個蜂窩狀結構，覆蓋着一層薄薄的貴金屬鉑和銠。這種塗層的表面面積很大，大約有兩個足球場那麼大。當發動機排出的廢氣通過時，這些金屬會催化未燃燒的燃料、有毒的氮氧化物和一氧化碳，將它們轉化為危害較小的二氧化碳、水和氮氣。

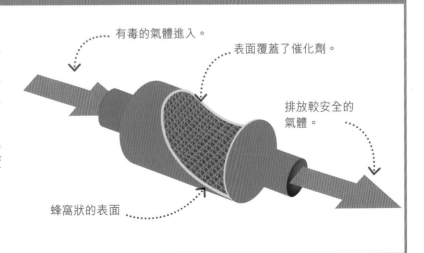

有毒的氣體進入。

表面覆蓋了催化劑。

排放較安全的氣體。

蜂窩狀的表面

# 酸和鹼

強酸可以腐蝕金屬和灼傷人體，但弱酸是安全可食用的，例如檸檬汁的酸勁就來自於酸。鹼則是可以中和酸的化學物質。

強酸具有腐蝕性，它們與某些物質發生的反應非常強烈，甚至可破壞那些物質。

## 酸是甚麼？

酸是一種化合物，它在水中分裂，釋放出有高活性的氫離子（即質子）。酸在水中釋放的氫離子越多，它的酸性就越強。

氫離子

氫離子

### 1 強酸

強酸能在水中完全分解，產生大量氫離子。使用時必須非常小心，因為它們會傷害你的皮膚和眼睛。人的胃會產生一種強酸 —— 胃酸，胃酸的主要成份是鹽酸，它可以攻擊並殺死細菌。

### 2 弱酸

弱酸只會部分分解在水中。你可以感覺到它們的味道是酸的，因為舌頭表面的味蕾可以檢測到酸。它們可以刺激你的眼睛，但不會傷害你的皮膚。醋、橙汁、檸檬汁、咖啡和乳酪都含有弱酸。

## 鹼是甚麼？

鹼是一種金屬化合物，它可以與酸發生反應，抵消酸的作用，我們說它們中和了酸。強鹼和強酸一樣，具有腐蝕性和危險性。

### 泡打粉

廚師在蛋糕麵團中加入泡打粉可幫助麵團膨脹。泡打粉是一種混合物，包括弱酸和稱為碳酸氫鈉的鹼。當它們溶解在水裏時，當中的酸和鹼就會發生反應，釋放出二氧化碳氣體，令麵團變得鬆軟。

# 量度酸度

可以用試紙量度物質的酸性,這種紙是一種特殊的紙,它會隨着酸度而改變顏色。顏色顯示溶液中氫離子的濃度,也就是 pH。酸的 pH 小於 7,鹼的 pH 大於 7。一種物質的 pH 等於 7 則表示它是中性的 (既非酸性也非鹼性)。

下水道清潔劑
pH = 14

肥皂水
pH = 12

鹼性

牙膏
pH = 8.5

11　12　13　14

10

9

8

純水
pH = 7

中性

牛奶
pH = 6.6

7

6

5

4

3

2

酸性

檸檬
pH = 2.5

1

0

充電池酸液
pH = 1

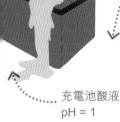

試紙在酸性溶液中變紅,在鹼性溶液中變藍。

---

## 試一試

### 紫椰菜指示劑

你可以使用紫椰菜製作自己的指示劑,觀察不同物質的酸鹼度。

**1** 請家長把一個紫椰菜切碎,放進水裏煮沸,濾出紫色的液體,靜置變涼。把紫色液體倒進幾個玻璃杯裏。

**2** 在玻璃杯中加入白醋。溶液將帶有酸性,並變成亮粉紅色。

**3** 在另一個玻璃杯中加入小蘇打。溶液將帶有鹼性,並變成藍綠色。

# 酸和鹼的反應

酸與鹼之間的反應稱為中和反應。鹼性溶液、金屬氧化物和金屬碳酸鹽都可以中和酸，形成鹽和水。

治療消化不良的藥中和胃裏的酸性。

## 1 酸和鹼性溶液

鹼可以在水中釋放氫氧根離子 (OH⁻)。當酸和鹼混合時，酸中的氫離子與氫氧根離子結合形成水，剩下的離子結合形成鹽。有些酸和鹼反應非常強烈，釋放的熱量足夠使水沸騰。

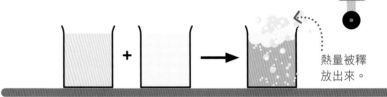

熱量被釋放出來。

酸 + 鹼 → 鹽 + 水

例子 | 鹽酸 + 氫氧化鈉 → 氯化鈉 + 水

## 2 酸和金屬氧化物

金屬氧化物是由金屬和氧形成的化合物。當酸與金屬氧化物發生反應時，會形成鹽和水。比如，氧化銅 (一種黑色粉末) 與硫酸 (一種透明液體) 發生反應，形成硫酸銅和水。硫酸銅是亮藍色的，所以此反應出現鮮明的顏色變化。

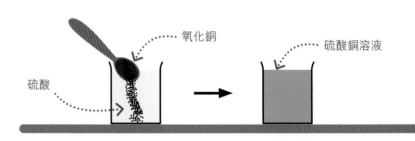

氧化銅

硫酸

硫酸銅溶液

酸 + 金屬氧化物 → 鹽 + 水

例子 | 硫酸 + 氧化銅 → 硫酸銅 + 水

## 3 酸和金屬碳酸鹽

金屬碳酸鹽是由金屬和碳酸鹽離子或碳酸氫鹽離子組成的化合物。它們與酸發生反應形成鹽、水和二氧化碳氣體。二氧化碳在水中產生氣泡。

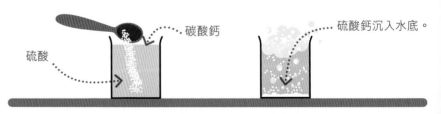

碳酸鈣

硫酸

硫酸鈣沉入水底

酸 + 金屬碳酸鹽 → 鹽 + 水 + 二氧化碳

例子 | 硫酸 + 碳酸鈣 → 硫酸鈣 + 水 + 二氧化碳

## 酸和金屬

酸不僅可以與鹼發生中和反應，還可以與金屬發生反應。金屬物體被酸破壞的過程稱為腐蝕。酸和金屬之間的反應產生鹽和氫氣。有些金屬（如鐵和鋅）與酸發生的反應快，但有些金屬（如銀和金）根本不與酸發生反應。

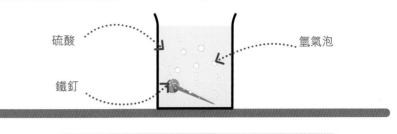

硫酸

鐵釘

氫氣泡

酸 + 金屬 → 鹽 + 氫氣

例子　硫酸 + 鐵 → 硫酸鐵 + 氫氣

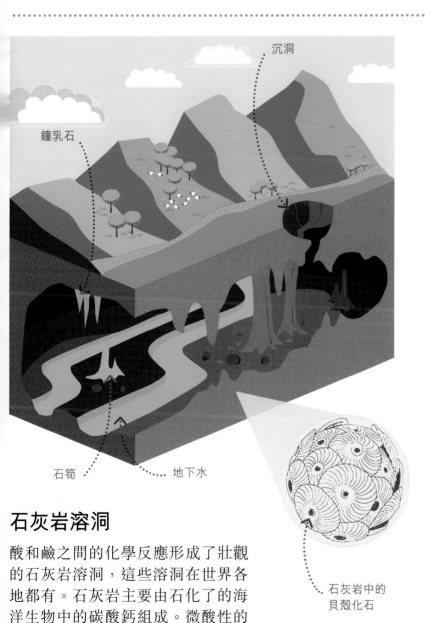

沉洞

鐘乳石

石筍　　地下水

石灰岩中的貝殼化石

## 石灰岩溶洞

酸和鹼之間的化學反應形成了壯觀的石灰岩溶洞，這些溶洞在世界各地都有。石灰岩主要由石化了的海洋生物中的碳酸鈣組成。微酸性的雨水在滲入地面的過程中會侵蝕石灰岩，產生空洞，慢慢地形成洞穴。

### 試一試

## 擦亮你的硬幣

用酸和金屬氧化物之間的反應來拋光舊硬幣，使它們煥然一新。酸從表面剝離暗色的銅氧化物，露出下面的純銅。

**1** 將醋倒入一個小玻璃杯中，加入幾匙鹽。充分攪拌直到大部分鹽溶解。

**2** 將一枚硬幣浸入水中 30 秒，然後將其撈出，表面暗色的金屬氧化物就消失了。

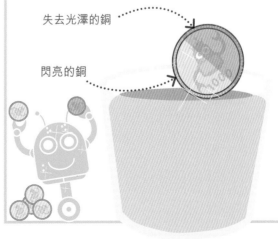

失去光澤的銅

閃亮的銅

# 電解

由離子（帶電粒子）組成的化合物可以
通過接入電流的方式分裂成化學元素，
這就是電解。

在純水中，每6億個水分子
中就有一個被分解成離子。

## 電解是如何運作的？

當液體中的離子（參考頁134）可以自由移動，才能
發生電解，繼而導電。水導電是因為小量的水分子分
裂成帶正電荷的氫離子（H⁺）和帶負電荷的氫氧根離
子（OH⁻）。當電流通過水時，這些離子會變成氧氣和
氫氣泡。

**1 電極**
兩塊叫作電極的金屬或碳棒被放到化合物中
去分解電解質。一個電極（陽極）帶正電荷；另一
個電極（陰極）帶負電荷。當電極連接電池時，電
流通過水。

**2 移動的離子**
氫氧根離子（OH⁻）被正極吸引，所以它們向
帶正電荷的陽極移動。帶正電荷的氫離子（H⁺）被
相反的電荷吸引，向帶負電荷的陰極移動。

**3 在陽極**
到達陽極的氫氧根離子（OH⁻）會失去電
子。成對的氧原子結合形成氧分子，釋放氧氣泡。

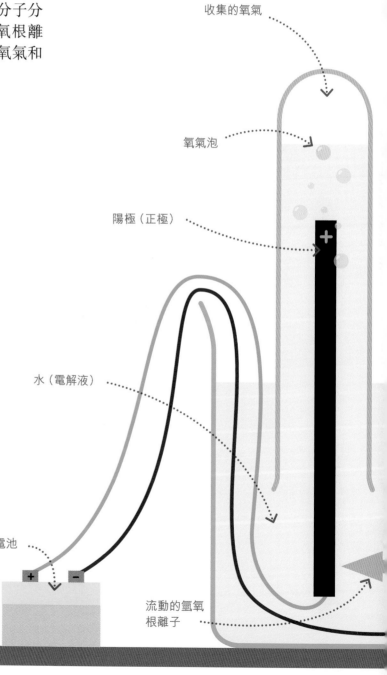

收集的氧氣

氧氣泡

陽極（正極）

水（電解液）

電池

流動的氫氧
根離子

# 電解水！

使用如圖所示的設備，你也可以製造電解水。要確保鉛筆的兩端都削尖，每根電線都要接觸到一支鉛筆的鉛筆芯。連接到電池負極的鉛筆是陰極，連接到電池正極的鉛筆是陽極。

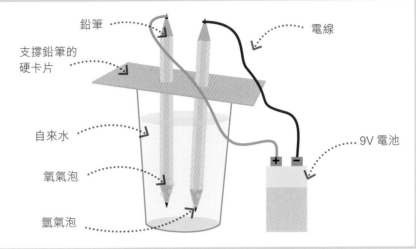

鉛筆
電線
支撐鉛筆的硬卡片
自來水
氧氣泡
氫氣泡
9V 電池

收集的氫氣
試管收集氣體
氫氣泡
陰極（負極）

## 4 在陰極

到達陰極的氫離子獲得電子並成為原子。氫原子成對形成氫氣分子，產生氣泡。

## 5 收集氣體

通過陰極上方的試管可收集氫氣，陽極上方的另一根管子收集氧氣。每個水分子含有兩個氫原子和一個氧原子，所以產生的氫氣是氧氣的兩倍。

流動的氫離子

# 電鍍

我們可以用電解的方法在物體表面鍍上一層薄薄的金屬層，這叫作電鍍。比如，匙子可以鍍銀。匙子做陰極，陽極是一塊純銀。電解質溶液含有銀化合物。在電解過程中，銀離子通過溶液從陽極到陰極，覆蓋在匙子上，令它鍍上一層銀。

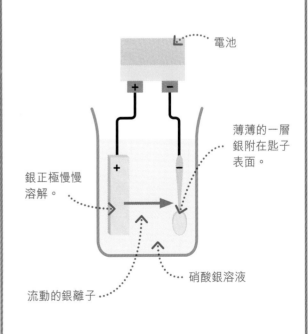

電池
薄薄的一層銀附在匙子表面。
銀正極慢慢溶解。
流動的銀離子
硝酸銀溶液

# 元素週期表

元素週期表列出了科學已知的所有化學元素，它們是按照原子序數 —— 原子中的質子數排列的。

大多數化學元素由爆炸的恆星，即超新星的內部形成。

## 排列元素

圖表中橫行稱為週期，直行稱為族。每一種元素都是獨一無二的，但是具有相似物理和化學性質的元素會排在一起。

**1 元素**
每一格提供了一種元素的信息，包括它的名稱、化學符號和原子序數（參考頁 132–133）。

原子序數

化學符號

元素名稱

**2 週期**
沿着行數從左至右看，原子序數逐漸增加。這意味着每個元素比左邊的元素多一個原子核中的質子數。

**3 族**
如果你知道一個族中其中一個元素的性質，就可以預測族中的其他元素。比如，第一族中的所有金屬都可以與水發生強烈反應。

**4 額外的行**
這兩個部分由稀土金屬組成。稀土元素太多，不適合週期表上的排列形狀，它們通常單獨顯示在底部。

週期

族

## 門得列夫

現代元素週期表是由俄國化學家門得列夫於 1869 年設計的。當時，已知的元素只有 63 個。據說門得列夫在一張卡片上寫下了每個元素的名字和符號，並根據元素的重量來排列卡片。他在表格中留下了一些空白位置，用來存放他預測會被發現的元素，後來證實他是正確的。

門得列夫
1834－1907

現今科技

## 發現新元素

新元素仍在被預測和被發現，但這過程變得越來越難，因為新元素非常不穩定，它們只在實驗室中存在幾分之一秒，然後原子分裂，變成其他元素。

硼是一種灰色的金屬物質，表面具有光澤，發現於隕石（來自太空的岩石塊）中。

氦氣比空氣輕，常用於熱氣球和飛艇。

鋁是一種軟而輕的金屬，不會生鏽，並被用來製造鋁箔和鋁罐等物品。

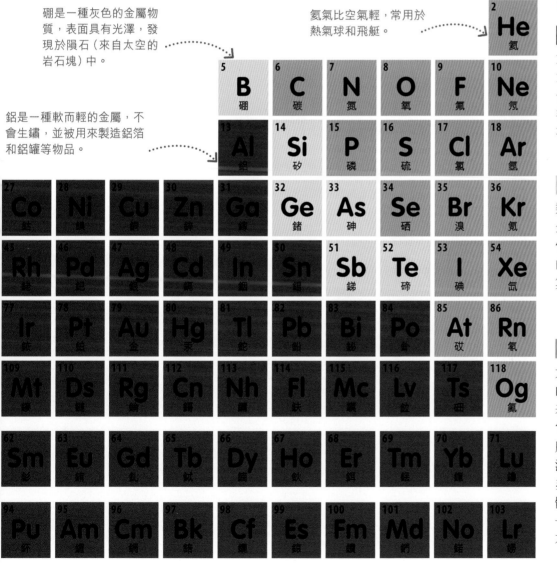

### 圖例

■ **金屬元素**

大多數元素都是金屬元素。一般來說，金屬有相似的特性 —— 有光澤、容易導電和導熱，而且富有延展性。

▨ **類金屬元素**

類金屬也叫半金屬，既有金屬的性質又有非金屬的性質。有些類金屬有較弱的導電性，可用於製作計算機和電腦。

▨ **非金屬元素**

大多數非金屬都是固態的，具有相似的性質 —— 表面沒有光澤、導熱和導電性能不佳，在固態時很脆。其中有些元素非常活潑，如氟（F）和氧（O），非金屬中有 11 種是氣體。以氦（He）開頭的那一族氣體是所有元素中最不活潑的。

# 金屬

金屬通常堅硬、表面具有光澤、觸感冰冷，很容易辨認。鐵、銀和黃金是廣為人知的金屬，但金屬還有很多其他的種類。事實上，金屬元素佔元素週期表中所有元素的四分之三以上。

鐵是宇宙中最常見的金屬。

## 金屬的性質

已知的金屬有 90 多種，全都是獨一無二的。然而，大多數金屬往往具有相同的物理性質。

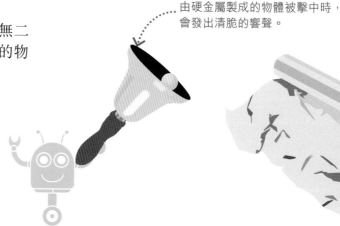

由硬金屬製成的物體被擊中時，會發出清脆的響聲。

**1** 大多數金屬都有閃亮的銀色表面，它們都會反射光線。然而，並非所有金屬都是銀色的，金是黃色的，銅是紅棕色的。

**2** 大多數金屬在室溫下是堅硬的固體，但都有例外。比如，你可以用指甲在純金上留下劃痕，而汞在室溫下是液體。

**3** 金屬通常是有延展性的，我們可以把它們錘成薄片，或者把它們拉成金屬絲。

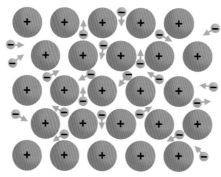

**4** 金屬的導熱性佳，是製作平底鍋的理想材料。當你觸摸一個金屬物體時，它會將你皮膚上的熱量帶走，這就是為甚麼人們觸摸金屬時會感到冰冷。

**5** 純金屬不會形成分子。相反，它們的原子結合成晶格，通過金屬鍵連接在一起。電子便可以在原子間移動。

**6** 許多金屬都能導電，因為它們的電子能自由移動。銅是其中一種導電體。它會用作製造電線，把電力輸送到我們家裏。

# 金屬的組別

金屬非常多，化學家把它們分成不同的組別，每一組都有獨特的化學性質。

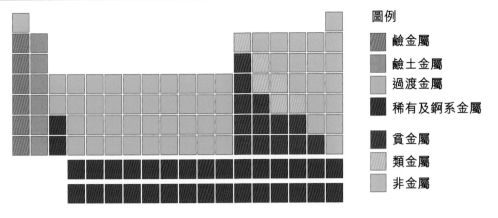

圖例

- 鹼金屬
- 鹼土金屬
- 過渡金屬
- 稀有及鋼系金屬
- 貧金屬
- 類金屬
- 非金屬

**1** 鹼金屬具有很強的活性，當它們與水發生反應時，會形成鹼（參考頁148）。鹼金屬很軟，可以用刀切開，熔點低。

**2** 鹼土金屬比鹼金屬堅硬，熔點較高。鈣就是鹼土金屬，可於牙齒和骨骼中發現。

**3** 過渡金屬硬度高、光澤強、熔點高。它們可用於製造工具、橋樑、船隻和汽車等。

**4** 稀有金屬被發現的量很少，但其中有些是非常有用的。比如，釹被用來製造磁鐵和耳筒。

**5** 貧金屬一般都很軟，但鋁和鉛等的貧金屬仍然非常有用。鉛可以防止 X 射線等輻射。

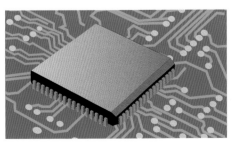

**6** 類金屬既有金屬的性質，又有非金屬的性質。一些金屬（如矽）導電性較弱，被用於製造電腦晶片。

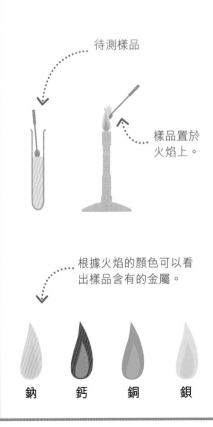

現今科技

## 焰色反應

許多金屬元素燃燒時都有特定顏色的火焰。我們可以這種方法來確定溶液或含有未知金屬元素的化合物中存在哪些金屬。用一個鐵絲圈取出一點待測樣品，然後將其放在火焰中，觀察火焰的顏色。

待測樣品

樣品置於火焰上。

根據火焰的顏色可以看出樣品含有的金屬。

鈉　鈣　銅　銀

# 金屬活性序

金屬活性序是將金屬按活潑性強弱進行排列。在這個列表中出現的位置越高，越容易與其他化學物質發生反應。

如果你接觸到鉀，它會立即與皮膚中的水分發生反應。

**1** 有些金屬元素活潑性很強，比如金屬鉀，會與水發生強烈反應，但也有些金屬不活潑。

鉀與水發生劇烈反應。

**2** 在元素週期表中查看金屬的位置，看出它的化學活潑性有多強（參考頁 154–155）。靠近週期表左邊或底部的金屬較容易發生反應，因為它們的原子很容易失去電子，並與其他元素形成化學鍵。

更活潑

更活潑

圖例

金屬

類金屬和非金屬

**3** 這個列表是金屬活潑性排序，位置越靠上的金屬，活潑性越強。此列表幫助我們預測金屬會與哪些化學物質發生反應，以及反應的速率。表中加入非金屬碳作為參考。

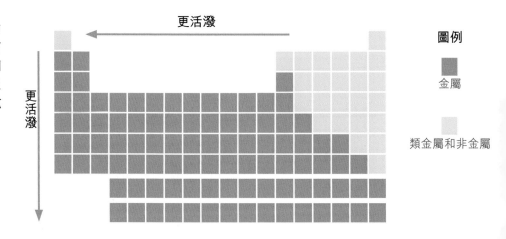

| 金屬 | 和水反應 | 和酸反應 | 和氧反應 |
|---|---|---|---|
| 鉀 鈉 鈣 | ●●● | ●●● | ●●● |
| 鎂 鋁 | | ●● | ●● |
| （碳） | | | |
| 鋅 鐵 錫 鉛 | | ●●●● | ●●●● |
| 銅 銀 | | | ●● |
| 金 | | | |

更活潑

活潑度低

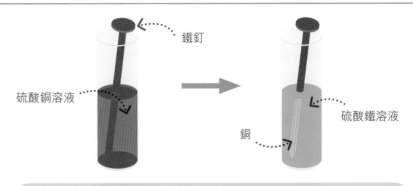

4 在化合物中，活潑性較強的金屬將取代活潑性較弱的金屬，這叫作置換反應。比如，如果在硫酸銅溶液中加入鐵釘，鐵會取代銅，因為鐵的活潑性較強。溶液變成硫酸鐵並改變顏色，銅原子從溶液中析出，在釘子上形成一層薄薄的銅。

鐵釘

硫酸銅溶液

硫酸鐵溶液

銅

**硫酸銅 + 鐵 ➜ 硫酸鐵 + 銅**

## 提取金屬

1 只有少數金屬（如黃金）在自然界中以單質的形式存在。大多數金屬以化合物的形式存在於礦石中。金屬的活潑性越強，就越難從礦石中提取。最活潑的金屬只能通過一種昂貴的技術 —— 電解來提取。活潑性較弱的金屬（如鐵）可以通過將礦石和碳一起加熱來提取。

| 金屬 | 提取方式 |
|---|---|
| 鉀<br>鈉<br>鈣<br>鎂<br>鋁 | 電解 |
| （碳） | |
| 鋅<br>鐵<br>錫<br>鉛 | 與碳一起加熱 |
| 銅<br>汞 | 直接在空氣中加熱 |
| 銀<br>金 | 不需要提取，發現的時候就是純的 |

2 碳是一種非金屬，但它包括在金屬活性序當中，因為它能代替那些會降低活潑性的金屬化合物。比如，鐵需要與碳一起加熱，才能從礦石中提取出來，碳取代了氧化鐵中的鐵，因而產生純鐵。

**氧化鐵 + 碳 ➜ 二氧化碳 + 鐵**

### 現今科技

## 鼓風爐

在鼓風爐的設備中，將富含氧化鐵的礦石和碳一起加熱，從礦石中提取鐵，這種鼓風爐內的火可以持續燃燒多年。碳以焦炭（一種由煤製成的燃料）的形式加到鼓風爐內，熱空氣被吹入以保持火焰燃燒。碳取代了氧化物中的鐵，熔化的鐵從底部流出。

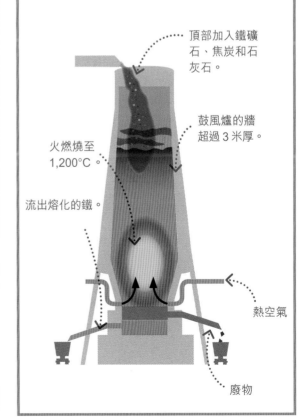

頂部加入鐵礦石、焦炭和石灰石。

鼓風爐的牆超過 3 米厚。

火燃燒至 1,200°C。

流出熔化的鐵。

熱空氣

廢物

# 鐵

鐵是所有金屬中最常見也最有用的一種。幾千年來，人們一直使用鐵，從製造汽車、輪船到建造摩天大樓。

一般成年人體內大約有 4 克的鐵。

## 1 鐵器時代

鐵是唯一一種元素擁有以其名字命名的歷史時期——鐵器時代。大約在公元前 1,000 年，人們發現了從岩石中提取鐵的方法。不久，鐵就用來製造農具、武器和盔甲。

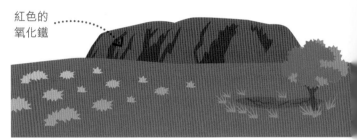

紅色的氧化鐵

## 2 地球上的鐵

鐵是地球上最常見的金屬，很多被「鎖」在地核，這令地球有磁場。然而鐵也是地殼中第二豐富的金屬。它的氧化物使世界上許多地方的地面呈紅色。

紅血球

## 3 生命中的鐵

我們需要含鐵的飲食來保持健康。身體使用鐵來製造血紅蛋白，血紅蛋白是紅血球中的一種物質，它將氧氣從肺部輸送到我們的細胞。富含鐵的食物包括肉類、海鮮、豆類和綠葉蔬菜等。

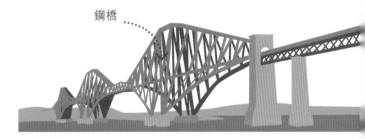

鋼橋

## 4 鋼

與其他金屬相比，純鐵相當軟。然而，將鐵與小量的碳混合可形成鋼這種合金。碳原子可以阻止鐵原子之間發生互相滑動，因此鋼比純鐵更堅硬。

---

現今科技

## 不鏽鋼

將金屬鉻加到鋼中會形成不鏽鋼。這種鋼比普通鋼耐磨、防鏽、不易弄髒。廚房餐具和醫生使用的手術器具通常用不鏽鋼製成。

# 鋁

鋁是地殼中最常見的金屬。它重量輕，易於成型，
可以與其他金屬混合成更堅固的合金。

鋁僅次於鐵，是用量第二大的金屬。

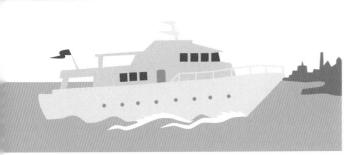

**1 在交通工具中的用途**

鋁比鋼輕。鋁合金經常用於製造單車、汽車、貨車、火車、輪船和飛機的零件。可以減輕運輸工具的重量，減少消耗燃料。

**2 防生鏽**

當鋁暴露在空氣中時，表面會形成一層非常堅硬的氧化鋁塗層，可以將金屬密封起來防止生鏽。鋁很適合製造單車。

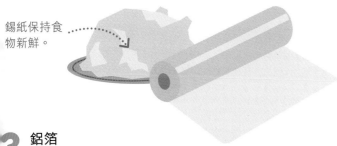

錫紙保持食物新鮮。

**3 鋁箔**

當鋁被壓得很薄時，會成為很結實、很有光澤的鋁箔，非常適合包裝物件。箔紙能隔離水、光、細菌和有害化學物質。它無毒無味。

**4 消防制服**

鋁能有效反射熱量，所以它經常被用作隔熱材料。一種由鋁質製成的消防制服，可以保護消防員免受火焰傷害。

---

**現今科技**

# 回收鋁

鋁罐可以熔化並壓成薄片來回收再造。跟從岩石中提取新鋁相比，回收再造的過程需要消耗的能量較少，所以回收鋁比從零開始生產要便宜得多。

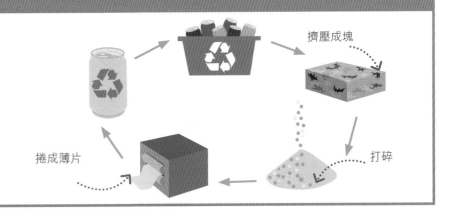

擠壓成塊

打碎

捲成薄片

# 銀

幾千年來，人們用銀來製造硬幣和珠寶。銀還能製成用於攝影和 X 光攝像的感光化合物。

地殼中含有純銀。

**1 優良的導體**

在所有金屬中，銀是最好的導體。一些電路板零件有銀塗層，但因為銀很貴，所以銅在電路中使用更廣泛。

**2 標準銀**

純銀是一種柔軟的金屬，容易被切割成各種形狀。在硬幣和珠寶中，會將銀與小量的銅混合使其更堅硬，我們稱為標準銀。

X 光片的黑暗部分是由微小的銀粒構成的。

**3 感光化合物**

銀與氯、溴和碘形成感光化合物，可用於照相膠卷和 X 光片。當光線照射到它們之上時，化合物會變成純銀，並變成黑色。

**4 殺菌**

因為銀可以殺死細菌，銀、氮和氧的化合物 —— 硝酸銀與水混合後，可以用於清理刀傷和擦傷。

**現今科技**

## 人造雨

如果農作物生長時缺水，飛機可在空中噴灑碘化銀粉末，冰和水滴附在粉末上形成雲。當這些水滴變大，就會下雨。

# 金

黃金是人類最早發現和使用的金屬之一。它的美麗和稀有量使它成為最珍貴的金屬。

迄今為止發現的最大一塊天然黃金中，含有超過 90 公斤的純金。

## 1 自然界中的金

在自然界中，金通常在岩石中以微小的斑點或顆粒的形式存在。金礦工人擊碎岩石，用水或強酸洗出其中的金粉。

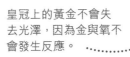

皇冠上的黃金不會失去光澤，因為金與氧不會發生反應。

## 2 不活潑

金是最不活潑的元素之一。在常溫下，它不會與氧氣發生反應，不會生鏽或失去光澤。

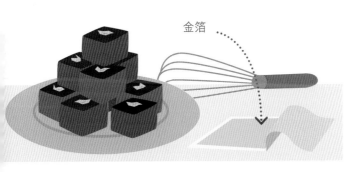

金箔

## 3 可食用的金

純金沒有毒性，甚至可以食用。黃金可以被壓成極薄的薄片，稱為金箔，廚師可用它來裝飾蛋糕和甜點。

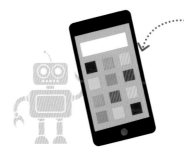

一部普通的智能手機大約含有 0.034g 黃金。

## 4 電子產品中的金

黃金與其他大多數金屬不同，它不會與空氣中的氧氣發生反應，因此它在電子零件中可作為非常可靠的微小連接。每部智能手機裏都有小量黃金。

---

現今科技

## 太空人的遮光罩

太空人頭盔的遮光罩上覆蓋了一層很薄的金，太空人仍然能看見外面。金極易反射光線和熱量，所以這層金可以保護太空人的眼睛免受太陽光線的傷害。

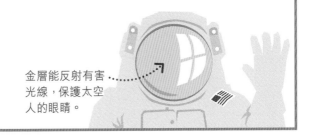

金層能反射有害光線，保護太空人的眼睛。

# 氫

宇宙的大部分物質都由氫構成。它是化學元素中最簡單的元素，也是元素週期表中的第一個元素。純氫氣是一種透明的氣體。

氫可以與其他元素結合，形成許多不同的化合物。

## 1 氫原子

氫原子是所有元素中最簡單的原子，原子核中只有一個質子，原子核外只有一個電子。氫原子成對結合形成氫氣分子（$H_2$）。

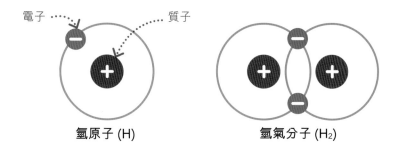

電子 ⋯⋯  質子

氫原子 (H)　　　　氫氣分子 ($H_2$)

## 2 水

水是一種透明的、幾乎無色的化學物質。它是地球上海洋和大多數生物的主要組成部分。它的化學式是 $H_2O$（一個氧原子和兩個氫原子的連接）。

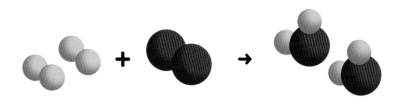

氫氣（$2H_2$）+ 氧氣（$O_2$）→ 水（$2H_2O$）

## 3 氫無處不在

人們離不開氫。它是所有有機化合物（構成生物的化學物質）的關鍵組成部分，還可以與氧氣結合形成水。人體內的大多數原子都是氫原子！

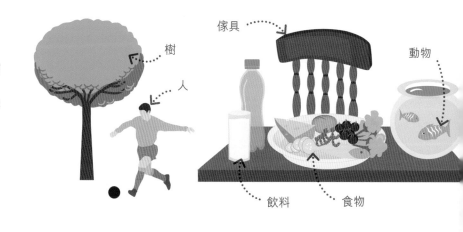

樹

人

傢具

動物

飲料　　食物

## 4 迷失太空

氫分子的質量非常小，它們在地球的大氣層中向上漂浮並逃到太空。太陽的質量比地球大得多，它有足夠的引力留住氫。

氫氣

太陽的主要組成部分是氫。

## 氫燃料電池

氫是一種很好的燃料，它不會產生污染，燃燒只產生水作為廢物。未來的汽車可能由氫燃料電池提供動力。它們利用燃料箱中的氫氣和空氣中的氧氣來產生電力，驅動引擎。

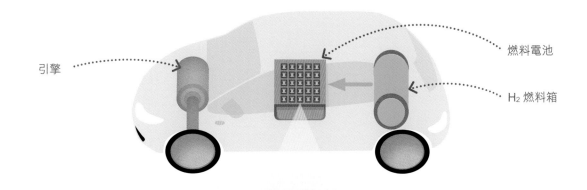

引擎

燃料電池

$H_2$ 燃料箱

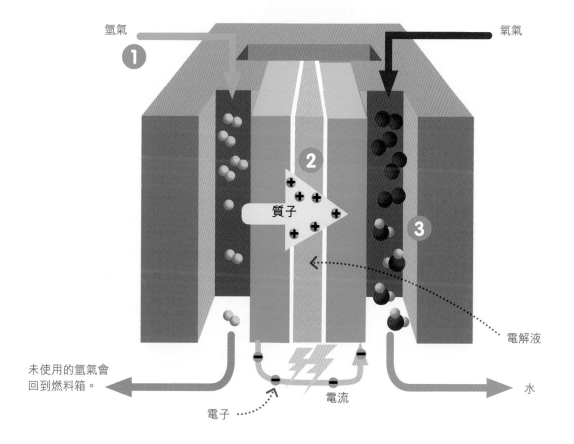

氫氣

氧氣

**①**

**②**

質子

**③**

電解液

未使用的氫氣會回到燃料箱。

電子

電流

水

**1** 氫氣和氧氣進入燃料電池，發生了化學反應，氫原子分裂成質子和電子。

**2** 質子通過電解質，電子通過電線流動，產生電力，為引擎提供動力。

**3** 來自氫的質子和電子與氧發生反應生成水。然後，水就會通過汽車的排氣裝置以蒸氣的形式排出。

# 碳

地球上所有生命都以碳元素為基礎，這要歸功於碳原子之間驚人的鏈結能力，它們能形成數百萬種不同的有機化合物。

碳至少形成了上千萬種已知的化合物，比任何其他元素都要多。

## 碳的形式

純碳有幾種不同形式，叫作碳的同素異形體。

**1** 鑽石，在化學中稱為金剛石，是地球上最堅硬的天然物質，因為它的原子以重複的金字塔模式結合，才有如此強度。鑽石在地下數百米的高溫高壓下經過數十億年才能形成。雖然鑽石很堅硬，但它不是堅不可摧的 —— 鑽石可以燃燒。

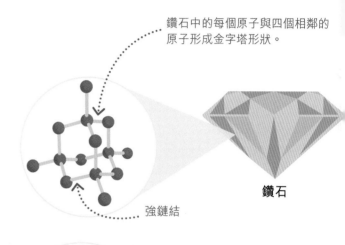

鑽石中的每個原子與四個相鄰的原子形成金字塔形狀。

強鏈結

鑽石

**2** 鉛筆中的「鉛」根本不是鉛，而是石墨 —— 一種軟而易碎的碳的同素異形體。它是軟的，因為碳原子連接形成薄片，可以輕易互相滑動。這就是為甚麼它可以被用於製作鉛筆和潤滑劑。

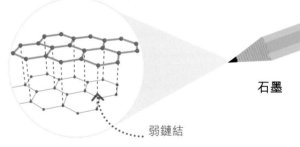

弱鏈結

石墨

**3** 煤和煙炭含有呈玻璃狀的石墨粒子形成的碳，這種碳叫作無定形碳。無定形碳沒有常見的晶體結構，而是由一堆形狀各異的雜亂碳分子組成的。

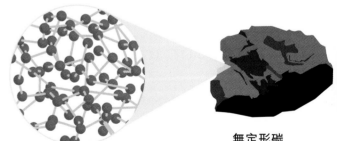

無定形碳

**4** 富勒烯是一種碳分子，它由 60 個或更多的碳原子結合，形成有規律的幾何形狀，如球體。首先被發現的是布克碳，它由 20 個六邊形和 12 個五邊形組成，外形就像足球一樣。

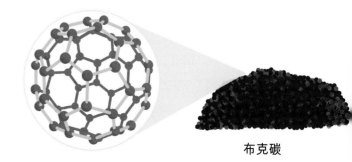

布克碳

## 碳捕集

化石燃料釋放出二氧化碳是全球變暖的主要原因。「碳捕集」是發電站正在測試的一個減少碳排放的方法。使用胺去產生化學作用，去除煙霧中的二氧化碳，並將廢物二氧化碳泵到地下。通過這種方式，發電站可以減少 90% 的碳排放，但額外的能源需求令它們的效率大大降低。

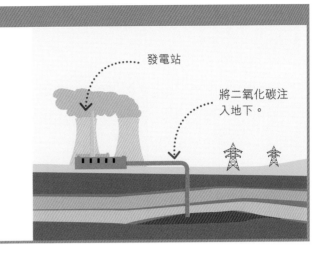

發電站

將二氧化碳注入地下。

# 有用的碳

碳化合物非常有用。天然的碳化合物構成了我們的食物、衣服、紙張和木頭等材料。從原油中提取的碳化合物會用作燃料或製成塑膠。

丙烷分子

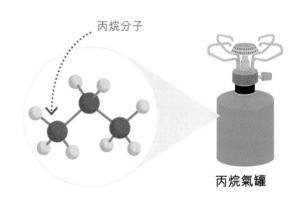

**1** 我們使用的許多燃料都是碳氫化合物，它們只由碳原子和氫原子構成，通常呈鏈狀排列。最簡單的碳氫化合物之一是丙烷，它可以用作燒烤的燃料。

丙烷氣罐

**2** 工業用的金剛石的強度使其可用於切削硬質材料。金剛石鋸片有旋轉的金屬刀片，內嵌一些細小的人造金剛石。它可以切割玻璃、磚塊、混凝土和堅硬的岩石。

金剛石鋸片

**3** 碳纖維是一種人造材料，由非常細的碳線編織，然後加熱塑形而成。這種材料的強度足以製造汽車、單車和飛機，而且它的重量比鋼和鋁輕得多。

碳纖維單車

**4** 幾乎我們所有的衣服都由碳化合物製成。像棉花和羊毛這樣的天然織物，是由植物和動物的碳化合物製成的，而尼龍和聚酯是合成纖維，由幼細的塑膠線製成。

碳化合物

# 原油

從塑膠到汽油，許多有用的產品都來自原油。原油是氫原子和碳原子組成的鏈狀化合物 —— 碳氫化合物的混合物。碳氫化合物可以通過分餾法分離。

## 1 開採和運輸
原油通過油井從地下抽出。然後，貨車或輪船將其運往煉油廠，加工成汽油、柴油和航空燃油等非常實用的產品。

## 2 加熱
原油加熱至沸騰，形成一種熱氣體混合物。這些氣體進入一個設有塔板和不同高度出氣管的高塔。當氣體冷卻時，塔板就會收集到液體。

## 3 最大的分子
分子最大的碳氫化合物的沸點高。因此，它們一進入塔內就立即冷卻並變回液體，這種液體由底部的管子收集。

## 4 小分子
小分子的碳氫化合物在塔內上升得較高，在較低的溫度下又會變成液體。不同高度的管道收集不同種類的碳氫化合物。

原油是由海洋生物的殘骸經過數百萬年時間變化形成的。

4

20°C (70°F)

最輕的氣體上升到頂部。

70°C (160°F)

120°C (250°F)

200°C (390°F)

300°C (570°F)

塔內近底部的溫度較高。

375°C (700°F)

熱氣體進入塔內。

3

400°C (750°F)

原油進入

油井　　　　　運輸　　　　　加熱原油　　　　　分餾塔

頂部收集到
最小的分子。

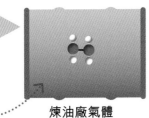

## 1 煉油廠氣體

分子最小的碳氫化合物是甲烷和乙烷等氣體。它們被裝入罐子裏,用作加熱和烹飪的燃料。

煉油廠氣體

罐裝液化氣

## 2 汽油

汽油化合物的分子較大,會用作汽車等交通工具的燃料。

汽油

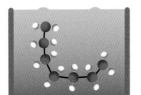

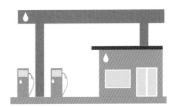

## 3 石腦油

石腦油是一種淡黃色的液體,鏈烴上有 8–12 個碳原子。它被用於製造塑膠、藥品、殺蟲劑和肥料。

石腦油

塑膠玩具

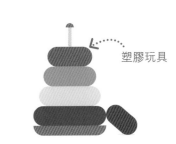

## 4 煤油

煤油是一種輕質油性液體,用作飛機引擎的燃料。當用於加熱和照明時,它也叫石蠟。

煤油

## 5 柴油

柴油的鏈烴比汽油長,沸點也比汽油高,可用作貨車、巴士等交通工具的燃料。

柴油

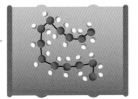

## 6 燃油

輕質燃油可用作船舶、拖拉機的燃料和取暖油。較重的燃油用於工廠和工業鍋爐。

燃油

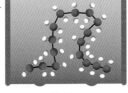

## 7 瀝青

最大的碳氫化合物分子形成一種叫作瀝青的黏性、半固體物質,瀝青可用於鋪路或作屋頂的表面材料。

瀝青

碳氫化合物　　　　　　　　　　　　　　　　　　　　　　　　　產品及應用

# 氮氣

氮氣佔地球大氣總量的 78%，你每天都在不知不覺中吸入氮氣。

空氣中的氮氣是由兩個原子組成的分子 ($N_2$)。

## 氮循環

氮對生命至關重要，因為它是蛋白質的關鍵成分，所有生物都需要蛋白質。然而，植物和動物不能直接從空氣中獲得氮，它們需要依賴氮循環。

**1** 氮氣從空氣中進入土壤。生活在土壤和植物根部的固氮細菌將氮轉化為硝酸鹽，然後硝酸鹽溶解在地下水中。

**2** 植物從根部吸收的水中獲得硝酸鹽，並用於製造氨基酸和蛋白質，幫助生長。

**3** 動物吃植物，消化蛋白質，然後利用得到的氨基酸構建自身所需的蛋白質。

氮在空氣中以氮氣 ($N_2$) 的形式存在。

晴天時，天空是藍色的，因為氮氣和氧氣分子會散射藍光。

閃電能把氮氣變成硝酸鹽。

細菌

真菌

**4** 糞便、尿液和動植物屍體等廢物會將氮帶回土壤。

**5** 土壤中的細菌和真菌以廢物為食，釋放出植物可以吸收的硝酸鹽。

# 氧氣

氧氣是一種透明的氣體，在地球大氣總量中佔比超過 20%。它是一種非常活潑的元素，也是動植物生存必不可少的元素。

水分子中的氧構成了人體的大部分質量。

## 1 必不可少的氣體
我們需要持續不斷的氧氣供給來維持生命。我們吸入空氣來獲取氧氣。

## 2 氧氣供應
植物進行光合作用，排出氧氣，為地球大氣持續補充氧氣。

潛水員使用氧氣瓶在水下吸氧。

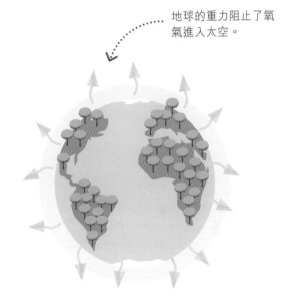

地球的重力阻止了氧氣進入太空。

# 氧氣是如何發生反應的

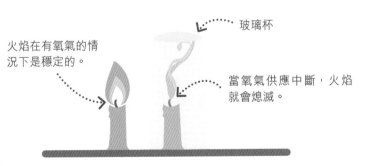

玻璃杯

火焰在有氧氣的情況下是穩定的。

當氧氣供應中斷，火焰就會熄滅。

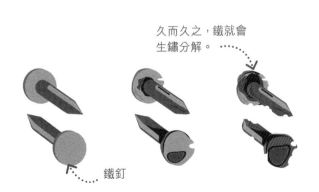

久而久之，鐵就會生鏽分解。

鐵釘

## 1 氧和火焰
火焰是空氣中的氧氣和燃料之間的化學反應。沒有氧氣供應，火焰就會熄滅。

## 2 生鏽
氧能與許多化學物質發生反應而不產生火焰。比如，暴露在空氣中的鐵釘與氧緩慢反應形成氧化鐵（鐵鏽）。

# 磷

自然界中從未發現有純磷，但是在礦物岩石中普遍發現磷化合物。磷原子可以通過不同的形式結合形成不同種類的磷。

DNA 中發現有磷。

## 磷的種類

**1** 紅磷是一種暗紅色的粉末，火柴盒側面用於擦割的表面就是由紅磷製成的。

**2** 白磷暴露在空氣中時，會在暗處發光。當它與氧氣接觸時，就會着火。

**3** 黑磷是一種片狀物質，看起來像石墨。

## 磷的發現

1669 年，德國煉金術士亨尼格・布蘭德 (Hennig Brand) 進行了一項奇怪的實驗。他把尿液煮沸了，然後保存了幾個星期。當他加熱尿液並加入沙子時，尿液產生了一個發光的、蠟狀的白色固體塊 —— 磷。

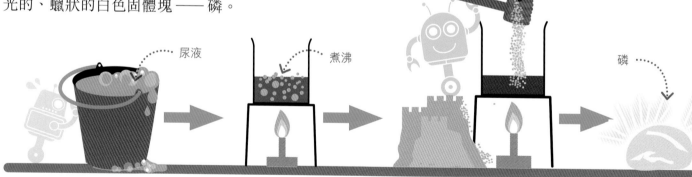

沙子

尿液　　　煮沸　　　　　　　　磷

## 堅硬的牙齒和骨骼

牙齒和骨骼很堅硬，因為它們含有非常堅硬的礦物質磷酸鈣。幾個世紀以來，牛的骨頭被磨成粉末，用於製作一種堅固耐用的瓷器 —— 骨瓷，骨瓷可以做成杯子、盤子和碗等。

### 現今科技

## 火柴盒

火柴盒側面含有毛玻璃和紅磷。當火柴摩擦此表面時，火柴與毛玻璃的摩擦會加熱磷，磷會被點燃。然後，磷會點燃火柴頭中的可燃化合物。

# 硫

純硫由晶體組成，通常是亮黃色的易碎固體。大自然中的硫是在火山附近發現的，由火山爆發產生的熱氣流沉積而成。

切碎的洋蔥會釋放出讓人流淚的硫化物。

## 1 硫的種類

硫有兩種：一種是形狀多樣的晶體，另一種是針狀晶體。

形狀多樣的晶體

針狀晶體

## 2 爆炸性的硫

火藥是炭和硝酸鉀的混合物，用於製造煙火和武器。它還含有硫，令火藥更容易燃燒。

## 3 有氣味的硫

許多硫化物，比如硫化氫有非常強烈的刺鼻氣味。臭鼬的噴氣、堵塞的排水溝和大蒜的難聞氣味都是由硫化物產生的。

## 4 酸雨

石油和煤炭等化石燃料在燃燒時會產生含硫的煙霧。這些煙霧與空氣中的水混合，形成硫酸。硫酸以酸雨的形式落到地上，會破壞建築物，毀壞樹木。

燃燒石油和煤炭釋放出硫。

煙霧隨風飄動。

煙霧與雲中的水混合，形成硫酸。

酸雨

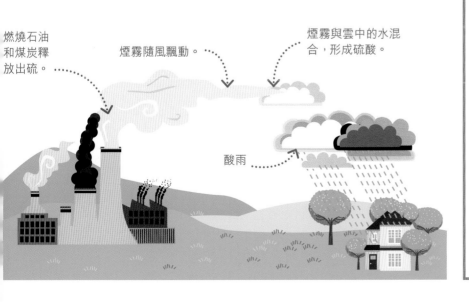

### 現今科技

## 硫酸

雖然硫酸作為酸雨降落時可能有害，但它也是最有用的硫化物之一。化學工業中，可使用硫酸製造油漆、清潔劑、油墨、植物肥料和許多其他產品。

# 鹵素

鹵素是一組活性非常強的元素。它們太活潑了，無法在自然界中以單質的形式存在，但鹵素能形成許多不同的化合物。

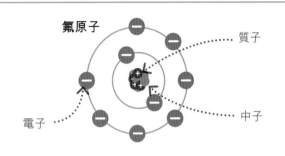

氟原子

質子

電子

中子

## 活性原子

鹵素原子的外殼層有 7 個電子，但它需要 8 個電子才能穩定。它們很容易與其他原子共享或貢獻一個電子，令自己的外殼層有完整的 8 個電子。

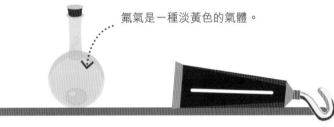

氟氣是一種淡黃色的氣體。

### 1 氟

氟氣能與磚、玻璃和鋼鐵發生燃燒反應。牙膏中含有的氟化物（帶氟的鹽），可以強健牙齒琺瑯質。

氯氣是一種黃綠色的氣體。

食鹽中含有氯。

### 2 氯

氯氣是一種有毒氣體，在第一次世界大戰期間被用作武器。但它也是人體所需的氯化鈉（鹽）的一部分。

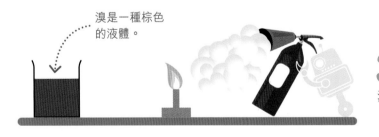

溴是一種棕色的液體。

### 3 溴

滅火器中的阻燃化學物質是以溴製成的。溴也被用於清潔游泳池裏的水。

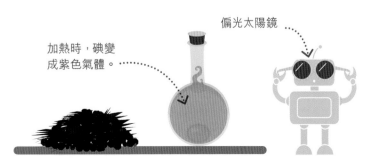

加熱時，碘變成紫色氣體。

偏光太陽鏡

### 4 碘

碘是在室溫下唯一呈固態的鹵素，它是紫黑色的。碘可以用於製作偏光太陽鏡和消毒傷口。

# 惰性氣體

和活性很強的鹵素截然不同，惰性氣體非常
不活潑。它們都是無色無味的。

除了氫，氦是宇宙中含量最豐富的元素。

## 不活潑的原子

惰性氣體原子的外殼層有完整的 8 個電子。
它們非常不活潑，因為它們不需要得到或失
去任何電子。它們很少形成化合物。

氖原子

質子

電子

中子

## 1 氦

氦氣無色無味，原子重量非常小，因此充滿氦氣
的氣球會向上飄。

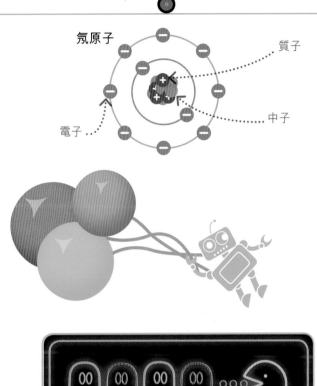

## 2 氖

當電流通過氖氣時，它會發出明亮的光。氖氣經
常用於製作色彩鮮艷的霓虹燈招牌和製造激光。

## 3 氬

氬氣是一種極好的絕緣體，雙層玻璃之間會加入
氬，水肺潛水的潛水衣都會加氬，令潛水員在冷水中
保持溫暖。節能燈泡中都含有氬氣。

## 4 氙

接通電流時，氙氣會發出明亮的藍光。探照燈
和照相機的閃光燈中都有氙氣。

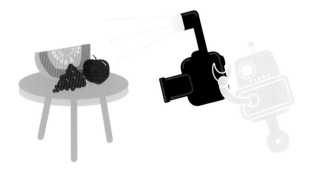

# 材料科學

材料科學結合化學家、物理學家和工程師的技能，創造出具有特殊性質的新材料，如強度、柔韌性或輕便性。這些材料中最重要的是一些複合材料、陶瓷和聚合物。

## 複合材料

複合材料是通過編織在一起或分層放置的多種材料組成的，這使它們極其結實。許多纖維具有非常好的彈性，它們可嵌入其他材料，比如塑膠、金屬，甚至混凝土中。纖維可以加固這些材料，使其不易斷裂。

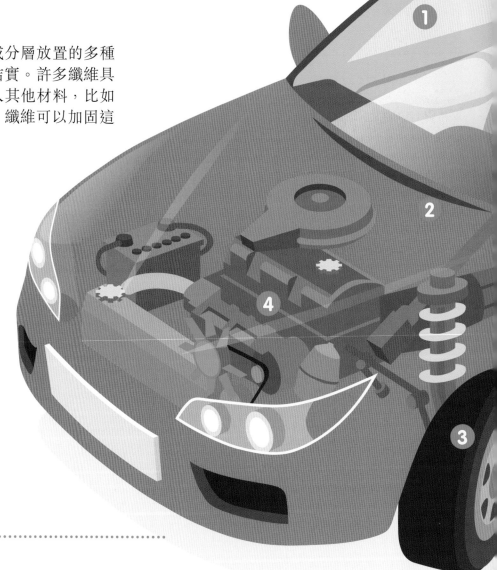

**1** 擋風玻璃由兩層玻璃組成，中間夾着一層塑膠。塑膠可以防止玻璃破碎。

**2** 許多高性能汽車的車身都是由碳纖維製成的，碳纖維由非常細的碳線編織，然後加熱塑形。碳纖維材料比鋼輕，但同樣結實。

**3** 輪胎是由堅韌的聚酯面料塗上橡膠再分層排列而成的，並通過鋼絲線加固。

## 陶瓷

陶瓷是硬而脆的材料。幾千年來，人們一直通過烘焙黏土來製造磚、瓦和陶器。現在，科學家可以設計出更先進的陶瓷，用於特殊用途，比如過濾汽車排氣中的污染物。

**4** 陶瓷引擎部件包括用於火嘴的絕緣體，這些火嘴能引燃引擎內部的汽油，而陶瓷塗層可幫助活塞頭承受熱量。

**5** 催化轉換器吸收汽車排氣中的有害氣體。它們由重量輕但強度高的陶瓷製成，能承受高溫。

## 透氣面料

防水且透氣的登山外套是用一種叫作聚四氟乙烯（PTFE）的聚合物製作的，同樣的材料也被用於製作不黏鍋。登山外套中有數以億計的小洞，這些小洞可以讓汗水中的水蒸氣流出，但這些洞令得雨水無法進入。

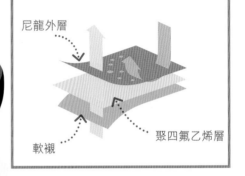

尼龍外層

聚四氟乙烯層

軟襯

## 聚合物

聚合物是基於碳元素的長鏈分子。塑膠是人造聚合物。大多數聚合物是防水的，化學性質不活潑，這使它們非常持久耐用。許多聚合物可以很容易地被塑造成各種形狀。

**9** 汽車保險槓由聚丙烯等塑膠製成，堅固耐用，容易成形。塑膠可製成許多部件，從門襯裏到儀表板，甚至可以製作車燈。

**8** 汽車車門和車窗上的防水密封條由 EDPM 製成，EDPM 是一種耐磨的合成橡膠。

**7** 聚氨酯為汽車座椅製造了一種強度高、重量輕的泡沫，既能提供足夠的支撐，又能提供足夠的舒適度。

**6** 陶瓷可以用於製造輪胎壓力感應器，當它們彎曲時，就會產生電信號。感應器可以告訴司機：輪胎需要充氣了。

# 聚合物

聚合物是由不斷重複的小單位（part）組成的長鏈分子化合物。許多天然材料如木材和羊毛，都是由聚合物製成的。塑膠則是人工聚合物。

大多數聚合物都以碳原子為基礎，碳原子可以連接成鏈。

## 聚合作用

聚合物是由被稱為單體的重複單元構成的。比如，聚乙烯是由乙烯單體構成的，乙烯是一種氣體。乙烯通過聚合反應轉化成聚乙烯。碳原子之間的雙鍵斷裂，然後通過單鍵連接，形成透明的固體聚乙烯。

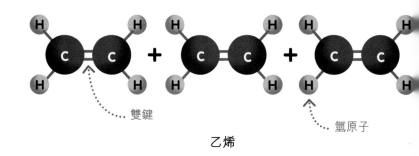

雙鍵

氫原子

乙烯

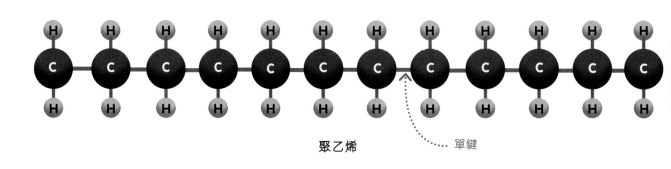

聚乙烯

單鍵

## 天然聚合物

許多生物分子是聚合物，包括蛋白質、碳水化合物和脂肪。當我們消化食物時，身體將聚合物分解為可以消化吸收的單體。

**1** 肉類富含蛋白質，蛋白質是由氨基酸單體構成的聚合物。

**2** DNA 分子是由兩條纏繞在一起的聚合物構成的，形成了雙螺旋結構。

**3** 纖維素是由糖分子結合而成的纖維材料。它存在於木材和紙張中。

**4** 澱粉也是由糖分子構成的。馬鈴薯和麵包中含有大量澱粉。

# 塑膠

塑膠是由原油 (參考頁 168–169) 中取得的化學物質製成的人造聚合物。塑膠有兩種基本類型：熱塑性塑膠，如聚乙烯加熱後會熔化，冷卻後又會變硬；熱固性塑膠受熱後會保持堅硬，不會熔化。

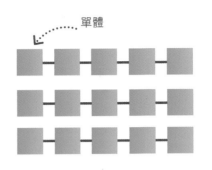

單體

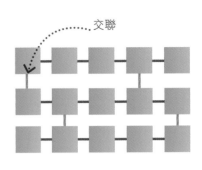

交聯

**1** 熱塑性塑膠可以熔化，因為它們是由眾多可以互相滑動的單個聚合物分子組成的。

**2** 熱固性塑膠不會熔化，因為它們的聚合物分子是由交聯鍵連接的。

# 塑膠及其用途

不同種類的塑膠可製作各種日常用品，包括包裝袋、玩具、窗框、容器、電話，甚至衣服。

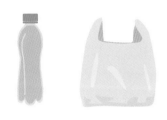

**1** 聚乙烯以柔軟的形式存在時，可用於製作膠袋和保鮮紙；以較硬的形式存在時，可用於製作飲料瓶、玩具、垃圾桶等。

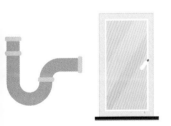

**2** PVC (聚氯乙烯) 是最硬的塑膠之一，用於製造排水溝、排水管和窗框。

**3** 聚苯乙烯被用於製造電腦光碟，因為它很容易成形。它還可以填充發泡膠中微小的氣泡，製成即棄膠杯。

**4** 聚碳酸酯塑膠是很難打破的，還可以製成透明的物品。它會用作製造手機、太陽鏡、護目鏡和窗戶等。

---

## 試一試

# 把牛奶變成塑膠

你可以用天然聚合物酪蛋白製作自己的鈕扣或其他物體。牛奶中就有酪蛋白。

**1** 在平底鍋中加熱 0.3 升的全脂牛奶直到冒蒸氣。加入一湯匙的醋，使其分離成凝塊 (凝乳) 和液體 (乳清)。

**2** 冷卻牛奶，用毛巾把凝塊和液體分開。在毛巾裏擠壓凝塊，以除去多餘的液體。

**3** 在殘留於毛巾上的凝塊加食用色素。然後捏成各種形狀，靜置讓其變硬。

能量

ENERGY

能量是一切事情發生的動力。沒有它，甚麼都不會動，世界會變得漆黑、冰冷、沉寂。能量可以不同的方式儲存和傳遞，例如供電給手機的電能，存儲在食物中的化學能。當你使用能量時，它不會消失，只是從一處轉移到另一處。

# 能量是甚麼？

從令人眼花繚亂的煙花到噴射引擎的轟鳴聲，再到人體肌肉的運動，能量是一切事情發生的動力。能量可以被儲存或使用，但不能被破壞。當你使用能量時，它不會消失，只是從一處轉移到另一處。

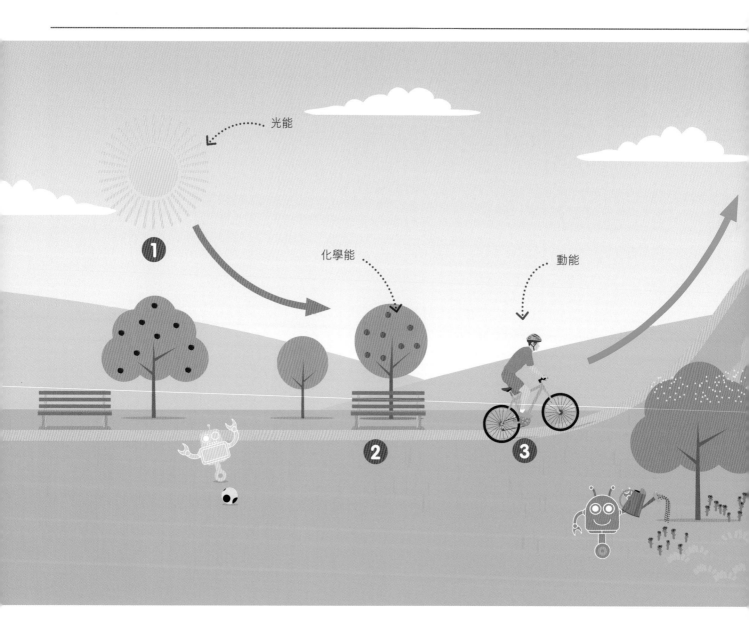

**1** 我們在地球上使用的能量大部分來自太陽。太陽的能量以光和熱的形式由太空到達地球只需要8分鐘。

**2** 植物吸收太陽的能量可製造新的化學物質。我們吃的食物中含有植物儲存的化學能。

**3** 由食物提供能量，我們的肌肉將化學能轉化為動能，使我們能夠走路、跑步或踏單車。

## 能量的形式

能量可以有許多不同的形式，包括熱能、光能、聲能、電能等。其中一些，比如光能可以將能量從一個地方轉移到另一個地方，或者從一個物體轉移到另一個物體。另一些則扮演能量儲存的角色。比如，電池和壓縮彈簧都能儲存能量。

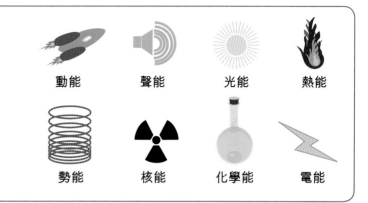

動能　　聲能　　光能　　熱能

勢能　　核能　　化學能　　電能

重力勢能

動能

熱能和聲能

**4** 騎車上坡時，我們的肌肉會把能量轉化成重力勢能。任何位於高處的物體都有這種能量。

**5** 騎車下坡時，重力勢能轉化為動能，即使不踩踏板都能使單車加速。

**6** 剎車時，單車的動能就會轉換為熱能和聲能，令剎車時吱吱作響，同時單車也會減速。

# 量度能量

能量可以有很多不同的形式，所以有很多量度方法。最常見的能量單位是焦耳 (J)。

一塊芝士蛋糕所含的能量足以讓一個 5 瓦特的燈泡工作 17 個小時。

## 能量單位

**1** 1 焦耳是在 1 米距離下，舉高重量為 1 牛頓的物件 (例如一個 100 克的蘋果) 所需的能量。在相同距離下，需要 10 焦耳才能舉高 1 袋 10 個蘋果。

**2** 焦耳是非常小的能量單位，我們通常用千焦耳 (簡稱「千焦」，kJ) 表示。1 千焦等於 1,000 焦耳。走一段普通的樓梯大約用 1 千焦能量。

**3** 將 1 升水加熱升溫 1°C 需要 4.19 千焦能量。使 1 升的水開始沸騰，需要從室溫 (20°C) 加熱到 100°C，這將需要 335 千焦能量。

**4** 汽油能儲存大量的能量，這就是它能成為汽車燃料的原因。1 升汽油可以存儲大約 35 兆焦耳 (mJ) 能量。

# 能量和運動

人體每天需要大約 8,000 千焦能量。消耗能量的多少取決於你有多活躍，你的體形有多大。體形越大，需要的能量就越多。

**1** 以普通速度行走一小時大約需要 970 千焦的能量。快速行走需要幾乎兩倍的能量。

**2** 游泳每小時大約需要 2,400 千焦的能量。蝶泳比自由式或蛙泳這些輕柔的游泳方式消耗的能量更多。

**3** 以普通速度跑步每小時大約消耗 3,700 千焦的能量。高速衝刺比慢跑消耗的能量更多。

# 功率

功率是衡量能量使用速度的指標。機器越強大，它消耗能量的速度就越快。電器的功率以瓦特 (W) 計，1 千瓦 (kW) 等於 1,000 瓦特。

  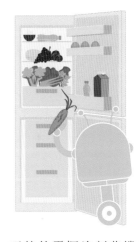

**1** 1 瓦特代表每秒使用 1 焦耳的能量。一部 30 瓦特的電視每秒需要使用 30 焦耳的能量。

**2** 一部 1,500 瓦特的割草機耗電非常快，但因只需要每週使用一次，所以它的運作成本不高。

**3** 200 瓦特的雪櫃比割草機的功率小。但它會消耗更多能量，因為它總是開着的。

## 量度電力

交電費時不用焦耳來衡量能量，而是使用千瓦小時 (kW·h)。1kW·h 等於 3.6mJ，也等於使用一台 1,000W 的機器，比如一部普通的熨斗或微波爐，用了 1 小時的能量。

電表顯示一所房子用了多少電。

# 發電站

發電站為我們的家庭提供大部分電力。我們近三分之二的電力供應是由傳統的熱力發電廠提供的。

化石燃料是經過數百萬年的時間，從死去的生物殘骸中提煉出來的。

## 熱發電站

為了發電，大多數熱力發電廠燃燒化石燃料，如煤、石油、天然氣等。燃燒化石燃料對環境有害，因為會釋放二氧化碳，而二氧化碳會導致全球暖化。

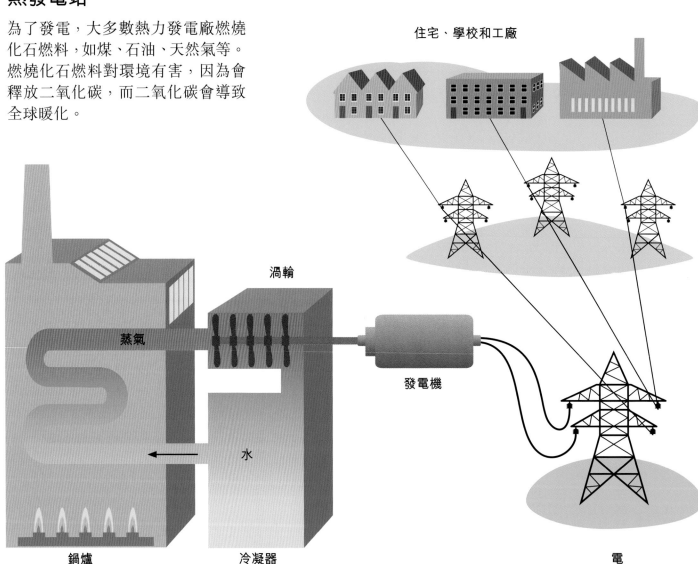

住宅、學校和工廠

渦輪

蒸氣

水

發電機

鍋爐　　　　冷凝器　　　　　　　　　　　電

**1** 燃燒化石燃料會加熱水，水變成蒸氣，蒸氣在管道網絡中流動。

**2** 蒸氣使渦輪機旋轉，然後蒸氣又變成了水。

**3** 旋轉的渦輪機帶動發電機，發電機旋轉時產生電能。

**4** 電通過安裝在電塔上的電纜輸送到住宅、學校和工廠。

# 可再生能源

地球上的化石燃料最終將耗盡，但其他形式的能源——可再生能源，將永遠存在。與化石燃料相比，可再生能源對全球變暖的影響較少，但可再生能源發電站可能在其他方面危害環境。

**1** 風力發電站是利用風力推動巨大的渦輪機在空中旋轉發電。它們在風大的地區或海上工作效果最好。也有些人認為它們破壞了風景。

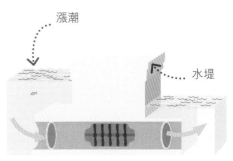

漲潮
水堤

**2** 潮汐和海浪利用海水的運動來驅動海底的渦輪機。這些發電站造價昂貴，但可以產生大量電力。

**3** 水力發電站引導河流通過渦輪機發電。為了確保有強大的水流，必須修建大壩和建造人工湖，這可能會破壞自然棲息地。

**4** 生物質能發電站燃燒的是廢棄的植物而不是化石燃料。燃燒生物量所釋放的二氧化碳，可以被新作物和森林吸收。

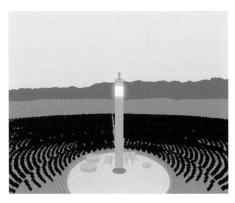

**5** 集中的太陽能發電站利用太陽能電池板將能量集中到中央鍋爐上。這種發電站佔地面積較大，而且只能在全年天氣晴朗的地方運作。

---

**現今科技**

## 發電機

發電機把運動物的動能轉換成電能。這輛單車的輪子轉動，可以點亮安裝在輪子上的燈。單車的發電機裏有一個銅線圈和一塊磁鐵。當磁鐵旋轉時，電子被移動的磁場推過線圈，產生電能。

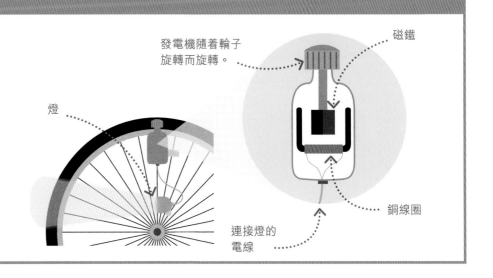

發電機隨着輪子旋轉而旋轉。

磁鐵

燈

銅線圈

連接燈的電線

# 熱

熱是一種能使分子和原子運動得更快的能量。它們移動得越快,溫度就越高。當物體加熱時,它會以熱能的形式釋放能量。如果物體夠熱,它可能會發光。

陽光照射在皮膚上令皮膚分子振動得更快。

## 粒子和熱

一個物體可能看起來靜止不動,但構成它的粒子(原子或分子)總是在運動 —— 高速移動、旋轉、向各個方向振動。運動的粒子具有動能,正是這種動能使物體變暖。

**1** 在常溫下,鐵棒中的原子在振動,但它們之間的化學鍵令它們仍保持在原來的位置。

**2** 加熱鐵棒時,原子振動得更快。加熱到 950°C 時,鐵開始發紅,這時原子會釋放一些光能。

**3** 當鐵越來越熱,它的顏色逐漸變成白色。在 1,538°C 時,鐵原子將分離,鐵將熔化。

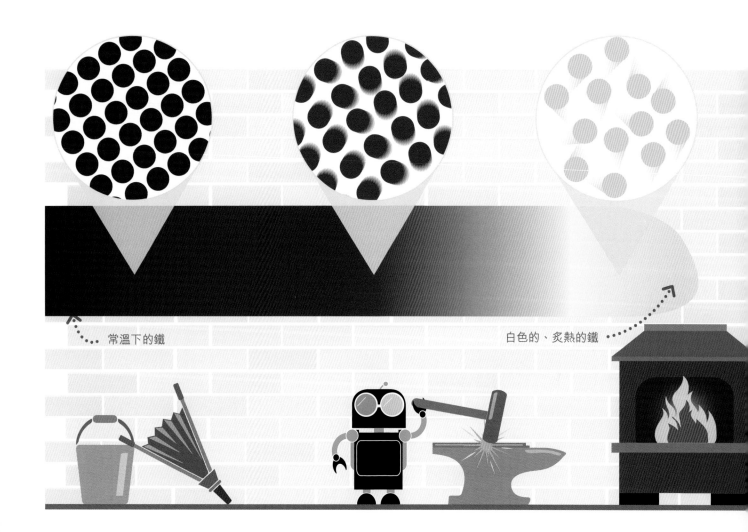

常溫下的鐵

白色的、炙熱的鐵

# 溫度

物質的溫度顯示粒子的平均動能：振動越快，溫度則越高。溫度可用溫度計測量，單位是攝氏度 (°C) 或華氏度 (°F)。

# 熱能和溫度

存儲在物質中的熱能取決於它的溫度及體積。冰山的體積比一杯滾燙的咖啡大得多，所以冰山所含的熱能比一杯滾燙的咖啡多。

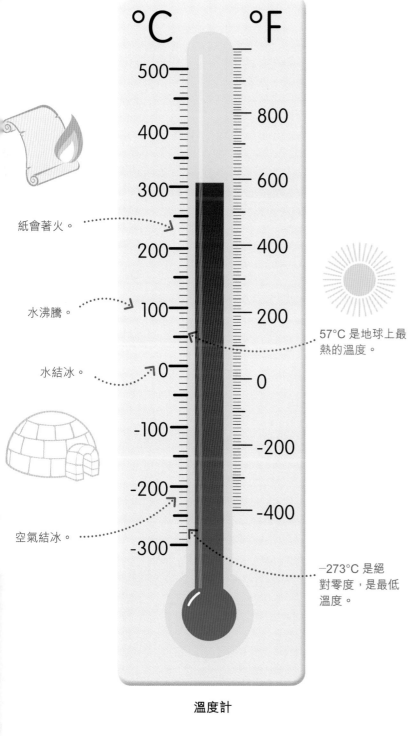

紙會著火。

水沸騰。

水結冰。

空氣結冰。

57°C 是地球上最熱的溫度。

−273°C 是絕對零度，是最低溫度。

溫度計

### 現今科技

## 電子溫度計

電子溫度計有熱敏電阻，當它變暖時，可以傳導更多電。熱敏電阻導電越多，代表溫度越高。

顯示溫度的數值

37.0°C

熱敏電阻

# 熱傳遞

熱不會永遠停留在一個地方。它總是往溫度較低的地方傳遞。熱以三種不同的方式傳遞：熱傳導、熱對流和熱輻射。

埃菲爾鐵塔每年夏天都會因熱膨脹而長高15厘米。

## 熱傳導

當熱的物體接觸冷的物體時，熱傳導便會發生。熱量從熱的物體傳遞到冷的物體，直到兩者的溫度相同。

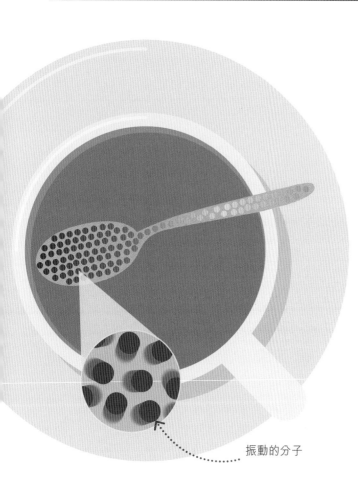

振動的分子

**1** 一支冷的金屬匙子放在一杯熱茶裏。

**2** 熱茶裏的分子比冷匙子裏的分子振動得較快。熱茶的振動分子與冷匙的分子碰撞，使匙子的分子振動加快，匙子因此變熱。

**3** 匙子裏已經振動得較快的分子撞擊到旁邊振動較慢的分子，令它們加快振動，熱量傳遞到匙子的各部分。

**4** 整個匙子都變熱了，因為每個分子都在快速振動並且與相鄰的分子碰撞。

## 導體和絕緣體

有些材料，如金屬和水，導熱性好。它們摸起來很冰涼，因為當你觸摸它們時，它們會把熱量從你的皮膚傳導出來。像織物、塑膠和木材這些導熱性不佳的物體，它們可阻止熱量從你的身體中流失。

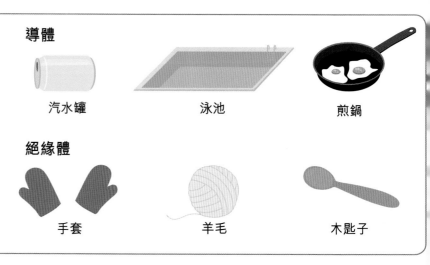

導體

汽水罐　　　泳池　　　煎鍋

絕緣體

手套　　　羊毛　　　木匙子

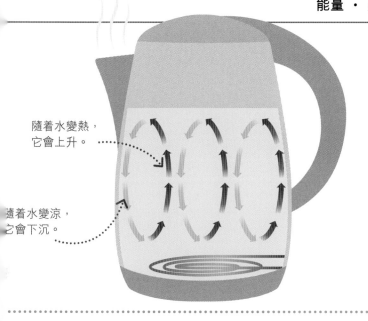

隨着水變熱，它會上升。

遠着水變涼，它會下沉。

## 熱對流

熱對流透過任何種類的液體或氣體傳送熱力。這是一種循環運動。熱水上升因為它比周圍的冷水更輕，密度更小。然後，熱水冷卻，密度增大，便會再次下沉。

## 熱輻射

與熱傳導和熱對流不同，熱輻射是一種以波傳遞能量的現象。這些波也叫作紅外線。人的肉眼看不見它們，但皮膚可以感覺到，在艷陽下或手靠近火時便會感到溫暖。

紅外線

## 水的熱對流

當液體的溫度改變時，它的密度也會隨之改變。熱水的密度比冷水的密度小，所以熱水會上升。這種運動叫作水的熱對流。試試這個簡單的實驗，看看熱對流的實際效果。

**1** 在蛋杯裏加一些熱水和幾滴食用色素。在杯子上放一小片保鮮紙，並用橡筋固定。

**2** 把蛋杯放在裝了冷水的瓶子底部。用鉛筆尖刺穿保鮮紙。

**3** 拿走鉛筆。我們可以看到有顏色的熱水從蛋杯裏流出，上升到頂部。

# 引擎是怎樣運作的？

「起火」、「着火」的科學術語是燃燒作用。

大多數汽車、飛機、輪船和火箭都由引擎驅動，引擎燃燒燃料釋放熱量，然後將熱能轉化為動能。我們稱之為熱機。

## 內燃機

汽車引擎叫作內燃機，因為它在引擎內部一個小的金屬氣缸中燃燒燃料。燃燒燃料產生的熱氣體將氣缸內的金屬活塞每秒上下推動大約 50 次。然後，這些活塞上的槓桿把快速的上下運動變成車輪的旋轉運動。

引擎

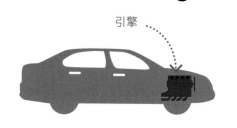

空氣和燃料 →

活塞向下移動。

氣缸

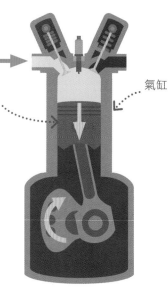

**1 吸入**
汽車引擎的氣缸分四個階段工作。在第一階段，活塞向下移動，空氣和燃料被吸入氣缸。

進氣閥關閉。

活塞向上移動。

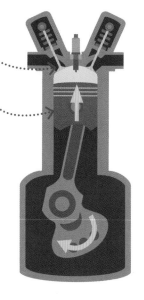

**2 擠壓**
頂部的進氣閥關閉，困住空氣和燃料。活塞向上移動，將氣體擠壓到一個較小的空間。

火嘴

正在燃燒的燃料

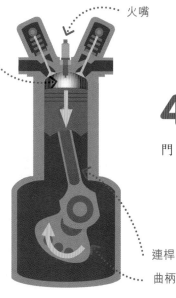

**3 燃燒**
火嘴打出的火花令氣缸內的燃料燃燒，釋放出熱氣體，膨脹並以巨大的力量推動活塞向下。活塞下的連桿和曲柄令垂直運動轉為旋轉運動。

連桿

曲柄

出口閥門打開。

排放氣體

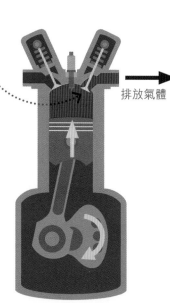

**4 排氣**
活塞上升，推動燃燒產生的氣體進入出口閥門，通過排氣管排出汽車外。

# 噴射引擎

大型飛機由噴射引擎提供動力,這種引擎沒有活塞和氣缸。但是它有風扇在管子裏呼呼旋轉,吸入空氣並將其擠壓進燃燒室。

噴射引擎

**大型飛機**

**1** 前面的一個大風扇吸進空氣,然後一組小的壓縮風扇壓縮空氣,當它燃燒和膨脹時就會釋放更多能量。

**2** 噴射燃料中注入壓縮空氣,混合物被點燃,熱量使壓縮空氣和燃燒燃料產生的氣體膨脹。

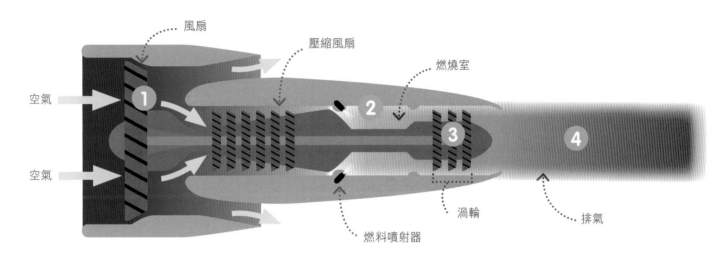

風扇

壓縮風扇

燃燒室

空氣

空氣

渦輪

排氣

燃料噴射器

**3** 膨脹的氣體穿過渦輪,令其旋轉,使前面的風扇和壓縮風扇都旋轉。

**4** 熱的廢氣以高速從後面噴出。這種強大的運動產生了一種推力,推動飛機向前。

# 火箭的能量

太空中沒有空氣,所以火箭必須攜帶氧氣(參考頁 171)和燃料。氧氣與燃料產生反應,為火箭提供動力。

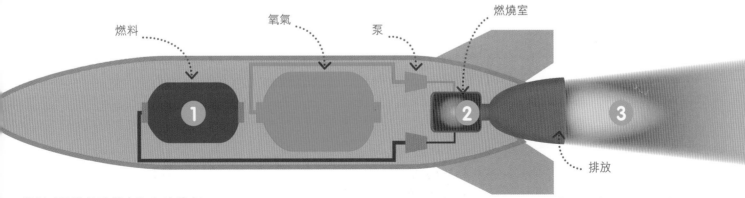

燃料

氧氣

泵

燃燒室

排放

**1** 燃料(通常是液態氫)和液態氧從兩個大型儲罐泵到引擎。

**2** 氧氣和燃料混合後在燃燒室中燃燒。此過程令火箭後部產生一股熱氣流。

**3** 向後推出的廢氣所產生的力形成一種相等、相反方向的力,推動火箭向前。

# 波

波浪看來好像把水從一個地方推動到另一個地方,但事實並非如此。水波不會使水向前移動,聲波也不會使空氣向前移動。它們只是把能量從一個地方轉移到另一個地方。

水波傳遞能量橫越海洋,而不是推動水。

## 波是如何運作的?

波是我們生活中很重要的一部分。我們發送和接收信息、做飯,甚至衝浪都與波有關。所以了解它們如何運作是很有幫助的。

繩子一動不動,它沒有能量。

**1** 機械人抓住繩子的一端,繩子其餘的部分則放到地上。

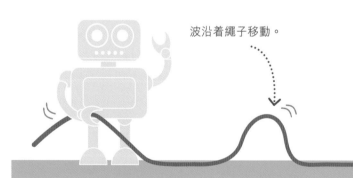

波沿着繩子移動。

這部分的繩子不動,它沒有能量。

**2** 機械人用手輕輕一揮繩子,就產生了一個波。此動作把能量轉移到繩子上,波沿着繩子傳遞能量。

**3** 機械人上下移動它的手產生許多波。全部波沿着繩子傳遞能量。

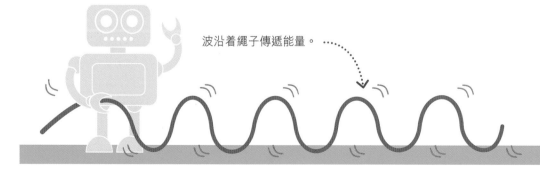

波沿着繩子傳遞能量。

# 造波機

製造你的造波機，實驗一下如果改變波幅及波速，會有甚麼變化。當波移到造波機的末處會如何？

**1** 在兩個固定點之間連接一段膠紙。你可以用兩張椅子的靠背，或者固定在長凳末端的夾子。膠紙有黏性的一面應該朝上。

**2** 沿着膠紙，每隔 5 厘米放一根竹籤，在上面再加一層膠紙固定。

**3** 把軟糖推到每支竹籤的兩端。確保膠紙是水平的，然後彈一下膠紙的任何部分來觸發波，觀察波的來回移動。

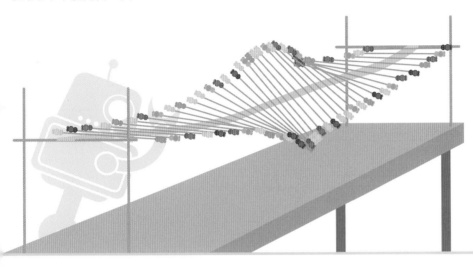

# 量度波

所有類型的波都可以用同樣的方法測量。要量度一個波，需要知道它的波長（兩個峰之間的距離）、振幅（波的高度）和頻率（每秒的波數）。

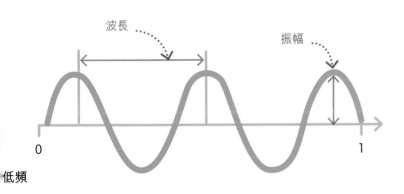

波長　　振幅

0　　　　1

**低頻**

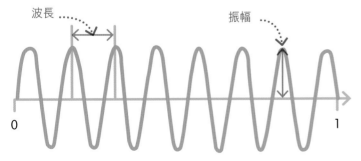

波長　　振幅

0　　　　1

**高頻**

## 光纖

工程師已經開發出一些利用電波傳送信息的驚人方法。光纖是像頭髮絲一樣細的玻璃或塑膠長線。光波沿着這些纖維以驚人的速度傳播。這些光波攜帶電子數據，為家庭提供高速的互聯網連接服務。

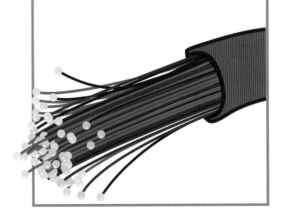

# 波是如何表現的？

波單獨存在時能平穩、均勻地傳播。但當它們遇到障礙或從一種介質傳遞到另一種介質（如從水傳遞到空氣）時，它們的移動方式就會變化。

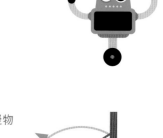

現今科學所知，傳播速度最快的是光波。光速是無法超越的。

## 反射

碰到固體障礙物時，波會被反射。反射波的形狀取決於入射波的形狀和障礙物的形狀。

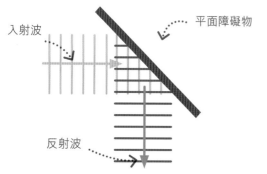

入射波
平面障礙物
反射波

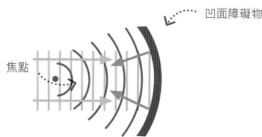

凹面障礙物
焦點

**1** 當直波碰到平面障礙物時，反射波不會改變形狀。光波碰到鏡子時會發生此種反射。

**2** 當直波碰到凹面障礙物時，反射波會向內收縮形成一個焦點。衛星信號接收器就是使用此形狀去聚焦無線電波。

**3** 當圓形波碰到平面障礙物時，它們又會以圓形波的形式反彈。池塘裏的波紋如果碰到池壁就會這樣。

## 折射

波在不同物質中以不同速度傳播。比如，當光波從空氣傳播到水中時，速度會減慢。光波速度改變，如果它以另一角度撞到新的物質，光波便會改變方向，這就是折射。一支在水杯中的飲管看起來是彎曲的，因為光發生折射。

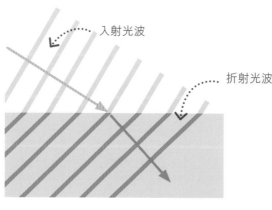

入射光波
折射光波

**1** 當光從空氣傳播到水中時，它們會減慢速度，產生折射。

**2** 光波從水傳播到空氣，做成扭曲的影像，令飲管彎曲了。

# 衍射

穿過縫隙時，波有時會散開，這就是衍射。當光波穿過的空隙比光波的波長短，衍射才會發生。

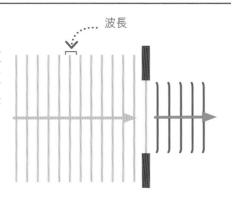

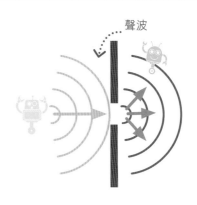

**1** 如果短波穿過一個很寬的間隙，就不會發生衍射。當波被阻擋時會形成陰影。當光波穿過門口時，就會出現這種情況。

**2** 當長波穿過一個很小的縫隙時，就會出現衍射。這就是我們隔着門也能聽到聲音的原因。當中沒有陰影。

# 干涉

當不同的波相遇時，它們可以結合成較大或較小的波，這就是干涉。肥皂泡和蝴蝶翅膀上看到的彩虹色閃光，就是光波的干涉作用。暴風雨天氣會使海浪相互干涉，產生巨浪。

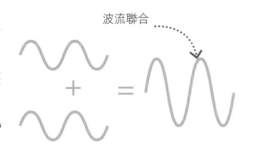

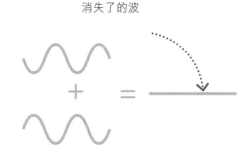

**1** 如果相似波的波峰同時到達，這兩波加起來就會形成一個新的更大的波，這叫作正干涉或建設性干涉。

**2** 如果一波的波峰與另一波的波谷（最低點）重合，兩波就會互相抵消。這叫作負干涉或破壞性干涉。

---

## 試一試

# 製造波

往平靜的池塘裏扔石卵，就能看到干涉現象。仔細地計時，投兩個石卵來製造兩組同心波紋。觀察波浪相遇的地方，尋找建設性干涉（更大的波紋）和破壞性干涉（平靜的水面）。

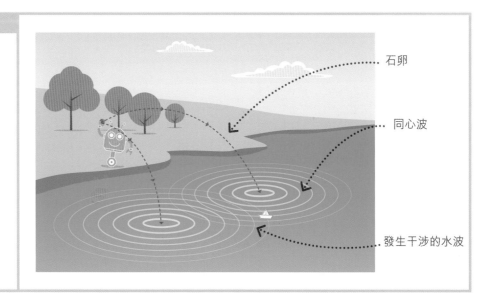

# 聲音

我們聽到的聲音是空氣在振動。發出聲音時，會令空氣振動。隨後我們的耳朵接收到這些振動，並識別為聲音。

超音速噴射機的飛行速度比聲音的傳播速度還要快。

## 聲波

所有聲音都從振動開始。這些振動以聲波的形式在空氣中傳播，直到傳到我們的耳朵。

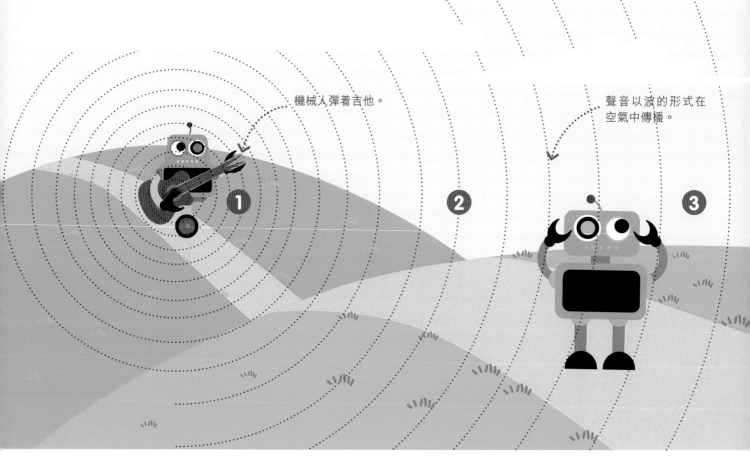

機械人彈着吉他。

聲音以波的形式在空氣中傳播。

**1** 撥一下吉他弦，它就會振動。這種振動將吉他弦周圍的空氣分子來回推動，令空氣都在振動。

**2** 每一個空氣分子撞擊到相鄰的分子，依此類推，在空氣中散播振動。

**3** 聲波向周圍擴散，隨着它們遠離聲源，聲音會越來越小。

# 聲速

聲波可以穿過氣體、液體和固體。它們在液體中的傳播速度比在空氣中快，因為液體分子的密度較大，所以振動傳遞得較快。聲波在固體中的傳播速度更快。

## 1 在太空中

太空完全寂靜，因為它是真空的 —— 沒有空氣。聲音不能在太空中傳播，因為沒有空氣分子讓聲波移動。

## 2 在空氣中

聲音在空氣中以 330 米每秒的速度傳播，但速度比光速慢 100 萬倍。這就是我們會先看到閃電後才聽到隆隆雷聲的原因。

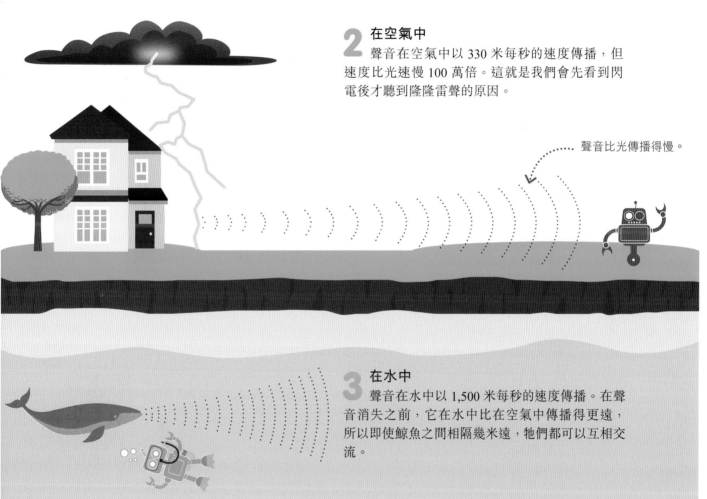

聲音比光傳播得慢。

## 3 在水中

聲音在水中以 1,500 米每秒的速度傳播。在聲音消失之前，它在水中比在空氣中傳得更遠，所以即使鯨魚之間相隔幾米遠，牠們都可以互相交流。

---

### 試一試

# 紙杯電話

在兩個紙杯之間穿上一根繩子，叫朋友拉其中一個杯子，令繩子拉緊。把你的耳朵貼在杯子上，請朋友對着杯子說話。你應該能夠聽到他的聲音。

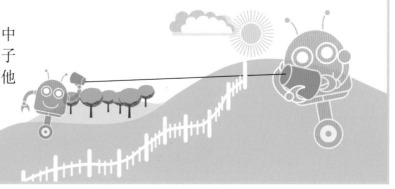

# 量度聲音

聲音可以是響亮的，也可以是微弱的，可以是像口哨一樣的高音，也可以是像雷聲一樣的低音。會產生這些差異因為到達耳朵的聲波的形狀都是不同的。

嬰幼兒能聽到大人聽不到的、音調過高的聲音。

## 音頻

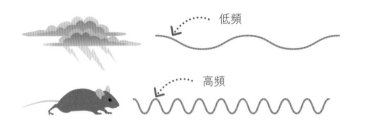

低頻

高頻

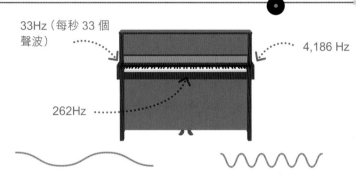

33Hz（每秒 33 個聲波）

4,186 Hz

262Hz

**1** 每秒鐘到達耳朵的聲波數量叫作音頻。音頻越高，聲音的音調就越高。

**2** 頻率以赫茲（Hz）表示。大多數鋼琴的頻率為 33Hz（最低音符）到 4,186Hz（最高音符）。

**3** 人的耳朵能聽到 20Hz 到 20,000Hz 的頻率。對於人類來説，過高而聽不到的聲音叫作超聲波，過低而聽不到的聲音叫作次聲波，有些動物能聽到超聲波或次聲波。

次聲波　　　人類的聽覺　　　　　超聲波

20 Hz　　　　　　20,000 Hz　　　　　　2 百萬 Hz

## 響度

聲音的響度（音量）取決於波中的能量。這通常用波的高度來表示。
響度的單位是分貝（dB）。

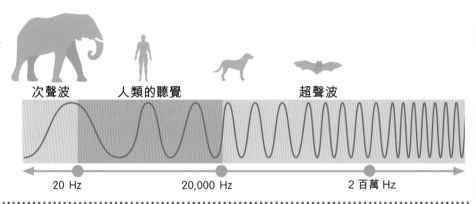

洗衣機運作時的聲音大約是 80dB。

大笑聲大約是 60dB。

樹葉沙沙作響的聲音大約是 10dB。

蚊子的聲音大約是 20dB。

人類能聽到的最安靜的聲音是 0dB 的竊竊私語。

## 音色

很少有聲音只包含一個音高。大多數都有基本的音高，以及一系列叫作泛音的附加音高。泛音賦予每種樂器獨特的聲音，幫助我們區分不同的聲音。

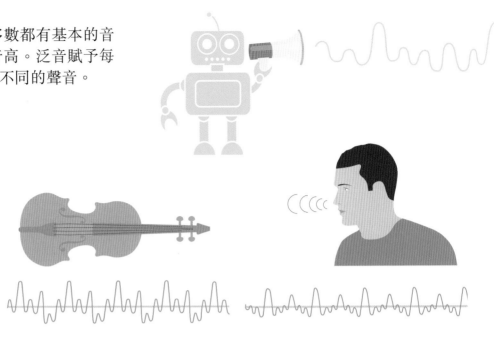

**1** 音叉產生的聲音幾乎沒有泛音，所以它的波動很簡單。

**2** 小提琴有鋸齒狀的波形，在主波上有許多尖銳的泛音。

**3** 人類的聲音和小提琴一樣有許多泛音，但有更明顯的波峰。

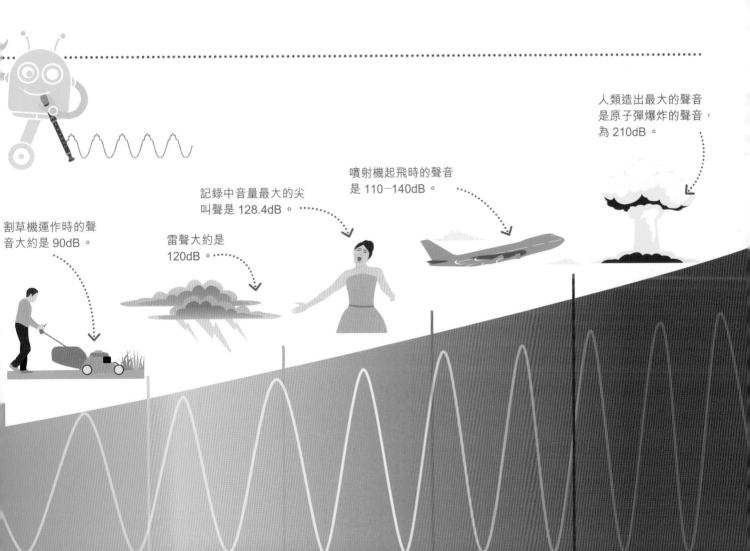

割草機運作時的聲音大約是 90dB。

雷聲大約是 120dB。

記錄中音量最大的尖叫聲是 128.4dB。

噴射機起飛時的聲音是 110−140dB。

人類造出最大的聲音是原子彈爆炸的聲音，為 210dB。

# 光

光是我們眼睛能看見的一種能量形式。光以波的
形式傳播，它移動得很快，一束光可以瞬間照亮
整個房間。

千萬不要直視太陽。它非常明
亮，短時間便可傷害你的眼睛。

**1** 太陽、星星、蠟燭和電燈都能
發光，我們稱它們為發光體或光
源。當光線直接射入眼睛時，會看到
發光體。

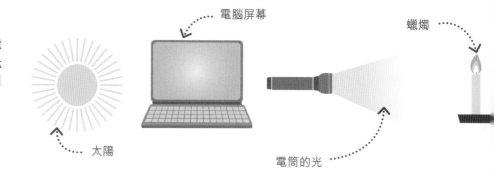

電腦屏幕

蠟燭

太陽

電筒的光

**2** 很多物體不發光，能看到它們只是
因為光線從它們身上反射到我們的
眼睛。月亮不發光，它看起來明亮，是
因為它能反射太陽光。

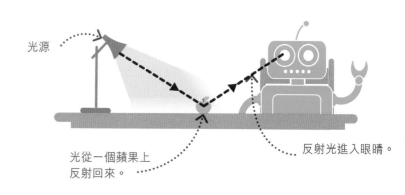

光源

反射光進入眼睛

光從一個蘋果上
反射回來。

**3** 光以直線傳播，我們把光傳播的
路徑稱為光線。如果把三張有洞
的卡片排成一行，然後用電筒照射，
當洞對齊時，光線才能通過。

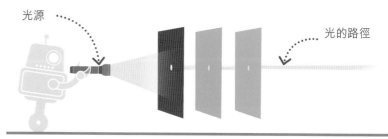

光源

光的路徑

**4** 因為光以直線傳播，如果物體擋
住了它的傳播路徑，就會產生陰
影。陰影不完全是黑暗的，因為附近物
體反射的光仍然可以照到它們。

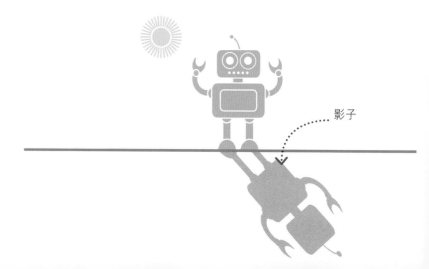

影子

**5** 一個小的或遠距離的光源會投射出清晰的陰影，而一個大的光源會投射出不同區域的柔和陰影。陰影中所有光線都被遮擋的黑暗中心叫作本影，在這周圍的淺陰影叫作半影。

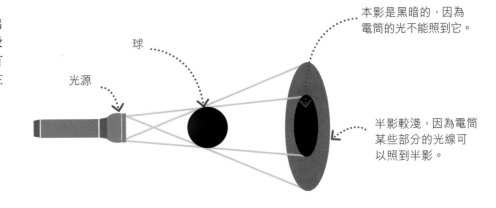

球

光源

本影是黑暗的，因為電筒的光不能照到它。

半影較淺，因為電筒某些部分的光線可以照到半影。

## 不透明、透明和半透明

大多數固體能阻擋光線，但有些材料能讓光波直接穿過，比如水或玻璃。

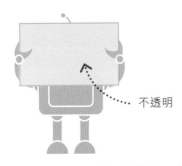

不透明

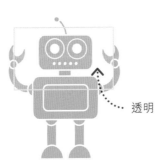

透明

半透明

**1** 不透明的材料能阻隔所有的光。木頭或金屬等材料是不透明的，這些材料只能反射光或者吸收光。

**2** 有些材料是透明的，如玻璃。它們幾乎能讓所有光線通過；有小部分光線是反射的，所以我們可以看到玻璃表面。

**3** 半透明的材料，比如磨砂玻璃，可以散射光線。光線被半透明材料內部的微小粒子散射。

試一試

## 日晷和陰影

你可以製作一個日晷，並根據陰影的位置判斷時間。

**1** 在花盆中裝滿沙子，然後將一根長棒牢牢地插進沙子裏。

**2** 一個晴朗的早晨，在上午 8 時把一塊石卵放在長棒的影子末端，並在石卵上記下時間。每小時重複這樣做。

**3** 在下一個晴天檢查你的日晷，並判斷時間。

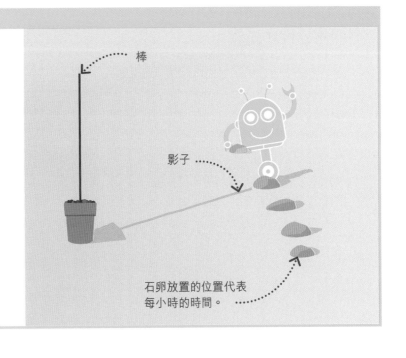

棒

影子

石卵放置的位置代表每小時的時間。

# 反射

當光線從物體上反彈時，我們稱之為反射。像鏡子這類非常光滑的物體，反射光線的效果非常好，我們能在其中看到影像。

玻璃鏡子的背面有一層薄薄的銀層，用來反射光線。

**1** 表面粗糙的物體，會向許多不同的方向散射光線。表面非常光滑的物體，如鏡子，有規律地向同一個方向反射光線。這就能在鏡子裏看到自己的臉。

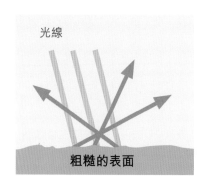

光線

粗糙的表面

光滑的表面

**2** 射入鏡子的光線叫作入射線，而反射出去的光線叫作反射線。反射線與入射線以完全相同的角度反射，我們稱之為反射定律。

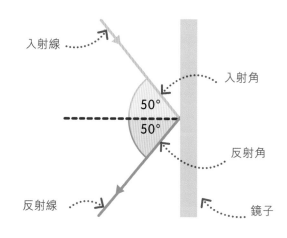

入射線

入射角

50°

50°

反射角

反射線

鏡子

**3** 照鏡時，我們會看到一個物體的影像好像在鏡子之後。鏡子後面的影像看起來和前面的物體與鏡子的距離相同。

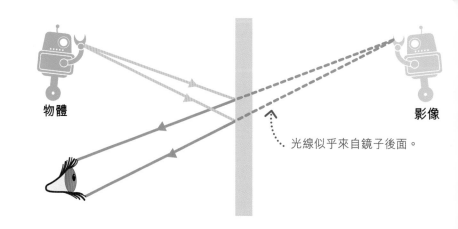

物體

影像

光線似乎來自鏡子後面。

**4** 鏡子不會把事物左右翻轉。鏡子裏的字詞看起來反了，因為它面向鏡子，而實際上它是沿着鏡子中的一根線，從前往後翻轉成影像。

物體　　　　　　　　　　　影像

**5** 在無風的日子裏，湖面光滑得像一面鏡子，它反射湖邊的景色，形成了一個鏡像。

影像

## 彎曲的鏡子

鏡面彎曲的鏡子會改變影像的大小。因為光線在鏡子的不同地方以不同的角度反射。

凸面鏡

**1** 凸面鏡向外彎曲，像匙子的背面，它使影像變小，但視野更開闊。凸面鏡會用作汽車倒後鏡，可開闊汽車後方的視野。

凹面鏡

**2** 凹面鏡向內彎曲，像匙子。當物體接近凹面鏡時，影像會放大，人們會用凹面鏡刮鬍子或化妝。

---

現今科技

### 極大望遠鏡

智利的極大望遠鏡（ELT）屬於大型太空望遠鏡，使用鏡子而不是透鏡收集來自深太空的微弱光線。ELT 的主鏡由 798 面六邊形鏡子組成，每面鏡子寬 1.45 米，呈蜂窩狀排列，形成一個巨大的凹形碟。

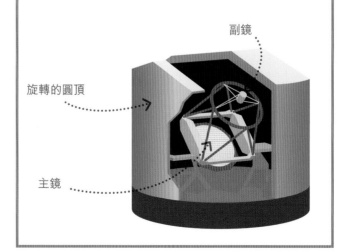

副鏡

旋轉的圓頂

主鏡

# 折射

當光波從空氣傳播到水或玻璃時，它們會減速並彎曲。這種光線的彎曲情況叫作折射。

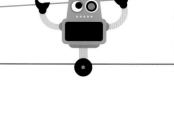

聲波從一種物質傳播到另一種物質時會改變速度。

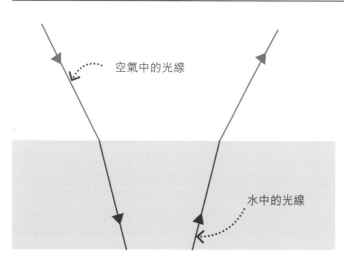

空氣中的光線

水中的光線

**1** 光在空氣中傳播得很快，但在水中傳播得較慢。進入水後，光波的速度下降，令光波彎曲。當光離開水時，它會加速和以相反方向彎曲。

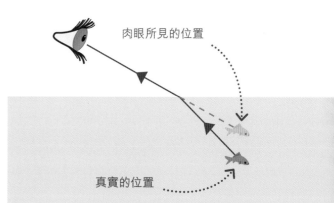

肉眼所見的位置

真實的位置

**2** 觀察水下物體時，物體折射的光線會產生錯誤的影像，使物體看起來比實際更接近水面。

天空折射的光

**3** 當光線從冷空氣傳播到一小區域的暖空氣時，會產生折射，造成海市蜃樓——在沙漠裏，或夏季的炎熱公路上，遠處有神秘的水池在閃閃發光。海市蜃樓是天空的藍光在空氣中折射到熱的地面時所產生的假象。

# 透鏡

透鏡是由玻璃或其他透明材料製成的曲面圓形物。它們特別的形狀令光出現折射,通過它們看的東西會改變了。透鏡有兩種主要類型:凹透鏡和凸透鏡。

## 1 凹透鏡

凹透鏡的中間較薄,邊緣較厚,穿過它的光線會分散。因此,當通過凹透鏡看一個物體時,它看起來比實際小。

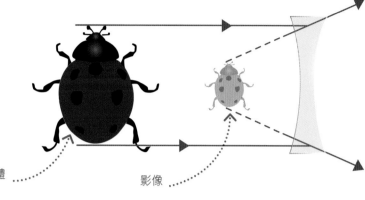

物體

影像

## 2 凸透鏡

凸透鏡的中間較厚,令光線向內彎曲,聚在一起。通過凸透鏡看附近的物體時,物體會被放大,看起來比實際要大。

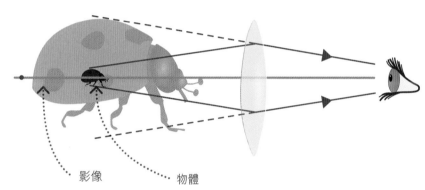

影像

物體

## 3 焦點

平行的光線經過凸透鏡後,相遇會聚的點稱為焦點,焦點與透鏡之間的距離稱為焦距。凸透鏡越厚,聚焦效果越強,焦距越短。

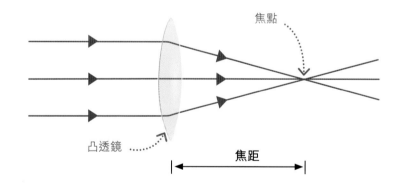

焦點

凸透鏡

焦距

---

**試一試**

# 看見一對鈕扣

將一顆鈕扣放入一杯水中,便會變成兩顆鈕扣。鈕扣的光在離開水面時產生折射,形成第二顆鈕扣的影像。拿準角度握住玻璃杯可以看見兩顆鈕扣,一顆在玻璃杯的側面,一顆在水面。

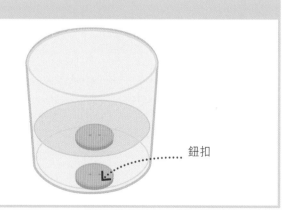

鈕扣

# 成像

透鏡可以形成物體的影像。影像是一個物體的複製品，但它可能比原來的物體小，也可能比較大或與物體本身左右相反或上下倒置。

在鏡子裏看到的反射影像叫作虛像。

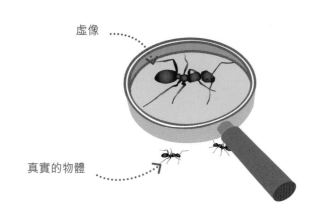

**1** 通過透鏡看到的影像稱為虛像。用放大鏡看物體時，看到的虛像比真實物體大。

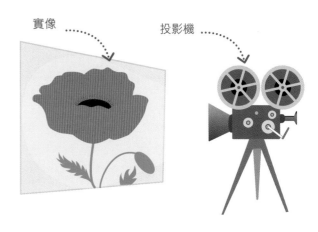

**2** 可以在屏幕上顯示的影像稱為實像。投影機、照相機和人眼都能產生實像。

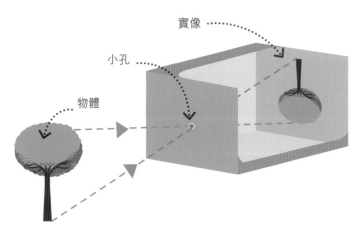

**3** 針孔照相機可以在沒有透鏡的情況下產生實像。物體上的每個點的光線對應落在屏幕上的唯一一點，因此形成了影像。但這幅影像非常模糊，因為只有極少量的光可以通過這個小孔。

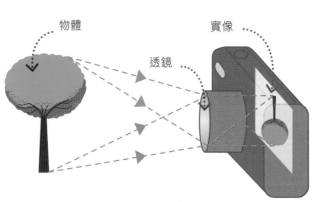

**4** 照相機和眼睛使用透鏡來形成實像，這意味着可以使用一個更大的孔，允許更多的光通過並形成一個較亮的影像。透鏡令光線彎曲，使來自物體上每個點的光線對應落在感應器上的某一點上，形成清晰的影像。

## 數碼相機

數碼相機將光線聚焦到感應器上，這是一種矽晶片，通過產生電荷對光子（粒子）作出反應。感應器本身無法區分顏色，因此在頂部放置了一個由微小彩色濾光片組成的網格。每個正方形網格的顏色對應影像中的一個像素。

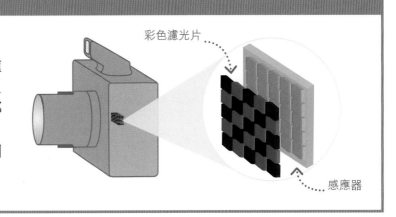

彩色濾光片

感應器

## 光線圖

可以畫一幅光線圖，找出透鏡產生的影像的位置。

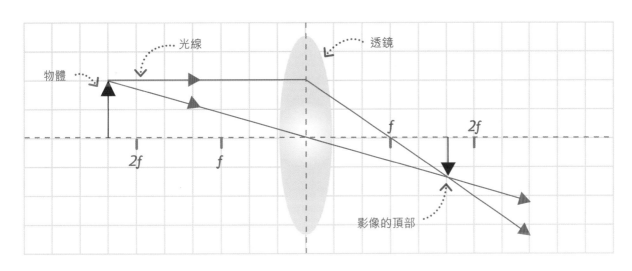

光線

透鏡

物體

f

2f

2f

f

影像的頂部

**1** 畫一條橫軸，透鏡在中間。將物體與透鏡的距離用焦距的倍數標記（參考頁 207）：f，2f……

**2** 把物體畫成向上的箭號。

**3** 在物體的頂部和透鏡的中心點畫一條直線，並向下延伸。

**4** 在物體的頂部和透鏡畫一條水平線，然後沿着焦點 f 向下延伸。

**5** 這兩條線相交的點是影像的頂部。影像不一定成像在焦點處。

## 做一個針孔照相機

不需要透鏡來聚焦光線和形成影像，按照右側所示的步驟，你可以用一個有針孔的盒子來形成影像。

**1** 在鞋盒的一端切一個小方洞，在鞋盒的另一端切一個大方洞。

**2** 用膠紙把錫紙黏在小方洞上，再用大頭針在錫紙上刺一個小孔。用膠紙在大方洞上貼上描圖紙。

**3** 除了針孔處，將整個盒子用厚厚的毯子蓋住，將針孔對準明亮的物體，影像就會出現在描圖紙上。

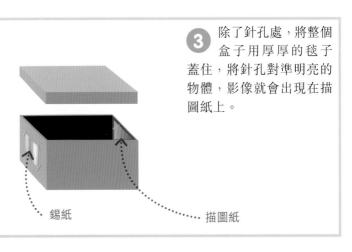

錫紙

描圖紙

# 望遠鏡和顯微鏡

望遠鏡和顯微鏡使用透鏡或鏡子來形成放大的影像。它們的原理相似，但是望遠鏡可以放大遠處物體的影像，顯微鏡可以放大附近微小物體的影像。

世界上最強大的顯微鏡可以令單個原子清晰可見。

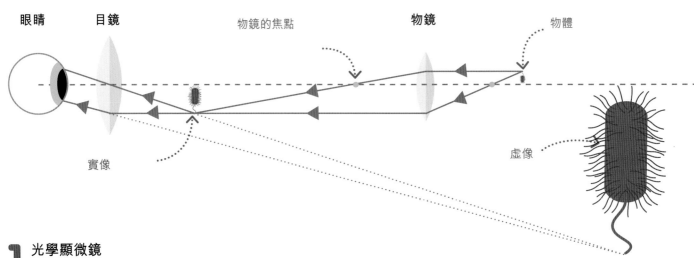

眼睛　　目鏡　　　　　物鏡的焦點　　　　物鏡　　　　物體

實像　　　　　　　　　　　　　　　　　　　　　　　虛像

## 1 光學顯微鏡

光學顯微鏡有兩個主要的凸透鏡，它們都像放大鏡。第一片透鏡叫作物鏡，形成一個放大的物體影像。第二片透鏡把放大的影像繼續放大，最終得到的影像比物體大幾百倍（但是倒置的），這樣就可以看到肉眼看不見的小物體，比如細胞。

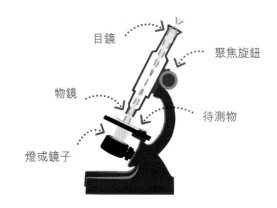

目鏡

聚焦旋鈕

物鏡

待測物

燈或鏡子

## 2 使用光學顯微鏡

使用光學顯微鏡時，要把待測物放在燈或鏡子的載玻片上。光線穿過物體，穿過物鏡，然後穿過目鏡。

掃描電子顯微鏡是研究昆蟲等小動物的理想設備。

## 3 掃描電子顯微鏡

掃描電子顯微鏡不是用光，而是用一束由磁鐵聚焦的電子產生影像。它們可以放大 10 萬倍，比光學顯微鏡顯示更多細節。

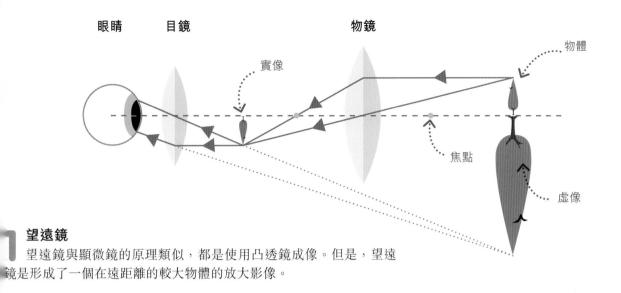

眼睛　　目鏡　　　　　物鏡

實像

物體

焦點

虛像

## 1 望遠鏡

望遠鏡與顯微鏡的原理類似，都是使用凸透鏡成像。但是，望遠鏡是形成了一個在遠距離的較大物體的放大影像。

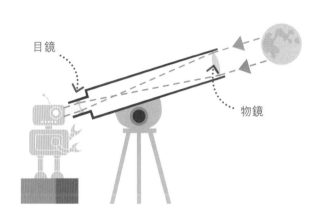

目鏡

物鏡

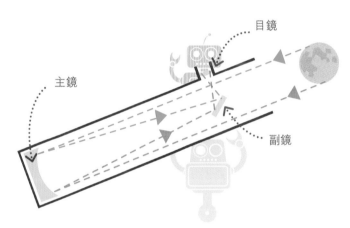

目鏡

主鏡

副鏡

## 2 使用望遠鏡

使用望遠鏡時要通過目鏡觀察，轉動聚焦盤，使目鏡中的鏡頭前後移動。許多人用三腳架支撐望遠鏡，這樣可以防止影像搖動。

## 3 反射望遠鏡

反射望遠鏡不使用透鏡，而是使用彎曲的有金屬塗層的反射鏡來成像。在要求較高的望遠鏡中使用這樣的鏡面效果更好，因為與玻璃鏡片不同，反射望遠鏡的鏡面不會使光線在彎曲時分裂成不同的顏色。

**現今科技**

## 電波望遠鏡

大多數望遠鏡使用可見光，但恆星和星系發射出其他我們看不到的輻射，包括無線電波。電波望遠鏡用一個像衛星接收器一樣的大圓盤收集和聚焦來自太空的無線電波。這些望遠鏡使天文學家能夠看穿阻擋可見光的塵埃雲團，研究銀河系的核心。

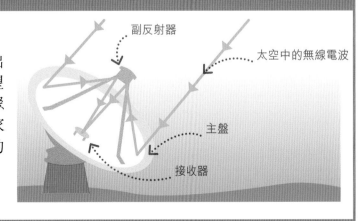

副反射器

太空中的無線電波

主盤

接收器

# 色彩

世界充滿了色彩，從晴朗天空的天藍色到成熟番茄的深紅色，顏色是我們眼睛看到不同波長的光的表現形式。

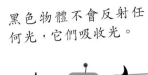

黑色物體不會反射任何光，它們吸收光。

## 分離光

白光看起來幾乎沒有顏色，但實際上它是所有顏色的光的混合。

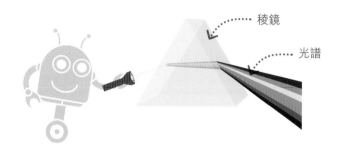

稜鏡

光譜

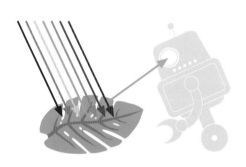

**1** 可用一個稜鏡來分出白光中的不同顏色。稜鏡對每個波長的光的折射（彎曲）程度都不同。每一種顏色有不同的波長，所以稜鏡折射的顏色呈扇形散開，形成彩虹圖案——光譜。

**2** 大多數有顏色的物體不會發光，而是反射光。它們吸收一些波長，並反射其餘波長而得到它們的顏色。葉子看起來是綠色的，因為它吸收光了譜中的所有其他顏色，但反射了綠色。

**3** 光譜中的顏色順序總是一樣的：紅、橙、黃、綠、藍、靛、紫。紅色波長最長，約為 665 納米 (nm)（1 米 =1,000,000,000 納米）。紫色波長最短，約為 400 納米。

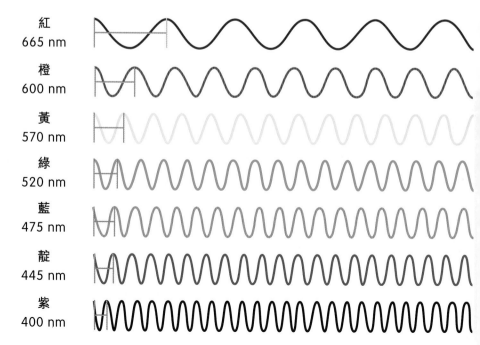

| 紅 665 nm |
| 橙 600 nm |
| 黃 570 nm |
| 綠 520 nm |
| 藍 475 nm |
| 靛 445 nm |
| 紫 400 nm |

**4** 當陽光從你身後射入空氣中的水滴，並以 42° 反射到你的眼睛時，你會看到一道彩虹。水滴像玻璃稜鏡一樣分離光線的顏色。

水滴就像一個玻璃稜鏡。

## 添加顏色

我們的眼睛可以看到無數種顏色，但所有顏色都可以由三種不同顏色的光——紅、藍、綠以不同的比例混合而成，這三種顏色稱為光的原色。混合顏料都會產生不同的顏色，做法是減少某些顏色，而不是增加顏色。

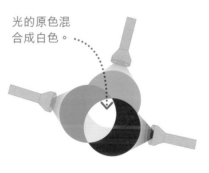

光的原色混合成白色。

**1** 添加原色會產生其他顏色。把三種原色的光加在一起就產生了白光。

顏料的原色混合成黑色。

**2** 混合顏料會減少某種顏色。比如，藍色顏料和黃色顏料的混合物看起來是綠色的，因為這些顏料吸收除綠色以外的所有波長。

現今科技

## 顯示屏

電腦、電視和手機屏幕可以混合三種原色的光來創造每一種可能的色調。仔細觀察屏幕，你會看到紅色、綠色或藍色的小點（像素）。控制像素的開關，屏幕能以任何比例混合顏色。

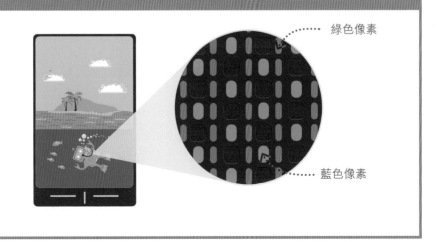

綠色像素

藍色像素

# 光的應用

人們已經發現了光有許多巧妙的用途，包括觀察身體內部、做眼睛手術、向世界各地發送高速互聯網數據等。

激光束用於測量月球與地球之間的確切距離。

## 激光

激光是一種明亮的人造光，產生的光束很強，可以在鋼鐵上燒一個洞。激光束又直又窄，可以精確地擊中阿波羅太空船的太空人所留在月球上的一面鏡子。

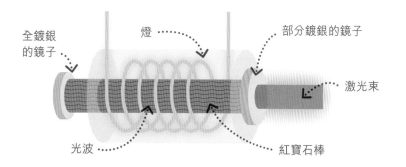

全鍍銀的鏡子　　燈　　部分鍍銀的鏡子　　激光束　　光波　　紅寶石棒　　白光　　激光器

**1** 在紅寶石激光器中，一圈燈管照亮一根人造紅寶石（氧化鋁）棒。紅寶石中的原子吸收能量，並重新發射紅光。棒的兩端都有反射光線的鏡子，形成強烈光束。其中一面是部分鍍銀的鏡子，可讓光束逃出。

**2** 白光是不同波長的混雜物。相比之下，激光只能產生單一波長的光，它的光波不僅大小相等，而且步調完全一致。這樣有助激光束在長距離下保持狹窄而緊密地聚焦。

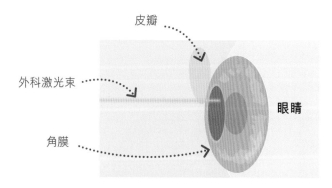

皮瓣　　外科激光束　　眼睛　　角膜

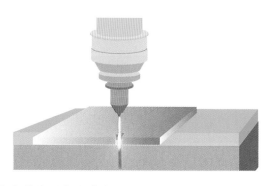

**3** 激光的精密度對進行精細手術很有用，比如激光眼科手術。在眼睛的外眼角膜上切下一片皮瓣，然後用激光脈衝使小塊組織蒸發，可以矯正視力。然後摺回皮瓣，令它癒合。

**4** 有些激光器產生強大的紅外線光束，可以熔化金屬、玻璃、塑膠甚至鑽石。這些激光比電鑽更快、更精確，可以用來製作引擎上冷卻用的小孔、淋浴噴頭、咖啡機和碎肉機等。

# 光纖

光纖是一束細小的玻璃纖維，能以光脈衝的形式傳輸數據。它們傳輸數據的速度比電線快得多。

**1** 每根光纖都是一根細如髮絲的玻璃纖維。光線穿過纖維的玻璃芯，從一邊反射到另一邊。光束無法逃出，因為它無法以一個足夠大的角度去撞擊並穿過光纖的側面，而是被反射到另一邊，這就是所謂的全內反射。

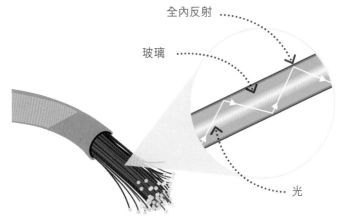

全內反射
玻璃
光

**2** 當你使用互聯網連接到另一個地方的網站時，數據通過海底的光纖電纜出現在你眼前。它們由特別的船隻鋪設，這些船隻將光纖電纜送到在海底的犁上，然後挖出一條溝渠並將光纖電纜投入其中。船隻每天要鋪設長達 200 公里的光纖電纜，使用壽命約為 10 年。

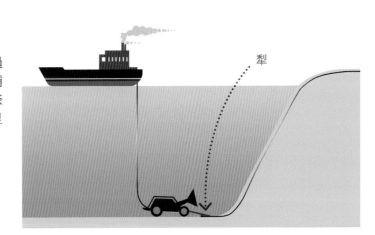

犁

---

**現今科技**

## 內窺鏡

內窺鏡是醫生觀察病人身體內部的設備。內窺鏡通常有三條電纜：一條有光學纖維，可以將光線導入身體，照亮醫生想看到的區域；另一條將反射光反射回來，讓醫生可以在顯示器上看到影像；還有一條電纜允許微小的外科手術裝置放入人體，比如切除受損組織的區域。

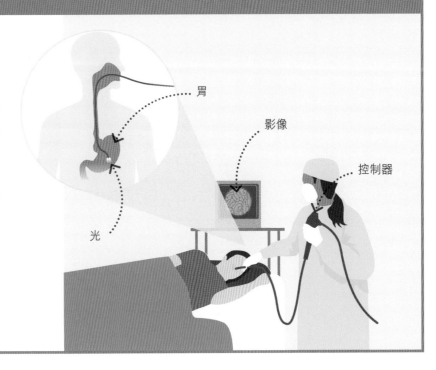

胃
影像
控制器
光

# 電磁波譜

光能是一種輻射形式，它以肉眼可見的波的形式傳播。輻射也可能以很短或很長的波的形式傳播，而我們的眼睛無法感知。所有這些不同波長的光和可見光一起構成了電磁波譜。

所有電磁波都以光速傳播。

## 電磁波

電磁波的範圍可以是從幾米或幾公里長的無線電波，到比原子還小的伽馬射線。

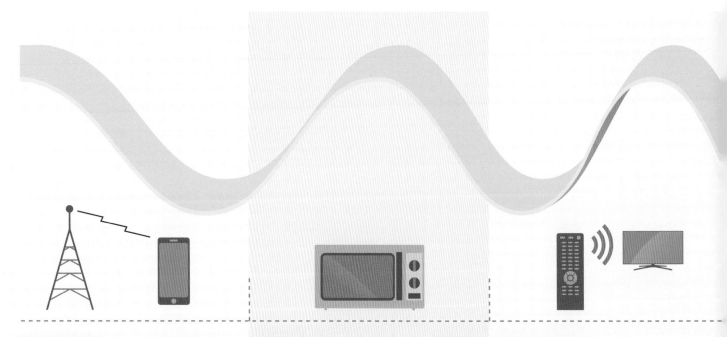

### 1 無線電波

無線電波不僅可以傳送電台節目，還可以傳送電視節目、電話來電和互聯網數據，其傳輸速度為光速，人眼不可見。長波可以繞過障礙物，但像手機信號這樣的短波沿直線傳播的效果最好。

### 2 微波

微波比無線電波短（有時被歸類為非常短的無線電波）。微波爐產生大約 12 厘米長的波，這些波能穿過玻璃和塑膠使水分子振動，從而加熱食物。

### 3 紅外線

紅外線波的長度小於 1 毫米，能傳遞熱能。雖然它們是看不見的，但當你在火邊取暖或站在猛烈的陽光下時，就能感受到它們的存在。電視遙控器使用弱紅外光脈衝向電視發送信號。

## 無線電波

多年來，光的本質一直是科學的難題。聲波在空氣中以振動的形式傳播，而光波可以在沒有振動的空間中傳播。19 世紀，蘇格蘭科學家詹姆斯·克拉克·麥克斯韋（James Clerk Maxwell）發現，磁場和電場的變化可以光速傳播。他提出了可見光在磁場和電場中是一種雙波的理論，預言一定還有其他不可見的不同長度的電磁波。果然，幾年後，科學家成功製造出無線電波，這一突破改變了世界。

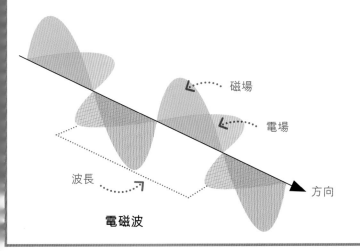

磁場

電場

波長

方向

**電磁波**

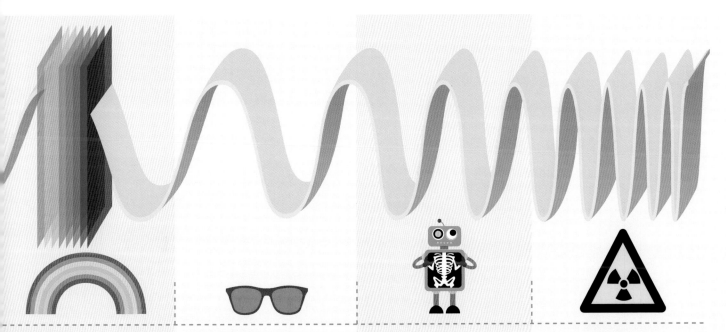

**4 可見光**
這是電磁波譜中我們能看到的一部分。可見光的波長為 0.0004–0.0007 毫米。波長最長的可見光是紅色的，而波長最短的可見光是紫色的。

**5 紫外線**
紫外線（UV）來自太陽，會做成曬傷。登山運動員和滑雪者可能會因為較強的紫外線而刺痛眼睛，所以要戴太陽鏡保護眼睛。我們看不見紫外線，但許多鳥類和昆蟲卻可以。

**6 X射線**
這些電磁波的大小和原子的差不多。它們可以直接穿過人體柔軟的部位，但被骨骼和牙齒阻擋，這使它們成為製作骨骼影像的理想工具。

**7 伽馬射線**
這是最危險的電磁波類型。它們帶有大量能量，可以殺死活細胞。伽馬射線是由放射性物質發出的，可用於抗癌。

# 靜電

把氣球放在毛衣上摩擦，然後把它帶到牆邊，它就
會停在那裏，就像變魔術一樣，因為氣球受到靜電
影響。而靜電會引起閃電。

在乾燥、陽光明媚的日子
裏，空氣中沒有太多水分
時，靜電的影響最為明顯。

## 電力和電子

電是由電磁力引起的。這種力通常會把電子困在原
子內部，但它們有時會逃出。如果逃出的電子聚集在
一個地方，就會產生靜電。如果它們流出，就會產生
電流。

**1** 每個原子都有一個中心原子核和一個外層電子區 (參考頁
132)。電子帶負電荷，原子核帶正電荷。相反的電荷相互吸
引，就像磁鐵的兩極一樣。這種引力通常使電子保持在原來的
位置。

電子帶負電荷。

中子沒有電荷。

原子核中的質子
使它帶正電。

原子

**2** 如果把某些物質放在一起相互摩擦，電子就會脫離原子，
從一種物質轉移到另一種物質。比如，在羊毛衫或頭髮上
摩擦氣球，就能把電子傳遞到氣球上。這些多餘的電子讓氣球
帶上了負電荷。

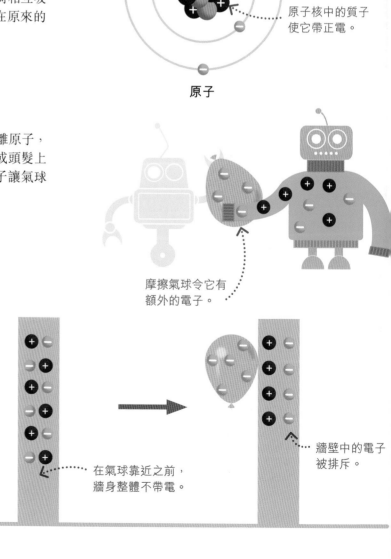

摩擦氣球令它有
額外的電子。

**3** 相反的電荷相互吸引，相似的電
荷相互排斥 (相互推開)。當你把
氣球放在牆上時，氣球裏的負電荷會
排斥牆上的電子。這令牆身帶正電荷，
而帶負電荷的氣球就會附在上面。

在氣球靠近之前，
牆身整體不帶電。

牆壁中的電子
被排斥。

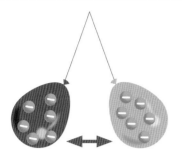

**4** 如果在一件羊毛衫上摩擦兩個氣球，它們都會帶負電荷。如果把它們掛在一根長繩上，氣球會互相排斥，它們之間會有空隙。

電子從地毯上走到你的鞋子上。

**5** 塑膠鞋底能像氣球一樣吸收額外的電子。當鞋底在地毯上摩擦時，多餘的電子會令你的全身帶負電荷。當你觸摸金屬製品時，電荷就會逃出，帶來輕微的電擊。

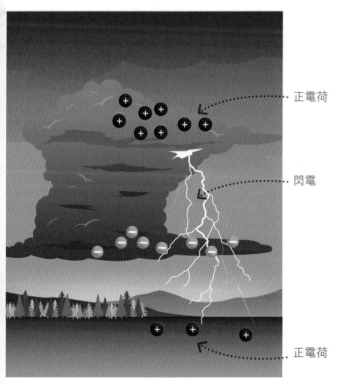

正電荷

閃電

正電荷

## 閃電

閃電充分地顯示了靜電的威力。雲層裏的冰晶和雨滴會旋轉和碰撞，過程中互相交換電子，並帶有電荷。正電荷和負電荷聚集在雲的不同位置。雲底部聚集的電荷令地面產生與之相反的電荷，這將把電荷從雲層中拉下來，形成一簇強大的閃電和熱。

### 試一試

## 柔韌的水

試試這個魔術，看看靜電如何令水彎曲。首先在毛衣上摩擦氣球，用靜電替它充電。打開水龍頭，讓它慢慢地流。緊緊握住氣球，電荷會吸引水，令水彎曲。

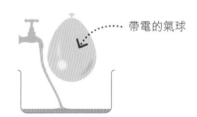

帶電的氣球

## 跳跳紙

在薄紙上畫出各種形狀的紙片並剪下來。把它們散亂地放在桌上，然後用氣球在你的頭髮或毛衣上摩擦 30 秒。把氣球放在紙片上，紙片會跳起來並黏在氣球上。

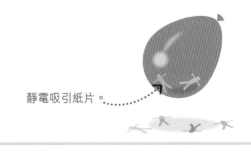

靜電吸引紙片。

# 電流

與靜止不動的靜電不同，電流是會移動的。我們使用的所有電器都依賴流動的電流。

電線中電子的運動速度比蝸牛慢，但它們傳輸的能量每秒可移動數千米。

## 可移動的電子

電流依靠電子的自由移動。電子是構成原子外層的微小的、帶負電荷的粒子。在金屬材料中，一些電子僅與原子鬆散地結合，因此可以自由移動。這些自由電子可以互相推動，傳遞電荷，就像接力賽中的選手一樣。

**1** 當電線沒有連接電源時，自由電子在金屬原子之間自由移動，但沒有電荷的流動。

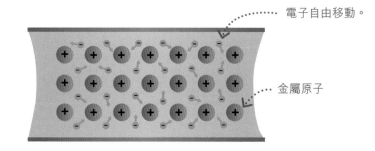

電子自由移動。

金屬原子

**2** 當電源接通時，電源上的負電荷排斥電子。電子移動並排斥鄰近的電子，而鄰近的電子又排斥其他鄰近的電子，以此來傳遞電荷。

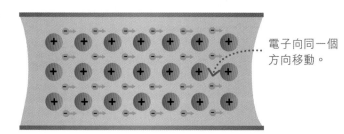

電子向同一個方向移動。

---

### 現今科技

## 電池

電池通過化學反應產生電流。電池有三部分：帶負電荷的一端稱為陽極；帶正電荷的一端稱為陰極；以及儲存電解質的中央儲存器。電解質中的化學反應令電子在陽極上積聚，電子自然被吸引到陰極，但它們的路徑被阻塞。當電池與電路連接時，電子會沿着電路移動，產生電流。

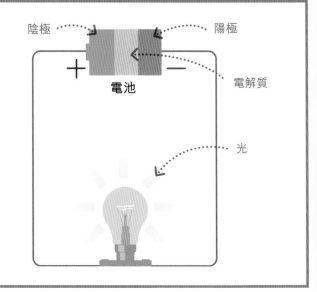

陰極　　　　　　　陽極

電池

電解質

光

# 導體和絕緣體

## 1 導體

電流容易通過的材料稱為導體。銅、金和銀等金屬是良導體，因為它們的原子中有一個能很容易地從原子中分離出來的外層電子。大多數電線都用銅製成。金銀很貴，所以只能用在小型電子設備上。水中含有溶解的離子（帶電粒子），可以導電，所以用濕手接觸帶電物體是很危險的。

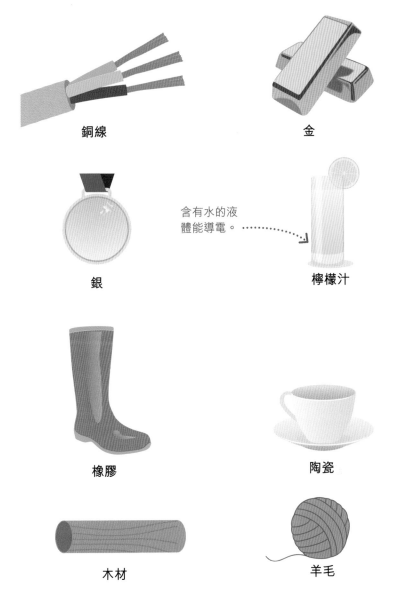

銅線

金

銀

含有水的液體能導電。

檸檬汁

## 2 絕緣體

大多數材料沒有自由電子，阻礙了電流的流動，這些材料叫作絕緣體。好的絕緣體包括橡膠、陶瓷、木材、羊毛、玻璃、空氣和塑膠。用塑膠包裹電線可以防止電荷泄漏。雖然塑膠物體不會讓電流通過，但它們仍然可以吸收靜電，所以當你穿着塑膠底的鞋走在塑膠地毯上觸摸一個導電的物體時，會受到輕微的電擊。

橡膠

陶瓷

木材

羊毛

---

**試一試**

## 香蕉導電測試

想知道家中的東西是導體還是絕緣體，可以試試這個簡單的實驗。找一個使用 2A 或 3A 電池供電的舊電筒。在家長的幫助下，把它拆開，如圖所示，用膠紙把三條電線黏到電池終端和燈泡連接上。兩個沒有連接的電線末端可以放在硬幣、水果和餐具等不同物體上，看看燈泡是否會亮起來。

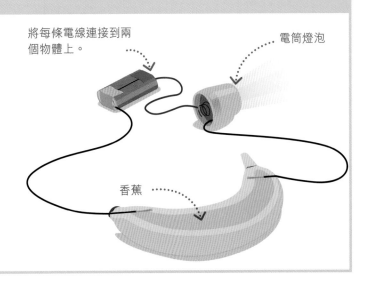

將每條電線連接到兩個物體上。

電筒燈泡

香蕉

# 電路

我們使用的所有電器，從電話到電視，都依賴電路中的電流。當電路接通時，便形成一個完整的閉合迴路。

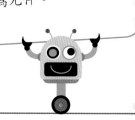

電路中的基本配件稱為元件。

**1** 最簡單的電路是以銅線連接的迴路。電流在兩個條件下才會流通：推動電子的能量來源，比如電池；一個完整的、無斷裂的電子循環迴路。右圖有兩個電路無法運作，看看你能不能找出原因。

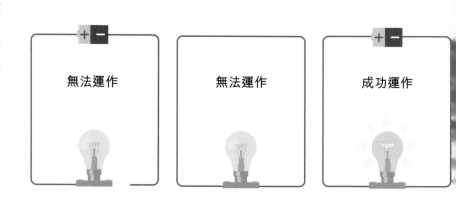

無法運作　　無法運作　　成功運作

**2** 如果電路斷開，電流就無法流通。這就需要使用開關。

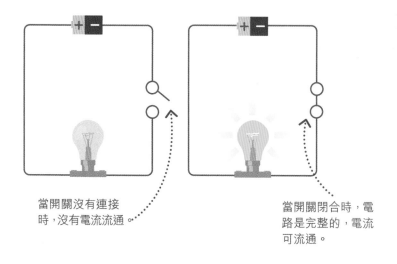

當開關沒有連接時，沒有電流流通。

當開關閉合時，電路是完整的，電流可流通。

**3** 當兩個電池連接在一起時，它們以兩倍的力推動電子通過電路，我們說它們有兩倍的電壓。（參考頁 224 有更多關於電壓的信息。）電路中的燈泡會發出更亮的光，蜂鳴器會發出更大的聲音。

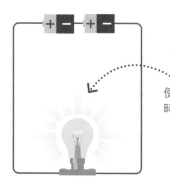

使用兩個電池時，光更亮。

# 串聯電路和並聯電路

電路可以兩種基本方式連接。如果所有元件都在一個迴路中連接妥當，那就是串聯電路。如果電路分成其他分支，那就是並聯電路。

## 1 串聯電路

當電路串聯時，各元件在一個迴路中一個接一個地連接。右圖的兩個燈泡共用相同的電流，所以它們的亮度只有一半。如果其中一個壞了，電路就壞了，另一個燈泡都不會發亮。

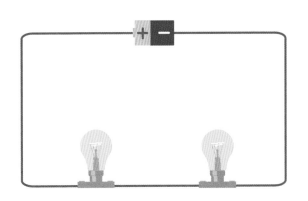

## 2 並聯電路

在並聯電路中，元件放在獨立的分支上。每個分支都接收全部電壓，所以兩個燈泡都發出明亮的光。電流的路徑不止一條，如果一個燈泡壞了，另一個還會繼續工作。家裏佈線是採用並聯電路的，這樣不同的設備才可以獨立運作。

此處斷開只會令一個燈泡停止運作。

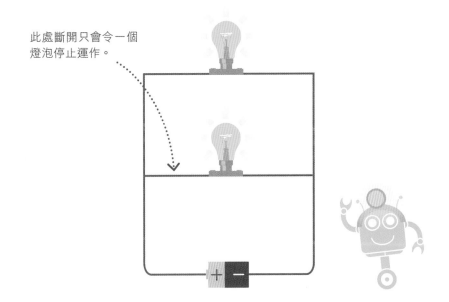

---

現今科技

## 保險絲和斷路器

如果家裏的電器壞了，可能會從電線漏電，並送到電器的金屬外殼。為保護你免受故障電器的電擊，它們的插頭通常裝有保險絲，而很多人的家裏也有保險絲盒或斷路器。斷路器裏有細細的電線，如果電流過高，電線就會斷裂。斷路器是一種「跳閘」的開關，當它們檢測到電力激增時，就會切斷電路。

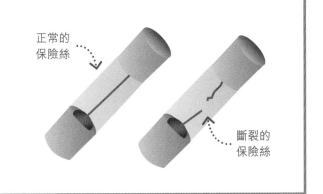

正常的保險絲

斷裂的保險絲

# 電流、電壓和電阻

有多少電流流過電路取決於推動電子的力有多強（電壓），以及電子通過電路有多容易（電阻）。如果把電想像成流經管道的水，電流、電壓和電阻就很容易理解了。

很多設備由電流提供動力，電流可以每秒改變幾十次方向，叫作交流電。

---

## 電流

**1** 電子穿過電線的速度是電流。量度電流就像量度流經管道的水量。大電流代表大量的電子通過，傳遞大量的能量。

流量大

**2** 小電流代表移動的電子較少。電流以安培（A）為量度單位。1A 的電流表示每秒有 6 萬億電子通過一個特定的點。

流量小

---

## 電壓

**1** 如果沒有推動力，電流是不能流動的。在電路中，推力來自電路開始和結束時的電子勢能差。這叫作電壓，用伏特（V）表示。電壓和水壓一樣，當儲水缸的水位較高時，重力會產生較大的壓力，使水從水龍頭噴出。當儲水缸的水位較低時，壓力較小，從水龍頭流出的水流較小。

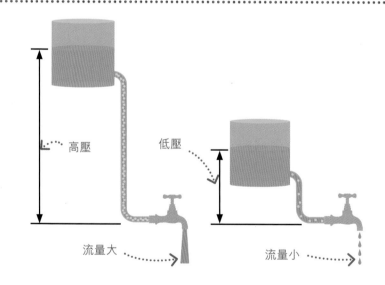

高壓

低壓

流量大

流量小

**2** 電壓不是電流的大小，而是推力的大小。較高的電壓會產生較強的推力，從而產生較大的電流。比如，使用一個高壓電池，會使燈泡發出比使用低壓電池時較亮的光。

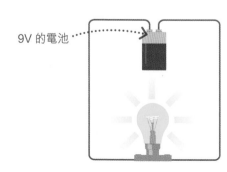

9V 的電池

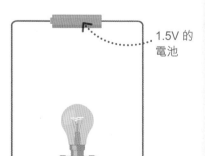

1.5V 的電池

# 電阻

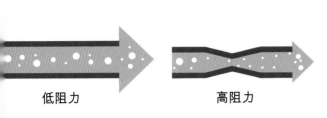

低阻力    高阻力

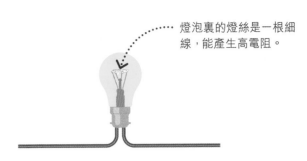

燈泡裏的燈絲是一根細線，能產生高電阻。

**1** 即使像銅這樣的良導體中，由於電子和原子相互干擾，電流流動都會遇到一些阻力。電阻的單位是歐姆（Ω）。電線越細或越長，它造成的電阻就越高。

**2** 電阻使能量轉換為熱能、光能。把一根很長很細的電線纏繞成線圈狀，會產生很高的電阻，它會發出紅紅的或白熱的光。這就是電暖爐和燈絲燈泡的運作原理。

**3** 任何增加電路中阻力的事物都會讓電流減少。

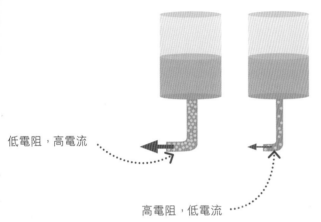

低電阻，高電流

高電阻，低電流

**4** 高電阻減少電流，但高電壓增加電流。電流、電壓和電阻之間的關係可以用歐姆定律表示。

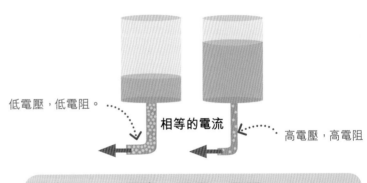

低電壓，低電阻。

相等的電流

高電壓，高電阻

**電流 = 電壓 ÷ 電阻**

---

現今科技

## 變壓器

當電流流過電線時，電阻會令能量流失。電流越大，流失越大。為減少流失，發電站以低電流高電壓遠距離傳輸電能。升壓器在電能離開發電站時提高了電壓，降壓器在電能到達家裏之前將電壓降低到安全水平。高壓電纜是危險的，因此由電纜塔在離地面較高的地方運輸電流。

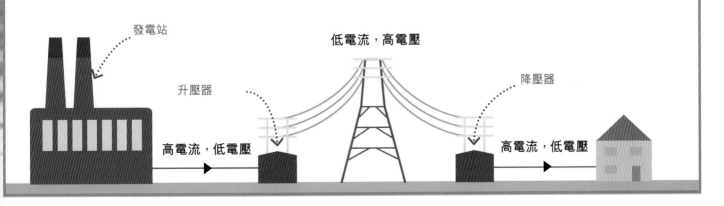

發電站

低電流，高電壓

升壓器

降壓器

高電流，低電壓

高電流，低電壓

# 電力和磁性

電力與磁性密切相關。每一種電流都會產生磁場，而磁體也可以產生電流。研究電力和磁性的科學分支稱為電磁學。

電力和磁性是由電磁力引起，電磁力是控制宇宙的四種基本力之一。

## 電磁鐵

**1** 當電流通過電線時，電線就變成了一個磁鐵。它的周圍能產生一個可以感受到磁力的區域 —— 磁場。你可以通過一個指南針觀察，當它靠近攜帶直流電的電線時，指南針就會旋轉。

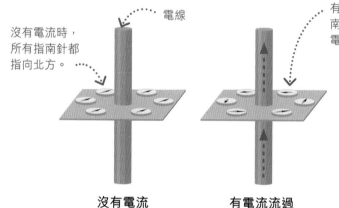

沒有電流時，所有指南針都指向北方。

電線

有電流時，所有指南針的指針會繞着電線指成一個圓圈。

**沒有電流**　　**有電流流過**

**2** 電流可產生一種叫電磁鐵的強磁力裝置，這種磁場可以接通或斷開。如果把電線扭成線圈狀，線圈周圍的磁場就會互相加強，電磁鐵的效果最好。

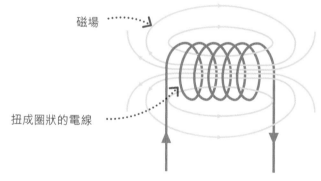

磁場

扭成圈狀的電線

**3** 如果線圈纏在鐵棒上，效果會更強。鐵棒被電流產生的磁場磁化。

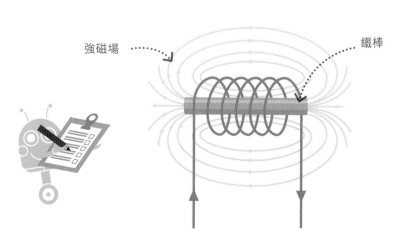

強磁場

鐵棒

# 發電

**1** 電能產生磁場,磁場都可以發電。當磁鐵經過電線或電線經過磁鐵時,就會產生上述結果。磁場「誘導」了電線中的電流,所以這種效應叫作電磁感應。

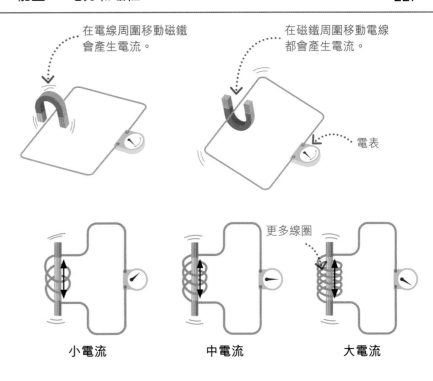

在電線周圍移動磁鐵會產生電流。

在磁鐵周圍移動電線都會產生電流。

電表

**2** 磁鐵在循環線圈迴路中來回移動會產生更強的電流。線圈越多(或磁鐵移動得越快,又或磁性越強),電流就越大。但是,只增加迴路不能增加電流:在密集的線圈中移動磁鐵是一項更困難的事,因為感應電流產生了會排斥磁鐵的磁場。

更多線圈

小電流　　　中電流　　　大電流

**3** 幾乎所有電都由電磁感應產生。在一個典型的發電站裏,來自熔爐的蒸氣吹向渦輪,使其旋轉。渦輪在發電機內轉動強力磁鐵,在線圈中產生電流。

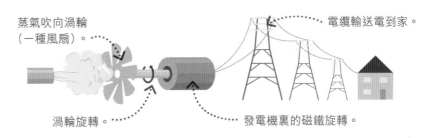

蒸氣吹向渦輪(一種風扇)。

電纜輸送電到家。

渦輪旋轉。

發電機裏的磁鐵旋轉。

# 電動機

發電機將動能轉化為電能,而電動機則相反,將電能轉化為動能。

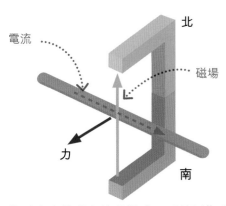

電流

磁場

北

力

南

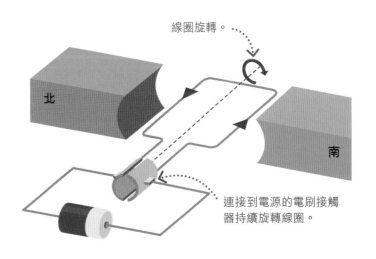

線圈旋轉。

北

南

連接到電源的電刷接觸器持續旋轉線圈。

**1** 當電流流過現有的磁場時,電線因為自身的磁場被磁鐵排斥會發生反衝作用,這叫作電動機效應。

**2** 如果電線被扭成一圈,一邊的反衝力會向上,另一邊的反衝力會向下。線圈鬆散地連接電源,線圈會旋轉。這就是一部電動機的運作。從電動工具到電動汽車,電動機已廣泛應用在生活中。

# 電磁學的應用

電磁鐵是一種磁鐵,只要輕輕一按開關,就能開始或停止工作。這些強力磁鐵的用途廣泛,如磁浮列車、揚聲器等。

電磁鐵線圈越多,它的磁性就越強。

## 磁浮列車

磁浮列車的速度可以達到每小時 603 公里,和飛機一樣快。它們不是以車輪滾動,而是漂浮在空中,由電磁鐵產生的磁引力支撐懸浮。這樣減少摩擦力,因此磁浮列車比普通列車快得多。

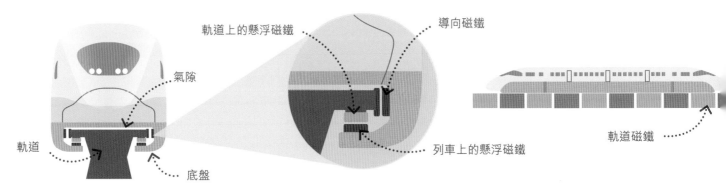

軌道上的懸浮磁鐵

導向磁鐵

氣隙

軌道

底盤

列車上的懸浮磁鐵

軌道磁鐵

**1** 超高速磁浮系統利用磁引力提升列車 C 形底盤的底部,在列車和軌道之間製造出一層氣隙。

**2** 導向磁鐵在列車和軌道上使用磁斥力阻止列車左右移動,並且避免列車離鐵軌太近。

**3** 懸浮磁鐵可驅動列車。電腦會控制懸浮磁鐵的開關,引導列車前進、減速,以及保持列車穩定。

# 起重磁鐵

起重磁鐵可用於抬起廢鐵和鋼鐵物體，如舊車。磁體是一個大鐵盤，裝有一個內嵌的線圈。接通電流時，線圈就會對整個磁體進行磁化。它可以舉起非常重的物體，只要輕輕一按開關，重物就會掉下來。

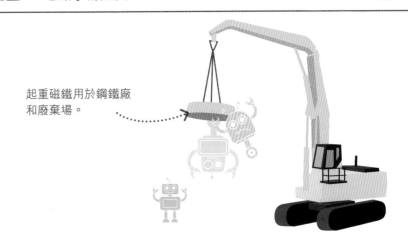

起重磁鐵用於鋼鐵廠和廢棄場。

# 揚聲器

各種揚聲器，包括耳筒裏的小喇叭，都用電磁在空氣中產生振動，形成聲波。大多數揚聲器會移動一大張紙或塑膠圓錐體（一個膜片）來產生聲波。

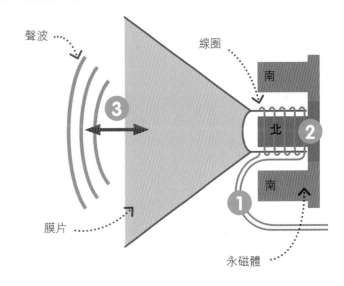

1 電信號以交流電（一種能迅速改變方向的電流）的形式發送到揚聲器。電流把繞在膜片上的一根電線變成電磁鐵。

2 揚聲器中的永磁體排斥電磁鐵，使膜片向前反射。當交流電反轉時，膜片會向後拉。

3 膜片快速地前後振動，產生聲波。振動的頻率由交流電流的頻率控制。

---

試一試

# 做一個電磁鐵

你可以用一顆大鐵釘、一條長銅線和一個不可充電的 D 型電池來製作自己的電磁鐵。一定要使用絕緣的銅線（塗塑或塗漆的），因為純銅會把電傳導到鐵釘上，電會溜出線圈。

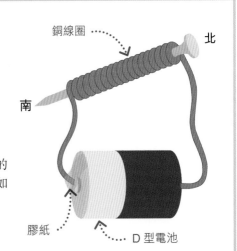

1 用銅線緊緊地纏繞鐵釘至少 25 圈。

2 將電線的兩端連接到電池的兩端。

3 嘗試吸起細小的金屬物品，比如萬字夾。

# 電子技術

電子技術不僅用於發電，也可以處理信息。大多數現代電子設備都是數碼化的，它們以一串數碼來處理信息。

一個比指甲還小的電腦晶片可以容納 30 億個晶體管。

## 1 模擬和數碼

電子設備可以兩種截然不同的方式處理信息：模擬和數字。模擬設備利用電壓或頻率的變化來傳輸信息。比如，模擬無線電將無線電波頻率的變化，轉化為揚聲器發出的聲波。然而，數碼設備使用短電脈衝，以 1 和 0 的代碼來傳輸信息，這種代碼叫作二進制代碼。

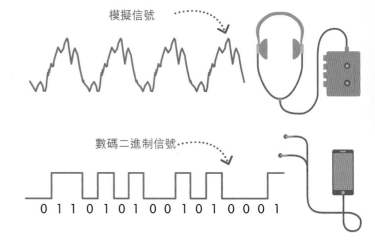

模擬信號

數碼二進制信號

0 1 1 0 1 0 1 0 0 1 0 1 0 0 0 1

## 2 二進制數據

二進制代碼的 1 和 0 叫作二進制數字，或簡稱為「位」。只用八個位元，就可以表示英字字母表中的任何字母和從 0（二進制是 00000000）到 255（二進制是 11111111）的任何數字。八個位元組成一個位元組（B），一百萬個位元組成一個百萬位元組（MB），十億個位元組成一個吉位元組（GB）。

| | | | |
|---|---|---|---|
| A | 1000001 | N | 1001110 |
| B | 1000010 | O | 1001111 |
| C | 1000011 | P | 1010000 |
| D | 1000100 | Q | 1010001 |
| E | 1000101 | R | 1010010 |
| F | 1000110 | S | 1010011 |
| G | 1000111 | T | 1010100 |
| H | 1001000 | U | 1010101 |
| I | 1001001 | V | 1010110 |
| J | 1001010 | W | 1010111 |
| K | 1001011 | X | 1011000 |
| L | 1001100 | Y | 1011001 |
| M | 1001101 | Z | 1011010 |

**HEY = 1001000 1000101 1011001**

## 3 晶體管

所有數碼設備都依賴的元件叫晶體管，晶體管可以起到開關的作用。典型的晶體管是一種三層的半導體材料。半導體只在某些情況下導電。當電流流到三層材料的中間層時，它讓電在另外兩個連接材料之間通過，將晶體管切換到「開」的狀態。

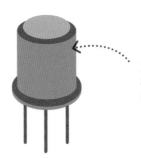

大晶體管有三個看起來像腿一樣的金屬端子。矽晶片中的晶體管要小得多。

# 4 邏輯門

數字設備中的晶體管分組組成「邏輯門」。這些是數碼電路的組成部分，它們可以作出邏輯決策，意思是它們可以做數學。大多數邏輯門有兩個輸入和一個輸出。「門」會比較它的輸入資料，並「決定」是否打開輸出。比如，AND 門只在同時接收兩個輸入時才打開，而 OR 門在接收一個或兩個輸入時都可以打開。

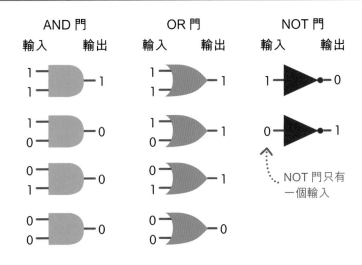

NOT 門只有一個輸入

# 5 正反器

邏輯門可以一種巧妙的方式排列，使它們能夠記憶。正反器可暫存的記憶裝置，連繫輸出的數碼信息返回輸入之處，作為一種反饋。這樣，最終的排列就可以記住前面的輸入，這是所有電腦內存記憶的基礎。

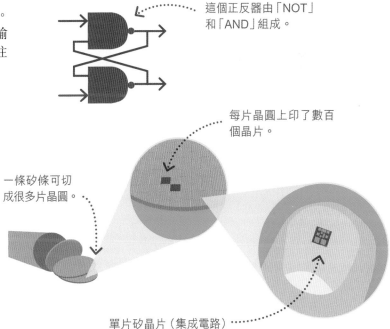

這個正反器由「NOT」和「AND」組成。

每片晶圓上印了數百個晶片。

# 6 集成電路

所有電子電路都是將一個又一個元件接在一塊電路板上製成的。今天，包含數百萬個晶體管的電路可以打印到一種叫矽晶圓的半導體上。晶圓可以被切割成很多方形小片的矽晶片或集成電路。

一條矽條可切成很多片晶圓。

單片矽晶片（集成電路）

---

**現今科技**

# 機械人

機械人是無需人工操作就能自動完成複雜任務的機器。大多數機械人都由電腦控制。許多機械人都有感官系統，可以接收信息並作出如何反應的決定。機械人可以有許多不同的形式。

機器狗

「好奇號」火星探測車

① 有些機械人製造得像人或動物。比如，四條腿的機械人可以在相對陡峭或粗糙的地面上行走，而帶輪的車未必能做到。

② 機械太空飛船和潛艇可以在人類無法到達的地方工作。「好奇號」是一個如汽車大小的機械人，自 2012 年以來一直在探索火星表面。

③ 從汽車到電腦，工業機械人可製造許多東西。它們執行諸如焊接、油漆、包裝和電路裝配等任務。

當汽車剎車或球滾下山時，就是力的作用。力是簡單的推或拉，它可以使物體運動、停止運動、加速、減速、改變方向或改變形狀。在整個宇宙中，力都在起作用，比如重力使地球維持在繞日的軌道上。

FORCES

# 力是甚麼?

力就是簡單的推或拉。當你踢球或踏單車時,就是在使用力。力可以使物體開始或停止運動,加速或減速,或改變方向,甚至改變形狀。

你看不到力,但能經常看到或感覺到它的影響。

滑板運動員加速。

球減速。

力能使靜止的物體運動。

**1 令物體運動**
力能使靜止的物體運動。當你踢球時,腳上的力量會讓球飛出去,重力又會將球拉回來。

**2 加速**
力可以使運動的物體加速。當你滑下坡時,速度較快,因為重力把身體拉下。

**3 減速或停止運動**
力可以使物體減速或停止運動。當你接球時,手的力量會使球速度減慢並停止運動。

# 繪畫力量

力的單位是牛頓 (N)，以英國科學家艾薩克・牛頓爵士 (Sir Isaac Newton) 的名字命名。1N 是一個大蘋果的重力。我們可以繪畫力的示意圖來顯示力是如何作用的。力有大小和方向，所以用箭號表示。箭號越長，力就越強。

舉力
12,000 N

重力
8,000 N

風箏改變了方向。

弓彎曲。

**4 改變方向**
力可以使運動的物體改變方向。當你放風箏時，風力令風箏在空中旋轉。

**5 改變形狀**
力能改變一個物體的形狀。弓箭手拉弓時，弓會彎曲。鬆開時，弓就彈回來了。

# 有距離的力

有些力只在物體互相接觸時才起作用，比如當你踢球時的力。其他的力（稱為非接觸力）可以在一定距離內起作用。

**1 引力**
引力是所有物體之間非常微弱的吸引力。我們只在一些極大的物體上才留意到它，比如地球。地球引力使物體落到地上。

**2 磁力**
磁力吸引磁性材料，如鐵製物體。磁體有南北兩極，相反的兩極互相吸引，但相似的兩極互相排斥（互相推開）。

**3 電荷**
帶正電荷或負電荷的物體可以像磁鐵一樣推拉。相反的電荷互相吸引，相同的電荷互相排斥。

# 拉伸和形變

當力作用在一個不能移動的物體上時，這個物體可能會改變形狀甚至斷裂。我們稱此為形變。

如果施加足夠的力在物體上，所有物體最終都會斷裂。

**1** 當外力作用在易碎的物體上時，它們會折斷或粉碎，比如你可以把一個餅乾掰成兩半，打碎窗戶，或者用錘子打碎錢罌。

**2** 其他物體不會斷裂，而是改變形狀，會稱它們「形變」了。如果形狀是永久改變了，就像一塊被拉伸的口香糖，那麼這個物體會稱作有塑性的。

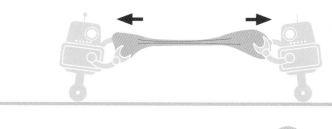

**3** 有些物體，比如網球，只會暫時改變形狀，稍後回復原狀，它們就是有彈性的。

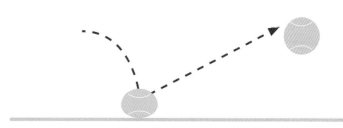

## 改變形狀

物體形變的方式取決於作用在物體上的力的大小和方向。

**1** 壓縮
當力從相反的方向擠壓物體時，它就會壓縮，兩側可能會鼓起來。

**2** 拉伸
向相反方向拉的力會產生張力，從而拉伸物體。

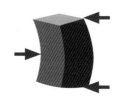

**3** 彎曲
當幾個力作用於不同的地方和不同的方向時，物體就會彎曲或折斷。

**4** 扭曲
扭轉力（轉矩）在物體的不同部位以相反的方向作用，會扭曲物體。

# 彈性

**1** 彈性物體在力停止作用後會彈回原來的形狀。但是它們都有自己的局限性。如果你把一個彈性物體拉伸到它的彈性極限以上，它就不會恢復到原來的形狀。

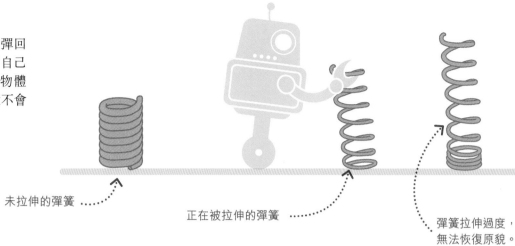

未拉伸的彈簧 ⋯⋯⋯

正在被拉伸的彈簧 ⋯⋯

彈簧拉伸過度，無法恢復原貌。

**2** 在一個物體達到彈性極限之前，它伸展的量與作用力成正比，此為胡克定律。英國科學家羅伯特·胡克（Robert Hooke）發現了此定律。

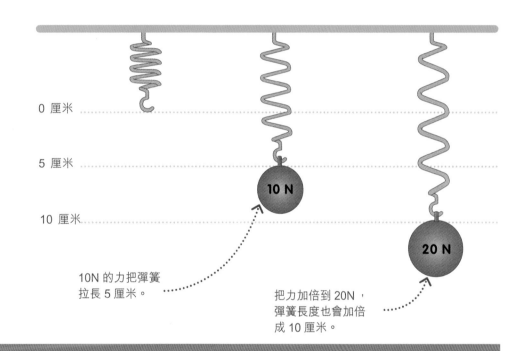

0 厘米

5 厘米

10 厘米

**10 N**

**20 N**

10N 的力把彈簧拉長 5 厘米。⋯⋯

把力加倍到 20N，彈簧長度也會加倍成 10 厘米。⋯⋯

---

**現今科技**

## 撐竿跳

撐竿跳運動員使用由多層玻璃纖維和碳纖維製成的空心鋼管。該竿是有彈性的，竿前端被固定後會急劇彎曲。當竿子恢復到原來的形狀時，它就會變直，把運動員推得很高。頂級撐竿跳運動員可以跳過 6.1 米的高度。

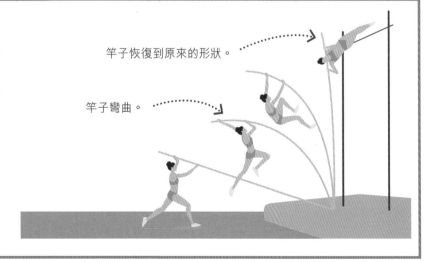

竿子恢復到原來的形狀。⋯⋯

竿子彎曲。⋯⋯

# 平衡力和不平衡力

當幾個力同時作用在一個物體上時，它們結合在一起，形成一個力。當不同的力平衡時，它們會互相抵消。

當不同的力平衡時，物體就會處於平衡狀態。

## 平衡力

**1** 兩隊拔河隊以同樣的力量向相反方向拉動。力是平衡的，沒有佔主導地位的力，所以沒有人移動。

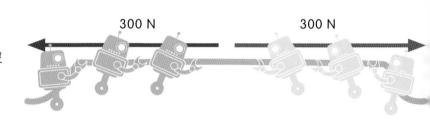

300 N　　　　　300 N

**2** 懸掛的燈罩經常被自身的重量拉下。然而，它的重量是由懸掛它的電線的拉力來平衡的。這兩種力互相抵消，燈罩就不會掉下來。

10 N　　10 N

**3** 當你把一個物體放在桌上時，重力仍然作用在物體上，但物體不會掉下來。因為桌子向上的力平衡了物體的重量。

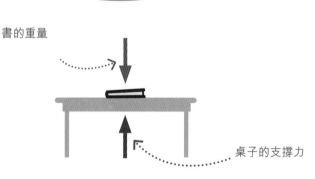

書的重量

桌子的支撐力

**4** 平衡力可以作用於正在運動的物體。當跳傘運動員降落的速度和方向保持不變，他會達到最高的降落速度。作用於跳傘運動員上的空氣阻力和重力是平衡的。

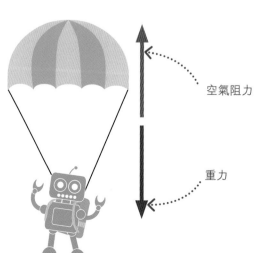

空氣阻力

重力

# 不平衡力

當不同的力不平衡時，它們合成一個力來移動物體或改變物體
的運動狀態，稱為合力。

**1** 如果知道不同力的大小
和方向，就可以計算出
合力。比如，作用於同一方
向的力可以簡單地相加。

分力                  合力

**2** 當力朝相反方向作
用時，從大的力中減
去小的力。

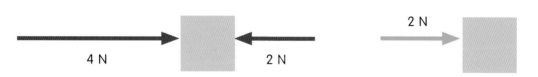

**3** 當力不在相同或相反的方向時，
合力就在這些力之間的方向上。
當兩個力對角地移向一個盒子，你可
以畫一幅比例圖，從一個箭號加到另
一個箭號的末端，算出合力。

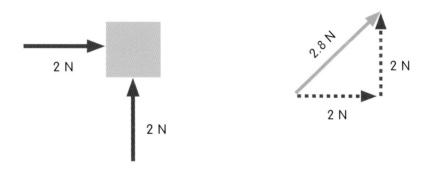

---

現今科技

## 吊橋

吊橋可以支撐其自身的重量和橋
上所有車輛的重量而不會倒塌。
橋的重量把它往下拉，但是這個
力被柱子上的向上的力平衡。鋼
纜和吊桿上的拉力都會將橋向上
拉並支撐其重量。

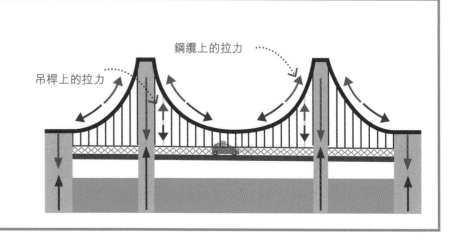

# 磁力

磁力是一種在不接觸物體的情況下，可以推或拉它們的力。磁鐵只能拉動某些特定材料製成的物體，包括鐵、鎳、鈷和鋼。

如果把磁棒切成兩半，每塊磁棒都會變成一塊完整的磁鐵。

## 磁鐵是如何運作的？

磁力來自電子，電子是所有原子外層的微小帶電的粒子。每個電子的作用都像一個小磁棒，但在大多數物體中，電子混雜在一起，磁力互相抵消。

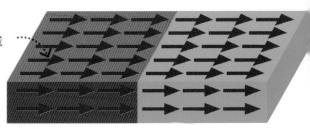

排列整齊的域

隨機的域

**1** 黏在磁鐵上的材料中，比如鐵，它的電子散亂聚集，叫作「域」，就像微型磁鐵一樣。然而，這些域通常不會整齊排列。

**2** 在磁鐵中，所有的域整齊排列。它們的磁力結合在一起，在整個磁鐵周圍產生強大的磁力。

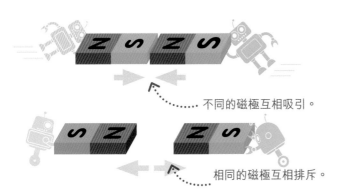

不同的磁極互相吸引。

相同的磁極互相排斥。

**3** 磁鐵有兩極：北極和南極。如果相反的磁極靠近，兩個磁鐵間就會產生強烈的拉力。如果相同的磁極靠近，它們會相互排斥。

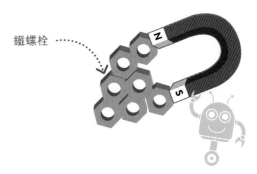

鐵螺栓

**4** 磁鐵能吸引那些不是磁鐵的物體，因為磁力可使像鐵這樣的磁性材料內部的結構域暫時排列整齊。

# 磁場

每個磁鐵的周圍都有磁場，其中的物體會
受到磁力的作用。磁力不是沿直線延伸的，
它是從磁鐵的一個極點向另一個極點彎曲。

磁力線

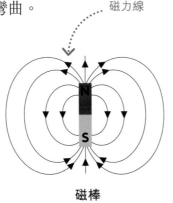

**磁棒**

磁力線

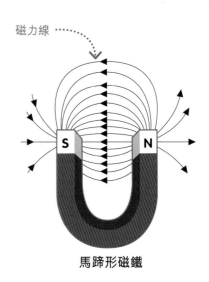

**馬蹄形磁鐵**

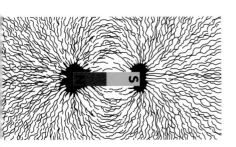

**1** 磁場是看不見的，但可以在磁棒周圍撒
鐵粉來觀察磁場。鐵粉會沿着磁力的
方向排列。

**2** 磁力線顯示了磁場中小磁針北極的指向，它們由磁鐵
的北極指向南極。磁力線最密集的地方就是磁場最強
的地方。

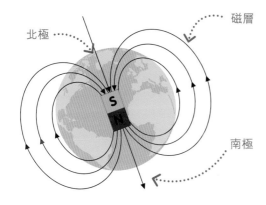

北極

磁層

南極

**3** 地球的中心是一個熾熱的、部分熔化的「鐵心」，它
的作用就像一個巨大的磁鐵，能產生一個巨大的磁
場。這片區域向太空延伸數千米。

**4** 指南針就是一根在一個點上平衡的磁針，磁
針與地球磁場對齊，指示是北方和南方，可
以幫助我們找到方向。

---

**現今科技**

## 磁力共振掃描

磁力共振掃描器可以幫助醫生看到人體內部。當病人躺
在掃描器裏，一個巨大的圓柱形磁鐵會使病人體內的氫
原子排成隊伍，然後在短時間內發射快速變化的磁場脈
衝，使氫原子旋轉並重新排列。這時，它們就可以發射出
可被處理成影像的無線電波。

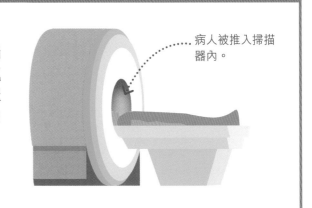

病人被推入掃描
器內。

# 摩擦力

當一個物體滑過或擦過另一個物體時，摩擦力會使它減速。表面越粗糙，摩擦力越大。摩擦力是運動的阻力，但有時它也是一件好事，因為它能控制你的運動狀態。

當火柴頭摩擦火柴盒，火柴便會着火。

**1** 不管某個物體看起來多麼光滑，實際上它的表面有成千上萬的凹凸痕。當兩個物體摩擦時，這些凹凸痕會互相碰撞，令物體減速，此作用力就是摩擦力。

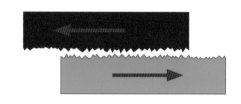

**2** 摩擦有兩種：靜摩擦和滑動摩擦。靜摩擦比滑動摩擦強，它令一個靜止的物體難以被移動，比如一個沉重的盒子。一旦你讓它運動起來，它就很容易向前推進，因為這時只有滑動摩擦在減慢它的速度。

摩擦釋放熱能令手變暖。

**3** 摩擦時，運動物體中的一些能量會轉化為熱能。盡力摩擦雙手，你就可以注意到這變化，大約 10 秒後會感到手發熱。

鋸片上有鋸齒，增加摩擦力。

**4** 持續摩擦一定的時間後，互相摩擦的部位會磨損，所以單車和汽車需要經常修理。木匠使用鋸片等工具來增加摩擦力，令他們能很快鋸開木頭再造型。

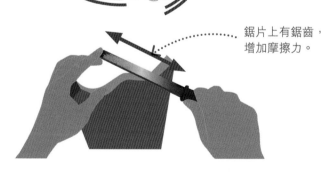

**5** 摩擦有助於控制運動。如果沒有摩擦力，走路時就會在地板上滑來滑去，坐下時椅子就會滑走。戶外鞋鞋底和越野輪胎會用很深的花紋增加摩擦力。摩擦可以控制運動，讓你在鬆軟或濕滑的地面上都能行走或騎車。

多節輪胎能增加摩擦力，提供更大的抓地力。

# 克服摩擦

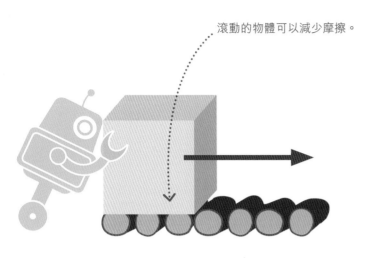

滾動的物體可以減少摩擦。

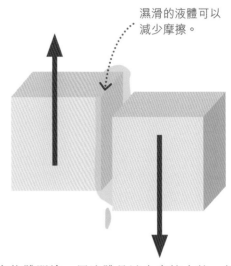

濕滑的液體可以減少摩擦。

**1** 滾動的物體受到的摩擦力比拖動的物體要小，所以汽車和單車要用軸承帶動車輪轉動，使車輪帶動車在地面上移動。但是，車輪不是完全不受摩擦力影響的，它們仍然需要有足夠的摩擦力來抓住地面，防止滑走。

**2** 在物體間塗一層液體是減少摩擦力的一個好方法，這層液體叫作潤滑劑，可以減少物體表面的摩擦力。在單車鏈上塗上潤滑劑，除了有助單車鏈平穩移動外，還能保護單車不受磨損。

---

**現今科技**

## 剎車

剎車是故意製造摩擦來減慢單車的速度。當你拉動剎車線時，一根鋼纜將剎車片擠壓在車輪的鋼圈上，使它們出現摩擦。如果剎車得當，單車會在輪子上產生滑動摩擦。如果在濕滑的地面上剎車太猛，會產生靜摩擦，車輪會被固定，使單車滑走。所以正確剎車的方法是緩慢並多次剎車。

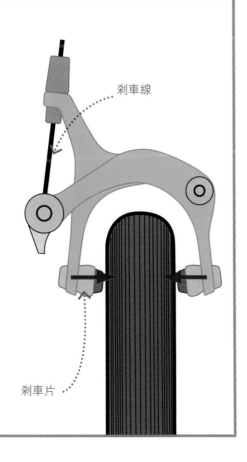

剎車線

剎車片

---

**試一試**

## 摩擦挑戰

為了證明摩擦的驚人力量，把兩本書的書頁交叉疊起來，請朋友拉着書脊把它們分開。這是非常困難的，因為數百頁書頁之間的摩擦力太大，無法克服。

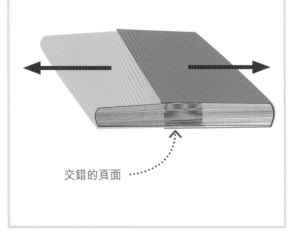

交錯的頁面

# 阻力

當物體通過空氣或水時，它們必須克服的一種力叫作阻力。光滑的表面和流線的形狀有助減少阻力。

空氣中的阻力叫空氣阻力，水中的阻力叫水阻力。

**1** 阻力的產生是因為運動的物體必須把空氣分子推開，這樣就會把能量從物體中轉移，減慢物體的速度。像標槍這樣又長又細的物體需要推出的空氣分子相對較少，那麼它受到的阻力就較小，可以飛得較遠。

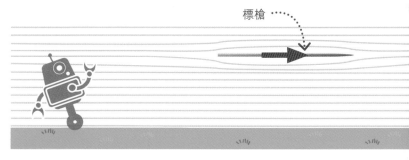

標槍

**2** 大的物體必須推開更多空氣，所以它們受到的阻力較大，速度迅速減慢。所以不管你多賣力扔出硬紙板箱，它都不能飛得像標槍那麼遠。

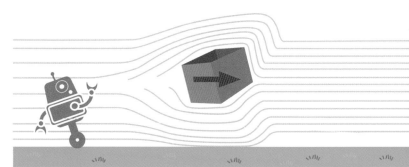

**3** 阻力的一部分是由物體與空氣分子的摩擦引起的，另一部分是由亂流的空氣引起的。亂流不是流暢地流動而是旋轉的，它從運動的車輛中得到大量動能，使其效率降低。物體運動得越快、外形越龐大，受到的阻力就越大。

亂流　　　　　　摩擦力

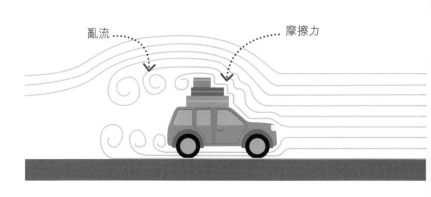

**4** 流線型的物體更容易在空氣和水中運動，它們有光滑的表面和尖長的尾部，能夠減少摩擦和亂流。跑車、快艇和飛機通常都是流線型的，游速很快的動物如鯊魚和海豚也是流線型的。

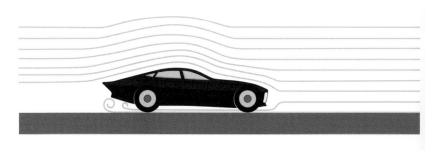

# 阻力的應用

阻力通常是不利於運動的，因為它會減慢速度和消耗能量。然而，有一些物體被設計成能產生最大阻力，如降落傘。

**1** 當跳傘運動員從飛機上跳下時，一開始不會打開降落傘。他的身體加速向下，因為他的重力大於阻力。

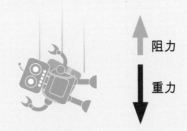

阻力
重力

**2** 當他加速時，阻力增加。最終阻力等於他的體重，所以他停止加速。他現在正以穩定的速度降落，稱作「終端速度」。

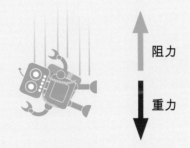

阻力
重力

**3** 當降落傘打開時，阻力會大大增加。阻力比他的重力大得多，所以他會減速。

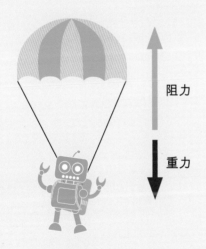

阻力
重力

**4** 當他減速時，阻力會逐漸減少。最後，阻力再次等於重力，並且它達到了一個新的終端速度。這個速度比之前的速度慢，可以令人安全着陸。

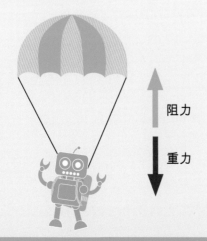

阻力
重力

## 試一試

### 雞蛋降落傘

想了解降落傘如何運作，可以為雞蛋製作一個降落傘，看看你能否救蛋一命，不會碎蛋着地。

**1** 用垃圾膠袋剪出一個大正方形，在四個角各自繫上棉線。

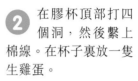

**2** 在膠杯頂部打四個洞，然後繫上棉線。在杯子裏放一隻生雞蛋。

**3** 從高處放下，杯中的雞蛋能倖免於難嗎？如果不能，做一個更大的降落傘再嘗試。

## 現今科技

### 水翼船

由於水中的阻力比空氣中的阻力大得多，一些船把船身抬高，離開水，減少阻力。水翼船是一種具有水下「翅膀」的船，當它快速移動時，會產生升力（參考頁 260），令船上升。

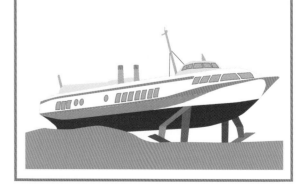

# 力與運動

1687 年，英國科學家艾薩克·牛頓爵士發表了三大運動定律，這些原理描述了物體受到外力作用時是如何運動的。

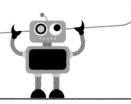

艾薩克·牛頓研究物體在空間中的運動規律，得出了運動定律。

## 牛頓第一運動定律

如果一個物體沒有受到不平衡力的作用（參考頁 239），它會保持靜止不動，或永遠保持勻速的直線運動。

**1** 地上的足球沒有受到任何不平衡的力，所以它靜止在原地，直到有人踢它。

**2** 一旦足球被踢，它會沿直線飛出，但不會持續很長時間……

**3** 現在它在空中，球受到了新的不平衡力：重力和空氣阻力。它的速度和方向發生了變化，然後又返回地球。

**4** 牛頓第一運動定律聽起來不像是常識，因為地球上沒有任何東西會一直保持直線運動。然而，這是因為有重力和空氣阻力的干擾，在沒有空氣的外太空，一個運動的物體會永遠運動。

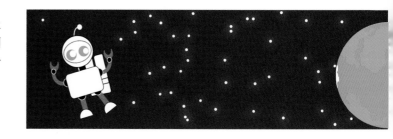

---

**試一試**

## 氣球火箭

繩　　晾衣夾　　飲管　　膠紙　　　　　　氣球沿着繩飛出去。

**1** 把繩子繫在門把上。用一支飲管穿在上面，然後把繩子的另一端固定在一個堅固的支架上，比如桌上。

**2** 替氣球充氣（最好是長氣球），然後用晾衣夾夾住，不讓氣體溢出。用膠紙把飲管黏在氣球上。

**3** 鬆開晾衣夾，看着氣球沿着繩快速移動。空氣從氣球後面衝出，令一個相等且方向相反的力推動氣球向前運動。

# 牛頓第二運動定律

當一個力作用於一個物體時，會令物體加速。這個定律可以用一個方程式表示。力越大，或物體質量越小，加速度越大。

**加速度 = 力 ÷ 質量**

**1** 當你踢球時，力使它運動得更快，它會加速。

**2** 在物理學中，加速度是指速度大小或方向的變化，而不只是加速。如果你從旁邊踢一個正在運動的球，它就有了加速度，因為它改變了運動方向。

**3** 如果你對一個物體施加兩倍的力，它會加速兩倍。

**4** 物體質量越大，使它加速所需要的力就越大。因此，裝滿的購物車比空購物車更難加速。

# 牛頓第三運動定律

每個力都有一個大小相等、方向相反的力相伴。當一個物體推另一個物體時，第二個物體也會推第一個物體。

作用力

反作用力

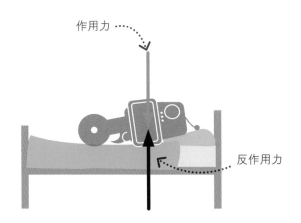

作用力

反作用力

**1** 當你在划獨木舟時，用槳把水向後推，就會產生一個大小相等、方向相反的力，推動小船向前。推動小船前進的力叫作反作用力。

**2** 牛頓第三運動定律甚至適用於靜止的物體。躺在牀上時，你的體重會壓在牀上。然而，牀以一種大小相等、方向相反的力把你向上推。

# 動量和碰撞

當任何運動的物體撞到另一個物體時，就會發生
碰撞，如你的手指敲擊鍵盤或跳蚤落在貓身上。
當物體碰撞時，會改變它們的動量，即它們保持
運動的趨勢。

> 一個正在運動的物體，
> 因受其動量影響才會持
> 續運動。

## 動量

動量是一種量度運動物體保持運動趨勢的工具。一個物體的動
量越大，就越難以停止。如果它與某個物體碰撞，它所受到的
損耗就越大。

**1** 當購物車空空如也時，很容易就能把它停下來，
但是一輛沉重的購物車需要更多的動量才能使它
停止或開始運動。運動物體的質量越大，動量越大，
停止的難度就越大。

**2** 動量也與速度有關（參考頁 256）：物體運動得
越快，動量就越大。單車手以每小時 20 公里的
速度前進時，其動量是速度為每小時 10 公里的兩倍。

**3** 可以用質量（公斤，kg）乘速度（米每秒，m/s）
來計算物體的動量。右邊的方程式顯示，一個
快速運動的小物體（如子彈）可以與一個運動速度慢
但質量大的物體，擁有一樣多的動量和破壞力。

### 動量 ＝ 質量 × 速度

# 碰撞

**1** 當物體碰撞時，動量從一個物體轉移到另一個物體。比如，當一個運動的球碰到一個靜止的球時，第一個球失去了動量，而第二個球獲得了動量。

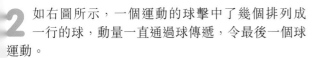

**2** 如右圖所示，一個運動的球擊中了幾個排列成一行的球，動量一直通過球傳遞，令最後一個球運動。

**3** 當物體碰撞時，它們在碰撞後的總動量與碰撞之前相同，這就是動量守恆定律。如右圖所示，白色的球擊中了一些彩色的球，所有球在碰撞後的總動量等於白色球在撞擊之前的動量。

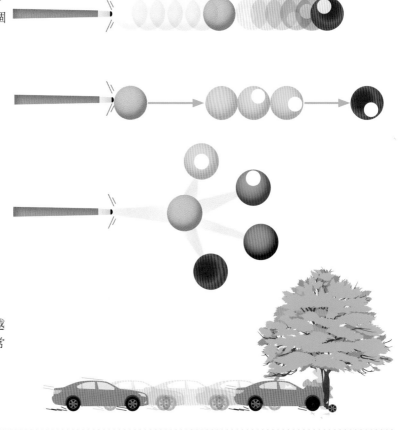

**4** 物體獲得或失去動量的速度越快，所需要的力就越大。當汽車撞到靜止的障礙物時，動量的變化非常突然，所以力是巨大的。

---

## 試一試

### 兩球反彈

把一個小球放在一個大球上，然後讓它們自由墜落，看看會發生甚麼事。當它們彈起時，小球會彈得比你想像的高得多。因為大球在落下的過程中會積累動量，並在反彈的過程中將大量動量轉移到小球上，令小球快速向上運動。

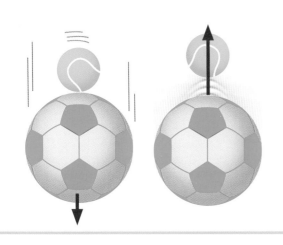

## 現今科技

### 撞擊緩衝區

當汽車相撞時，因為動量突然改變，兩車之間產生巨大的作用力。為了減少破壞，許多汽車的前後都有撞擊緩衝區。在撞擊時它們逐漸散架，減緩動量的變化，保護乘客。

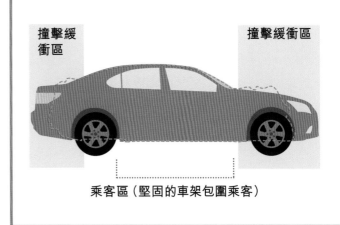

撞擊緩衝區　　　　　　　　　　撞擊緩衝區

乘客區（堅固的車架包圍乘客）

# 簡單機械

簡單機械是一些工具可幫忙工作的人改變所需的作用力。大多數的簡單機械可以增加力,令一項艱難的工作變得容易。

人體的肌肉和骨骼像槓桿一樣工作。

## 槓桿

槓桿是一種堅固的棒,它圍繞一個固定點稱作支點來旋轉。施加的力叫施力,試圖克服的力叫負荷。如果施力與支點的距離比負荷的距離遠,槓桿就會增加所施加的力。

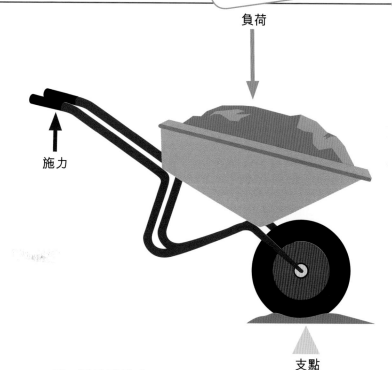

負荷

施力

支點

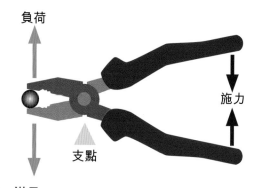

負荷

施力

支點

**1 鉗子**
鉗子能強而有力地抓住小物體,因為從你的手施加的力到支點的距離,遠遠大於負荷與支點的距離,鉗子增大了你的握力。

**2 獨輪手推車**
獨輪手推車的把手離支點(輪子)的距離比負荷與支點的距離遠得多,所以獨輪手推車更容易舉起重物。

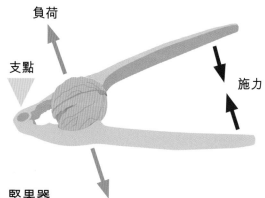

負荷

支點

施力

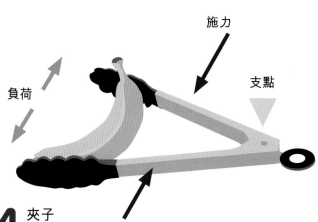

施力

負荷

支點

**3 堅果器**
堅果器增加了你手部的力量,使它很容易打開堅硬的堅果殼。

**4 夾子**
夾子減少了你手部的力量,因為負荷與支點的距離比你的施力與支點的距離較遠。夾子適用於夾取輕的、小巧的物體。

# 機械利益

機械使力增倍的倍數叫作機械利益。比如,一種能使拉力加倍的工具,它的機械利益是 2。要計算槓桿的機械利益,需將施力與支點的距離除以負荷與支點的距離。

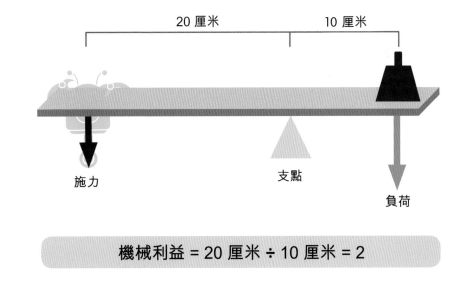

機械利益 = 20 厘米 ÷ 10 厘米 = 2

# 斜面

斜面是另一種簡單機械,斜面的斜道可令移動重物變得容易。

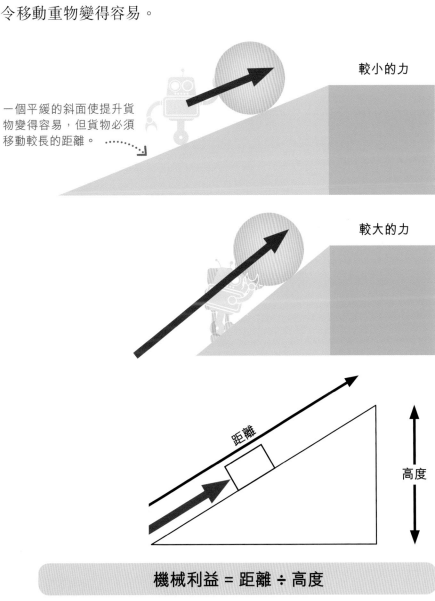

一個平緩的斜面使提升貨物變得容易,但貨物必須移動較長的距離。

較小的力

較大的力

**1** 一個長而平緩的斜面減少了向上舉起重物所需要的力。但是,負荷需要移動較長的距離。

**2** 用一個短而陡的斜面將物體移動到相同的高度,需要的力更大,但是負荷移動的距離較短。

**3** 要計算斜面的機械利益,應把沿着斜面上升的距離除以上升的高度。

距離

高度

機械利益 = 距離 ÷ 高度

# 更多簡單機械

簡單機械不是只有槓桿和斜面，還有其他簡單機械，如滑輪、螺旋和輪軸。它們都可以增大力，令工作變得更容易。

大多數工具中包括多種簡單機械。比如剪刀有一個楔子和一個槓桿。

## 楔子

楔子一端厚一端薄。當你將力向下施加到楔形的厚端時，薄端的力會增加並推動楔子橫向移動，將物體切割或分裂。

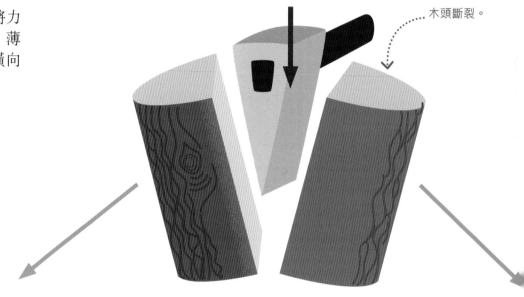

木頭斷裂。

## 螺旋

如果你想徒手把一顆螺絲釘塞進木頭裏，那是很難的。但是，當你用螺絲批轉動它，那就容易多了。螺旋的工作原理就如同一個盤繞起來的斜面（參考頁 251）。每一次旋轉螺絲釘都會往木頭裏推進一點。

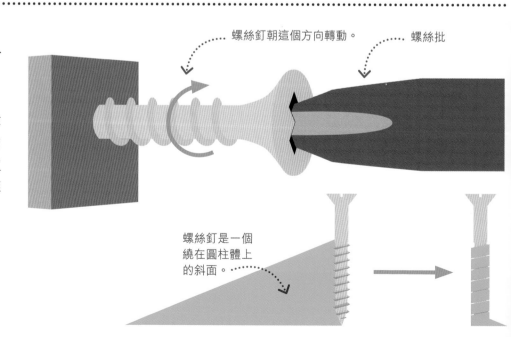

螺絲釘朝這個方向轉動。

螺絲批

螺絲釘是一個繞在圓柱體上的斜面。

# 輪子和車軸

一個輪子繞着一個叫作軸的小中心桿轉動,它們工作起來就像一個圓形槓桿。正如槓桿可以用來增大力或增加移動距離,車輪和軸可以用兩種不同的方式運作。

**擴大力**

增大施加在車輪邊緣的力,施加在軸上的力也會被增大,移動的距離會被縮短。這就是汽車方向盤和螺絲批的運作原理。

**增加距離**

當力施加在軸上時,施加在車輪的力減少了,但是車輪比軸移動得更遠,因為它更大。這使車輛行駛得更遠、更快。

# 滑輪

滑輪以繩子或電纜繞着輪子運行。滑輪有不同的類型,有些只是改變了力的方向,有些則增大了拉力。

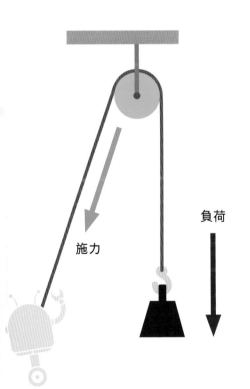

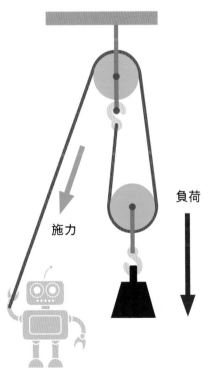

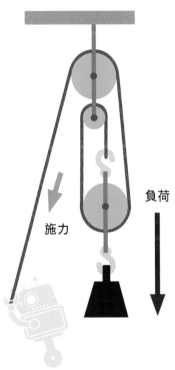

1 單滑輪只是改變了力的方向。如果將繩子往下拉的施力大於負荷的重量,負荷就會上升。

2 雙滑輪將拉力加倍,讓你能拉起兩倍的重量,但是繩索的長度也需拉長兩倍。

3 我們把兩個或多個滑輪稱為一個滑輪組。由三個滑輪組成的滑輪組的拉力是原來的三倍。

# 功和功率

當作用在物體上的力使物體移動，就說這個力做了功。和能量一樣，功的單位是焦耳 (J)，功率量度做功的速度。

把一個普通的蘋果舉高 1 米時，就做了大約 1 焦耳的功。

**1** 作用在物體上的力移動物體時叫做功。如果你推一個物體但它不動，你就沒有做功。如果你以 1N 的恆定力推一個物體移動了 1 米，你就做了 1 焦耳的功。

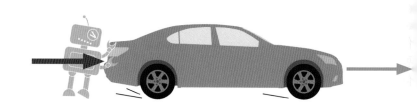

**2** 功總是涉及能量的轉移。能量或從一個地方轉移到另一個地方，或從一種形式轉化成另一種形式。比如，當高爾夫球杆擊球時，能量從球杆轉移到球上。

**3** 可以用一個簡單的方程式來計算功。功的單位是焦耳，力的單位是牛頓，距離的單位是米。

功 = 力 × 距離

**4** 如果你用 2N 的力推着購物車走了 10 米，就做了 20 焦耳的功。

2 N

10 米

# 功率

**1** 功率用於描述做功的快慢。每秒做的功越多，功率就越大。比如推動一塊岩石，一個人每秒能做 200J 的功，但是一輛推土機每秒能做 4,000J 的功，那麼推土機的功率就是人的 20 倍。

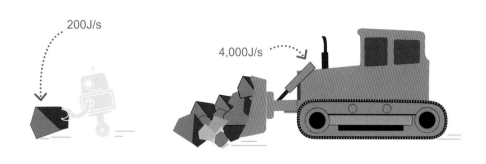

**2** 能工作得越快，那事物就越強大。如果一個人能用 10 秒在房裏推動一個重箱子，而另一個人在同樣的距離需要 20 秒，那麼第一個人的力量就是第二個人的兩倍。

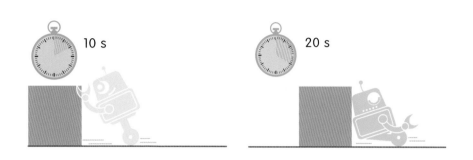

**3** 功率單位是瓦特（W），等於焦耳每秒（J/s）。你可以用這個簡單的方程式來計算功率。

$$功率 = 所做的功 \div 所用的時間$$

**4** 功率有時以馬力（hp）計量。1hp 等於 735.5W。汽車馬力越大，就能越快加速到最大速度。

---

**現今科技**

## 世界上最強大的引擎

世界上最強大的引擎為世界各地的大型貨船提供動力。這些引擎重量可達 2,300t，有四層樓高。它們的運作原理和汽車引擎一樣，都由柴油驅動。一輛普通汽車的功率約為 150hp，但貨船引擎的功率最高可達 10.9 萬 hp。

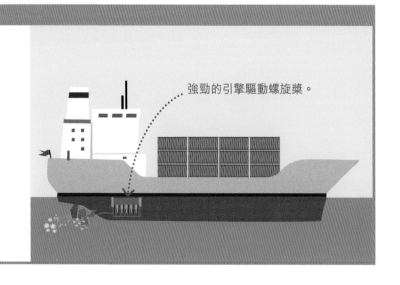

強勁的引擎驅動螺旋槳。

# 速度和加速度

有些物體運動得很快，如火箭；有些物體運動得很慢，如蝸牛。速度、速率和加速度都是描述物體如何運動。

---

## 速度和速率

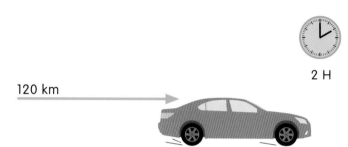

**1** 用物體運動的距離除去所花費的時間可以求出速度。如果一個運動員跑 200 米需時 20 秒，他的平均速度是 200 ÷ 20 = 10（米每秒，m/s）。

**2** 一輛汽車 2 小時內沿高速公路行駛了 120 公里，所以它的平均速度是 120 ÷ 2 = 60（公里每小時，km/h）。

**3** 速率是物體在指定方向上的速度。如果兩個物體以相同的速度運行但方向不同，它們的速率就不同。比如，如果兩輛車朝相反方向同樣以 25m/s 的速度移動，那麼其中一輛車的速率是 25 m/s，而另一輛是 −25m/s。

**4** 如果一輛汽車以恆定的速度繞圈行駛，它的速率不斷變化。它在整個行駛的路程中的平均速度可能是 500 m/s，但它的平均速率是 0。

**5** 相對速度是一個物體相對於另一個物體的運動速度。兩個速度均為 7m/s 的跑步者的相對速度是 7 − 7 = 0 m/s。

**6** 如果兩個跑步者均以 7m/s 的速度相向而跑，他們的相對速度就是 7 − (−7) = 7 + 7 = 14 m/s。

# 加速度

在日常用語中，加速只意味着更快。然而，加速度的科學意義是物體速度的變化率。

0 km/h      30 km/h      60 km/h      60 km/h      0 km/h

**1** 正加速度是物體運動變快時的加速度，司機腳踏油門就會有正加速度。

**2** 負加速度或減速，是指物體運動變慢，這是司機剎車時出現的情況。

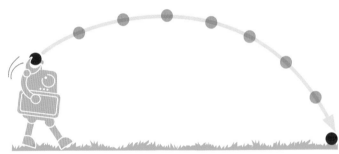

**3** 任何方向的改變都稱為加速度，即使速度保持不變。這是因為方向改變意味着速率的改變。

**4** 加速度總是由力引起的。當一個力作用於一個物體時，它的速度會改變，所以它的速度、方向，或是兩者都會改變。比如，當你拋一個球時，它會沿一條拋物線落到地面，因為重力改變了它的速度。

# 距離−時間圖

距離−時間圖顯示了一個物體在一段路程中行進的速度。y 軸（縱軸）表示距離，x 軸（橫軸）表示時間。

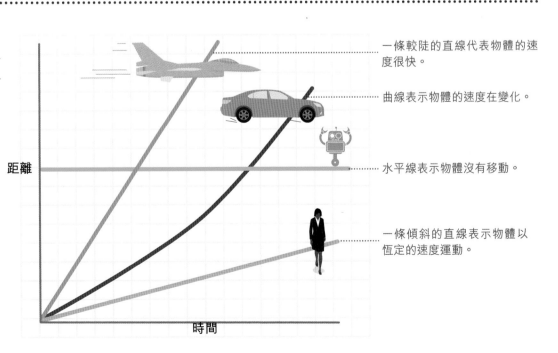

一條較陡的直線代表物體的速度很快。

曲線表示物體的速度在變化。

水平線表示物體沒有移動。

一條傾斜的直線表示物體以恆定的速度運動。

距離

時間

# 萬有引力

無論甚麼時候，從高處丟一個東西，它都會向下掉，因為有一個力會將它拉下來，這個力叫作萬有引力。萬有引力作用於整個宇宙，它把行星、恆星和其他星系連結在一起。

引力是宇宙中已知的最弱的力。

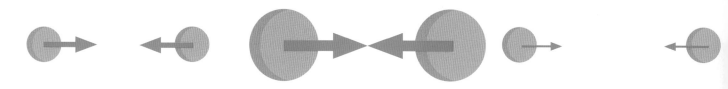

**1** 所有大大小小的物質都在引力的作用下互相吸引。

**2** 物體的質量越大，其重力就越強。

**3** 兩個東西分開得越遠，把它們拉到一起的引力就越弱。

**4** 引力是在整個宇宙中起作用並控制物體相互作用方式的四種力之一。然而，它非常微弱，我們需要大量的物質才能真正注意到它。

**5** 和任何其他的力一樣，引力作用於物體，使物體加速（參考頁 257）。如果沒有空氣阻擋，所有物體，無論它們有多重，都會以完全相同的加速度加速落到地面，下降速度每秒增加 10 米。

0 m/s
10 m/s
20 m/s
30 m/s
40 m/s
50 m/s

## 質量和重量

科學家會區分質量和重量。質量就是某物含有多少物質的量。
重量是一種力,表示物體的質量承受多強的引力。無論你在哪
裏,你的身體質量都是一樣的,但是如果你離開地球,站在月
球上,你的重量就會改變。

**1** 在地球上,一個體重 120 公斤的
太空人站在一個體重計上,他的
體重是 120 公斤。

**2** 在月球上,該太空人的質量仍然是
120 公斤,但他的重量只有 20 公
斤,因為月球的引力小於地球。

**3** 在外太空,那裏幾乎沒有
引力,太空人的質量仍然
是 120 公斤,但他的重量是零。

---

**現今科技**

# 越野車

所有物體都有重心,這是物體質量的中心點,物體的所有重量似乎都集
中在這一點上。如果重心在物體的底部,物體就可保持穩定和平衡。越
野車的重心被設計得很低,底座很寬,所以不會在不平的地面上翻倒。

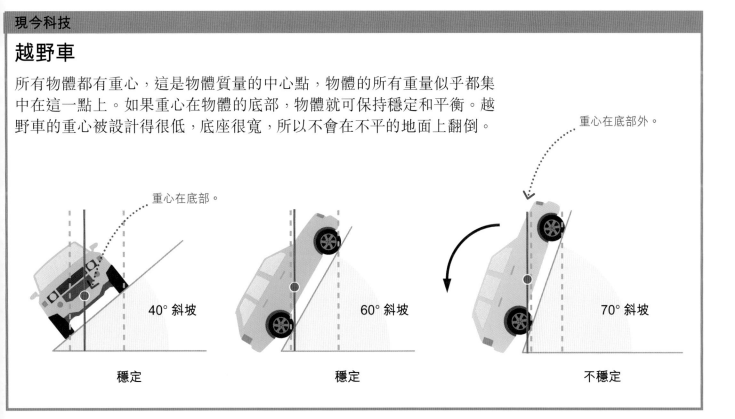

重心在底部。

重心在底部外。

40° 斜坡　　　　60° 斜坡　　　　70° 斜坡

穩定　　　　　　穩定　　　　　　不穩定

# 飛行

飛機似乎不受地心引力的影響。它們比空氣重，卻可以從地面起飛，在雲層之上飛行。飛機能夠飛行的秘密在於它們使用快速流動的空氣來產生升力。

有些飛機的速度比音速還快。

## 機翼

飛機通過機翼產生升力，從而對抗重力。然而，它們只能在空氣以高速在飛機上方流動時才能做到。所以在飛機起飛之前，飛機必須以巨大的力量向前加速，所以飛機需要強大的引擎和長跑道。

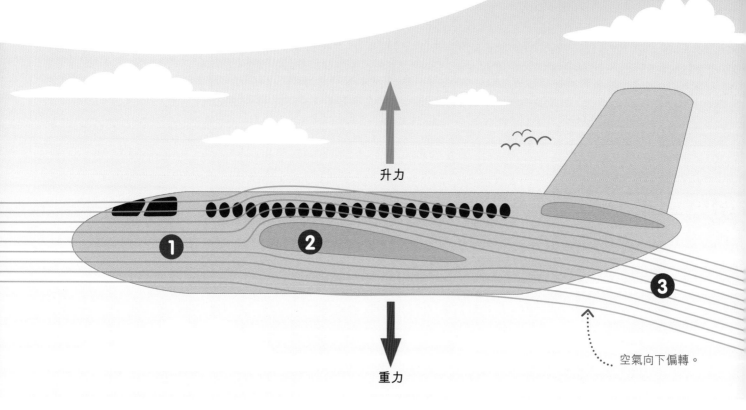

升力

重力

空氣向下偏轉。

**1** 當飛機向前運動時，機翼劃過空氣。一些空氣被迫上升到飛機上方，但更多空氣被迫向下跑到機翼下方。

**2** 機翼斜向安裝，前面比後面高。它還有一種特殊形狀叫翼型，翼型的頂部比底部彎。它的角度和形狀令機翼下的氣壓高於機翼上的氣壓，這種壓力差可造成升力。

**3** 機翼下的高壓使氣流向下偏轉。牛頓第三運動定律（參考頁 247）指出每個力都有一個大小相等、方向相反的反作用力。機翼下方空氣向下的推力帶來向上的反向推力——升力。

# 迎角

飛機機翼稍微向上與氣流方向構成的夾角稱為迎角。在一定程度上，增大迎角可以增大升力。但是，如果迎角過高，飛機就會墜落。

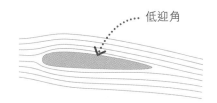

一個過高的迎角干擾了氣流。

低迎角

高迎角

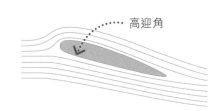

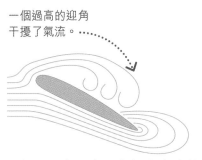

**1** 低迎角的機翼只輕微地使氣流向下偏轉，產生小量的升力。

**2** 在較高的迎角下，氣流被進一步壓縮，升力增加，令飛機向上爬升。

**3** 如果迎角過高，空氣就會亂轉。機翼不再產生升力，因此飛機「停轉」，開始落下。

# 控制飛機

機師移動鉸鏈襟翼來控制飛機，這種鉸鏈襟翼可以改變氣流在飛機不同部位的流動。機翼上的襟翼改變了每個機翼的升力。垂直襟翼令飛機左右轉向。

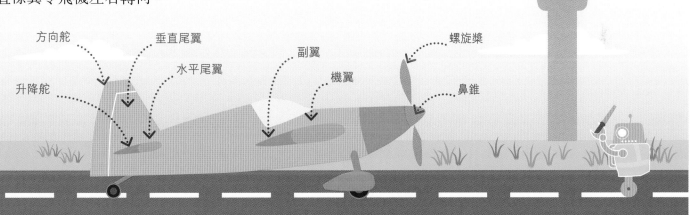

方向舵　垂直尾翼　水平尾翼　副翼　機翼　螺旋槳　鼻錐　升降舵

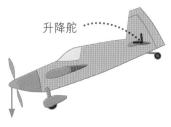

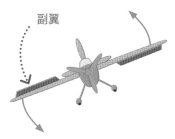

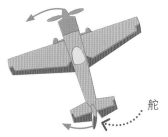

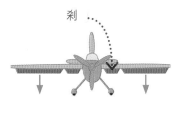

升降舵　副翼　舵　刹

**1** 升降舵是改變飛機後部升力的襟翼，使飛機的機頭向上或向下傾斜。

**2** 副翼是主機翼上的襟翼。它們向相反方向移動，使飛機轉動，幫助飛機轉彎。

**3** 方向舵是飛機尾部的一個垂直襟翼。就像船舵一樣，它控制飛機向左或右。

**4** 機翼或飛機其他部件上的襟翼通過增加阻力起到如刹車的作用（參考頁244–245）。

# 壓力

將圖釘插入牆壁很容易，但體形巨大的大象卻不會把自己的腳陷到地裏。集中或分散地作用在物體接觸表面的力稱為壓力。

氣壓的變化會起風，造成天氣的變化。

## 壓力和面積

每單位面積上的壓力稱為壓強。同樣的力可以產生高壓或低壓，這取決於它作用的面積。

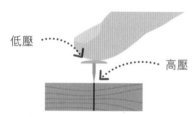

低壓

高壓

**1** 壓圖釘時手指的力量集中到一個很小的點上，產生非常大的壓強。圖釘平的一端將壓力分散到手指上，這樣就不會感到疼痛。

**2** 雪靴與圖釘的運作原理相反。它們把你的重量分散到一個較大的區域，減輕了對雪的壓強，令你不會陷進雪地裏。

## 氣壓

固體不是唯一能產生壓力的物質，液體和氣體都能產生壓力。

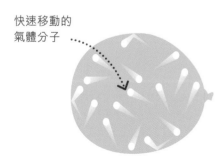

快速移動的氣體分子

**1** 氣體分子不斷以每小時數百米的速度移動，並從物體上來回彈跳，這造成了氣壓。當你吹氣球時，氣球裏的氣壓會拉伸橡膠，令氣球膨脹。

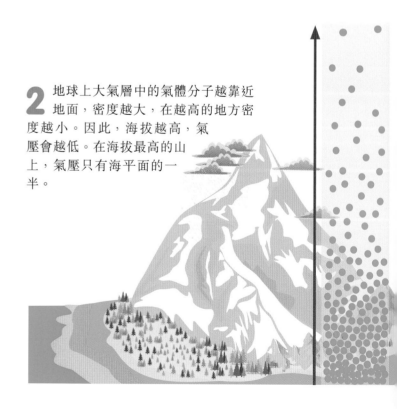

**2** 地球上大氣層中的氣體分子越靠近地面，密度越大，在越高的地方密度越小。因此，海拔越高，氣壓會越低。在海拔最高的山上，氣壓只有海平面的一半。

# 水壓

水能產生壓力。你在海裏潛得越深，壓力就越大，我們使用大氣壓（atm）為單位來測量。海平面的氣壓為 1atm。海洋中的壓強每下降 10m 就增加 1atm。

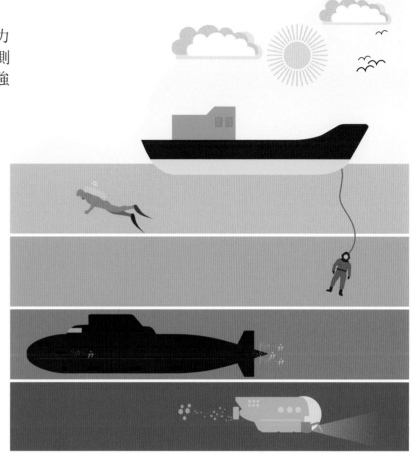

**1** 水肺潛水員可以安全到達海平面以下 40m 的地方，那裏的壓強上升到 4atm。

**2** 人類潛水最深的深度是 600m，壓強為 60atm。

**3** 潛艇能潛入約 1km 深，它們最多能承受 100atm。

**4** 載人潛水器到達的最大深度為 10.9km。加固後的潛水器需要承受比海平面高 1,000 倍的壓力。

---

**試一試**

## 漂浮水的小遊戲

在裝滿水的玻璃杯上放一張卡片，把它倒過來，然後小心地移開卡片上的手指來觀察氣壓的力量。儘管水很重，卡片卻不會掉下來，空氣的壓力令卡片一直壓在玻璃杯上。

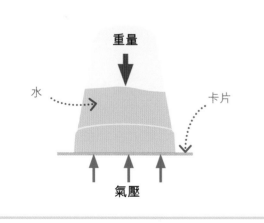

---

**現今科技**

## 液壓千斤頂

液壓千斤頂可增大力，更容易抬起重物。當你按壓泵時，壓力通過不可被壓縮的液體傳遞，因此在各個方向傳遞的壓力相等。另一方面，壓力作用於較大的區域，產生較大的力（但運動距離較小）。

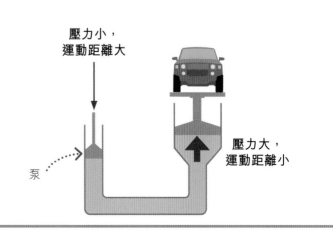

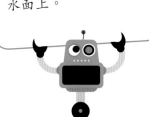

# 浮力和下沉力

有些東西可以像船一樣浮在水面上，有些東西則可能像石頭一樣沉入水底。原因很簡單，漂浮的東西比水輕，沉沒的東西比水重。

油比水輕，可以浮在水面上。

## 重力和浮力

當水中的物體被它的重量向下拉時，它會把水推到一邊，或者取代水的位置。水向上推的力等於排開的水的重力，我們稱之為向上的浮力。

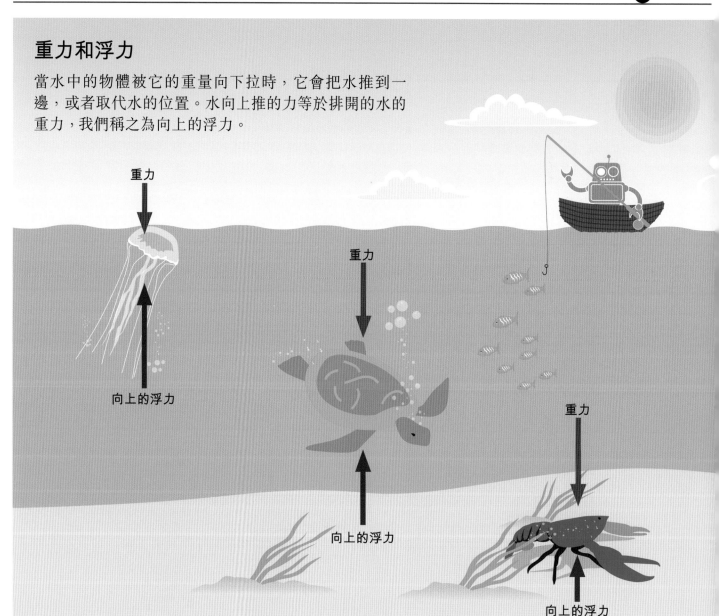

重力

向上的浮力

重力

向上的浮力

重力

向上的浮力

**1** 如果一個物體的重力小於與它同等體積的水，水向上的浮力大於物體的重力，令它浮出水面。

**2** 如果一個物體的重力與它同等體積的水的重力相同，向上的浮力等於它的重力，物體則既不上升也不下沉，我們說它有中性浮力。

**3** 如果一個物體比水重，它就會下沉。它的重力比向上的推力大，所以向上的推力不能支撐它。

# 阿基米德原理

2,200 年前，希臘著名學者阿基米德（Archimedes）發現，物體在水中的重量會變輕。他發現物體排開的水會產生向上的浮力，這就是阿基米德原理。

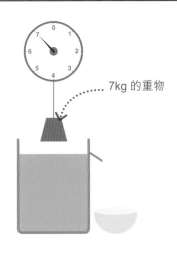

1 當這個重物在水之外，秤顯示它的質量為 7kg（70N）。

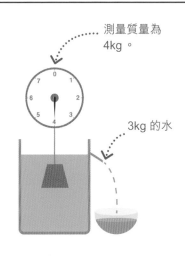

測量質量為 4kg。

3kg 的水

2 重物落到水中的過程中排走了 3kg 的水，所以秤現在顯示它的質量只有 4kg。

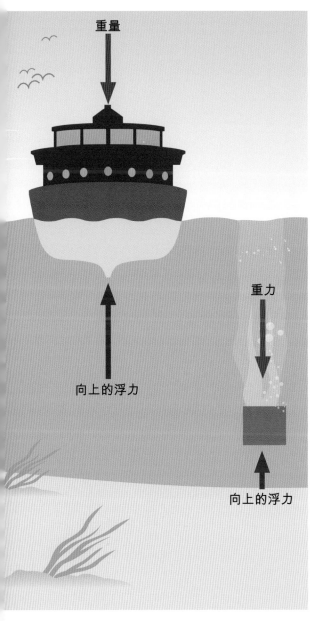

重量

向上的浮力

重力

向上的浮力

4 實心的鋼塊會下沉，但同樣重量的鋼船會漂浮。因為船有大量的空氣，所以每單位體積重量較輕，它的密度較小。

## 潛艇

潛艇有一個很大的空間，叫作壓載艙。當壓載艙充氣時，潛艇就浮在水面上。當它進水時，潛艇就可以潛入水中，因為它的密度大得可以下沉。

上浮

壓載艙

打開通風口

下潛

1 壓載艙裏充滿空氣，所以潛艇可以浮在水面上。壓載艙頂部的通風口是關閉的，內部全部是空氣。

2 潛水時，潛艇會讓水進入壓載艙，並打開通風口，放出空氣。使得潛艇的密度迅速增大，潛艇開始下潛。

# 地球和太空

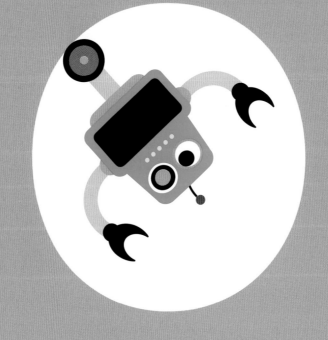

宇宙是一切存在的事物的總稱,包括行星、衛星、恆星、星系,以及難以想像的巨大星際空間。地球是宇宙中已知的唯一能支持生命存在的地方。它的氣候適合水以液體的形式存在於地表,並以能賦予萬物生命的雨水的形式落到陸地上,地球上的大氣保護生命免受太陽的有害射線傷害。

# 宇宙

宇宙是一切存在的總稱。它包括行星、恆星、
星系，以及我們看不見的廣闊空間。

宇宙的大小是個謎。它
可能是無限大的。

## 越來越大

宇宙的規模超出了人們的想像。天文學家以光年來測量距離，
因為沒有任何東西比光更快。一光年是光在一整年所走的距
離，即 9.5 萬億公里。

**1** 地球是一個漂浮在太空中的細小的岩
石行星。以光速運動，繞地球一周要
花 $\frac{1}{7}$ 秒，從地球到與它最近的鄰居 —— 月
球上，則要花 1 秒。

**2** 太陽系中的行星圍繞着我們的恆
星 —— 太陽轉。最遠的行星 —— 海
王星（藍色的行星），以光速運動，從地球
到達海王星僅需 4.5 小時。

**3** 太陽只是銀河系的 4,000 億顆恆星中
的一顆。銀河系是由恆星、氣體和塵
埃組成的漩渦雲，有 140,000 光年寬。

**4** 銀河系是可觀測的宇宙中，約 1,000
億個星系中的其中一個。我們可以
觀測到的宇宙的直徑超過 900 億光年，其
他的部分是人類未知的。

地球

太陽系

銀河系

宇宙

# 大爆炸

科學家認為宇宙是在 138 億年前的大爆炸中憑空出現的。起初，宇宙很小而且非常熱。隨着時間推移，它逐漸膨脹和冷卻，產生現在形成恆星和行星的物質粒子。今天宇宙仍在膨脹和冷卻。

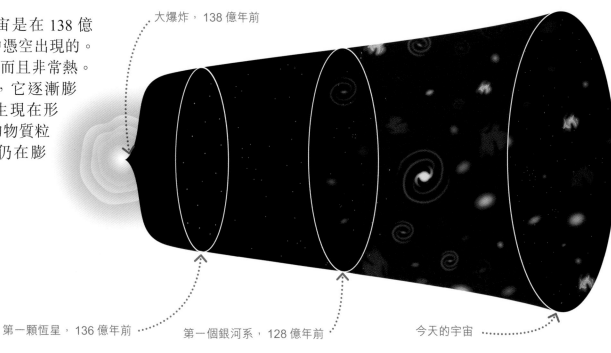

大爆炸，138 億年前

第一顆恆星，136 億年前

第一個銀河系，128 億年前

今天的宇宙

# 光年

光以每秒 30 萬公里的速度流動，所以一光年是 9.5 萬億公里。當我們看到遙遠的星星時，我們看到的是經過多年流動的光，是過去的星星。

光每年傳播 9.5 萬億公里。

地球上的光源

月球，1 光秒

太陽，8 光分鐘

最近的恆星，4 光年

## 試一試

# 氣球宇宙

宇宙膨脹不是因為恆星和星系在飛離，而是因為它們之間的空間在膨脹。想要了解宇宙是如何膨脹的，試用氣球做一個宇宙模型吧。

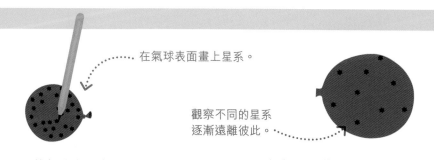

在氣球表面畫上星系。

觀察不同的星系逐漸遠離彼此。

**1** 替氣球充一半的氣。握緊它的開口，用畫筆在上面畫點。每個點都是一個星系。

**2** 把氣球充滿氣。你會看到膨脹的氣球令星系彼此遠離。

270

# 太陽系

太陽系由一顆恆星 —— 太陽，和圍繞它運行的物體組成。太陽系包括八顆行星和它們的衛星，還有小行星、彗星和矮行星。

在太陽系中太陽包含了幾乎 99.9% 的物質。

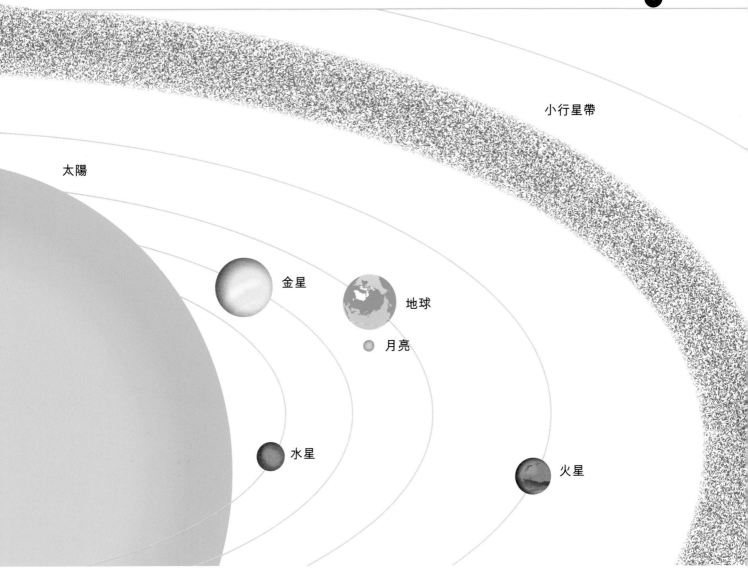

小行星帶

太陽

金星

地球

月亮

水星

火星

**1 太陽**

太陽是太陽系中心一個極其熾熱的發光的氣體球，它為我們提供熱量和光。太陽引力使物體保持在它們的軌道上運行。

**2 岩石行星**

水星、金星、地球和火星都叫岩石行星。它們都是固體球體，幾乎完全由岩石和金屬組成。

**3 小行星帶**

小行星是一些從 1 米到幾百公里寬的岩石。它們大部分繞太陽運行，大量積集的小行星所運行的軌道稱為小行星帶。

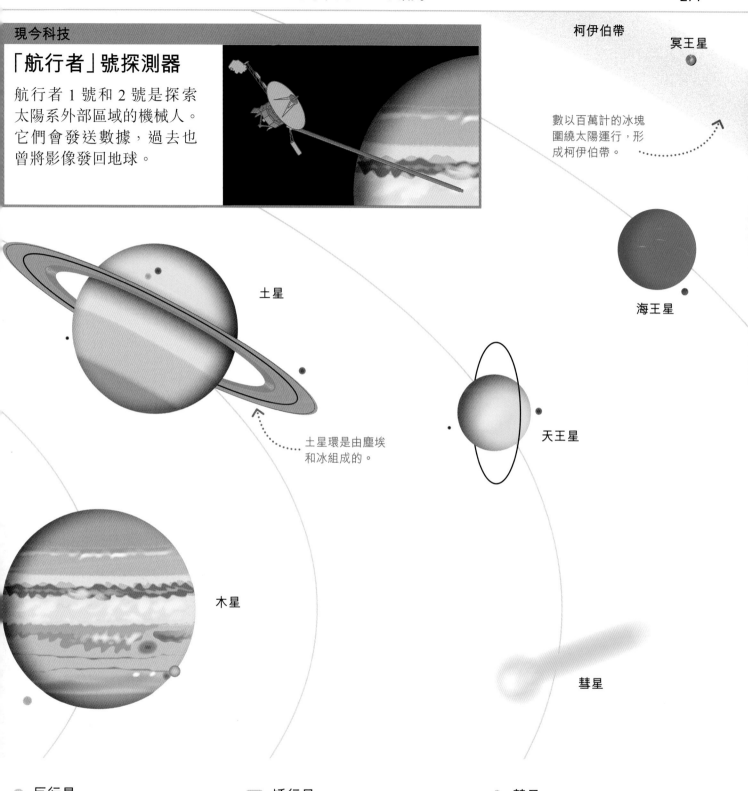

**現今科技**

## 「航行者」號探測器

航行者 1 號和 2 號是探索太陽系外部區域的機械人。它們會發送數據,過去也曾將影像發回地球。

**柯伊伯帶**

冥王星

數以百萬計的冰塊圍繞太陽運行,形成柯伊伯帶。

土星

海王星

土星環是由塵埃和冰組成的。

天王星

木星

彗星

**4 巨行星**

木星、土星、天王星和海王星叫作氣體巨行星,因為它們主要由氦和氫構成。它們比岩石行星大得多,圍繞太陽運行的速度也慢得多。

**5 矮行星**

矮行星,如冥王星,比岩石行星要小得多。它們的重力剛好能使它們形成球形。

**6 彗星**

這些由岩石、冰和塵埃組成的彗星通常在太陽系的外圍軌道上運行,但偶爾它們會靠近太陽,加熱,繼而出現明亮的尾巴。

# 行星

太陽系的八大行星可以分為兩類，最靠近太陽的四顆行星是岩石行星——由岩石和金屬組成的球體，外面四顆行星是巨行星，由氣體、液體和冰組成。

水星、金星、火星、木星和土星都可以從地球上用肉眼看到。

## 岩石行星

太陽系的岩石行星有水星、金星、地球和火星，它們是離太陽最近的四顆行星。每一個岩石行星主要由岩石組成，但它們的核心主要由鐵組成。地球和火星還有衞星。

**1** 水星是太陽系中最小的行星，它的表面佈滿了火山口。它幾乎沒有大氣層，白天極其炎熱，夜晚極其寒冷。

**2** 金星周圍是厚厚的黃色大氣層，主要由二氧化碳氣體構成。它堅硬的表面酷熱難耐，並且大部分由火山佔據。

**3** 地球是唯一一個表面有液態水、並有富含氧氣的大氣層和生命的行星。地球上的生命大約於 40 億年前開始，在海洋形成後不久。

**4** 火星是一個塵土飛揚的沙漠世界，有着遠古的火山、沙丘、峽谷和許多隕石坑。它的大氣層很稀薄，由二氧化碳構成，它有兩個小衞星。

## 大小和規模

太陽系的行星大小差別很大。最大的是木星，直徑為 140,000 公里，最小的是水星，直徑僅為 4,880 公里。地球和金星大小相似，海王星和天王星大小相似。

**行星按比例顯示**

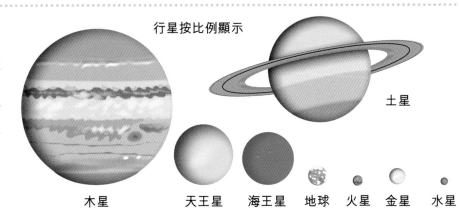

木星　　　　　天王星　　海王星　　地球　火星　金星　水星　土星

# 巨行星

四大巨行星是木星、土星、天王星和海王星。這些行星沒有我們能看到的固體表面，但每一個都有一個外氣層，主要由氦和氫構成。這些氣層包裹着液體或冰層，科學家認為這些行星還有非常小的岩石內核。每個巨行星都有無數的衛星。

**1** 木星大氣中明亮的波段是漩渦狀的、混亂的系統。它是旋轉得最快的行星。

**2** 土星有由冰碎片組成的巨大的環。它有帶狀的大氣層，但黃色的薄霧使它看起來很光滑。

**3** 天王星看上去是淡藍色的，因為它的大氣中含有氣體甲烷。與其他行星不同的是，它是側着轉的。

**4** 海王星是一顆看上去很明亮的藍色行星。速度高達 2,100km/h 的風會在它周圍吹起白色的冰凍甲烷雲。

# 太陽系以外的行星

銀河系中的大多數恆星可能都有軌道行星，這意味着在太陽系之外存在大量行星。但是，這些在恆星旁的行星，只有一些屬宜居帶。那裏不是太熱就是太冷，不適合生命生存。

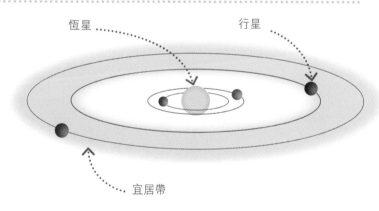

恆星　　　　行星

宜居帶

# 矮行星

矮行星透過自身的重力可變成球形。但是，它們沒有足夠的重力將經過自己軌道的其他天體（如小行星）掃除。冥王星在 1930 年被發現後，被歸類為行星，但在 2006 年被降級為矮行星。其他的矮行星包括鬩神星（已知的最大的矮行星）和形狀像橄欖球的妊神星。

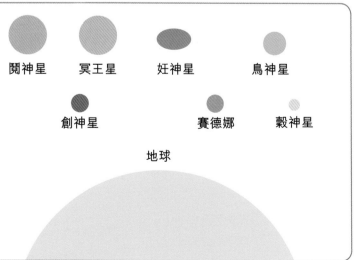

鬩神星　　　冥王星　　　妊神星　　　鳥神星

創神星　　　　　賽德娜　　　穀神星

地球

# 太陽

太陽是我們所在星系中的恆星，已經發光了
46 億年。它是一個由極熱氣體組成的發光球
體，主要由氫組成。

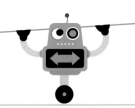

永遠不要用肉眼或望遠鏡直視太
陽，這很危險！

## 太陽內部

與其他恆星一樣，太陽內部由幾層組成。越靠近內
核，溫度和壓力越大，內核是太陽能量的來源。

**1** 在太陽內核中，溫度飆升至
1,600 萬 °C。強烈的熱量和
壓力引發核反應，以光和其他輻
射的形式釋放能量。

**2** 內核周圍是輻射區，來自內核
的能量以輻射的形式穿過這一
層，但傳播得非常慢。

**3** 輻射區外是對流區，巨大的熱
氣體的氣泡上升到表面，它們
釋放能量，然後再次下沉。

**4** 光球層是太陽的可見表面，它
會釋放巨大的光、熱和其他輻
射。它的溫度大約是 5,300°C。

**5** 光球層之外是太陽的大氣層，
它向太空延伸數千米。稱為日
珥的熱氣體循環通常從太陽內部噴
發到大氣層中。

# 太陽是如何發光的？

太陽由核聚變提供能量。在內核中，氫原子核以非常快的速度碰撞，它們融合在一起，形成氦原子核。這過程釋放出大量能量，其中大部分以光的形式從太陽釋放出來，同時使恆星發光。

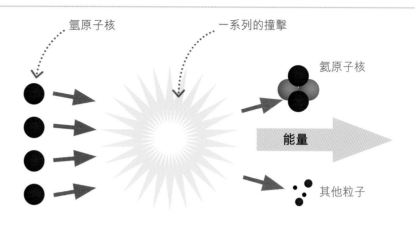

太陽內部的核聚變

# 太陽的未來

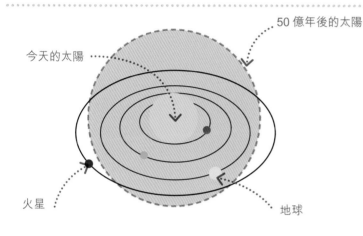

大約 50 億年後，太陽內核的氫將會開始耗盡。因此，太陽會膨脹，變成一種叫作紅巨星的恆星。它會變得非常大，會吞噬水星、金星，甚至地球。隨後，它將解體，只留下內核裏的發光殘骸 —— 一顆白矮星。

# 極光

太陽除了會產生光，還會發射帶電粒子流穿過太空。當它們撞擊地球兩極附近的大氣層時，會使空氣中的分子產生光，從而在夜空中形成幽靈般的圖案，稱為極光。

**現今科技**

# 光譜學

天文學家可以研究太陽或恆星的光線，來確定它們帶出甚麼化學元素。白光是各種顏色的混合物。天文學家使用分光鏡把光分解成光譜。恆星的光譜有明顯的間隙，這是由於當光線離開恆星時，有一些特定的波長被化學元素吸收了。就像指紋一樣，這些縫隙揭示了有哪些元素出現。

太陽光譜的間隙揭示了鐵、氧和其他元素的存在。

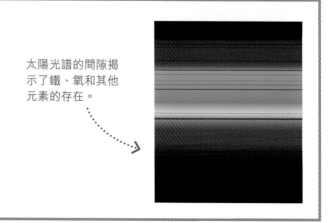

# 引力和軌道

引力是將正在落下的物體向下拉的吸引力。引力令月球繞地球運行，令行星繞太陽運行。

如果你能夠站在太陽上，在太陽的重力作用下，你的重量會是地球上的 28 倍。

## 引力是如何運作的？

所有物體都有引力，但只有質量巨大的物體，如衛星、行星和恆星，才有足夠的引力來拉動物體。物體的質量越大，其引力越大。

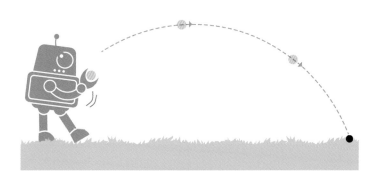

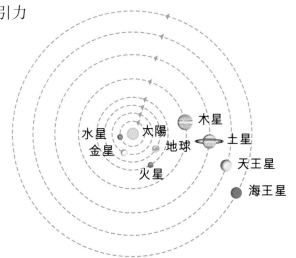

水星
金星
太陽
地球
火星
木星
土星
天王星
海王星

### 1 地球

在地球上，地心引力使物體掉到地上。如果你拋一個球，它會沿着一條彎曲的路徑下落，因為地心引力把它穩定地向下拉。

### 2 行星

太陽系的八大行星，180 顆左右的衛星，無數的彗星、小行星和矮行星都在太陽引力的作用下繞着太陽運行。

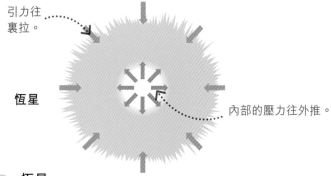

引力往裏拉。

恆星

內部的壓力往外推。

### 3 恆星

恆星是由熱氣體構成的。引力阻止氣體向外移動，並且通過向內的拉力使這些熱氣體形成了一個球體。在恆星的中心，引力以非常大的力量擠壓氣體原子，導致發生核聚變反應，產生熱量和光。

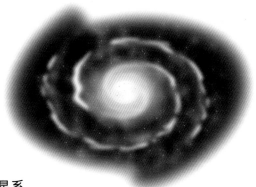

### 4 星系

一個星系中有數百萬甚至數十億顆恆星，它們散佈在廣闊的空間中。珍寶客機穿越它可能需要數十億年的時間。這些恆星被銀河系核心中的大量物質固定在軌道上。

# 軌道

軌道是物體繞另一個物體運行時在太空中所遵循的彎曲路徑（如月球繞地球的軌道）。英國科學家艾薩克·牛頓最早認識到軌道是由引力作用造成的。

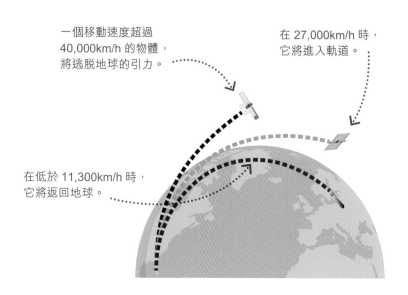

一個移動速度超過 40,000km/h 的物體，將逃脫地球的引力。

在 27,000km/h 時，它將進入軌道。

在低於 11,300km/h 時，它將返回地球。

## 1 軌道是如何作用的？

牛頓發現在軌道上的物體就像人拋出的球一樣運動。地球的引力使它以彎曲的路徑落回地球。但是，如果物體運動速度夠快，其下落的曲率小於地球的曲率，因此它永遠不會着陸，將永遠停留在軌道上。

## 2 軌道的形狀

軌道不是完美的圓，它們是橢圓形的，就像壓扁的圓。月球和行星的軌道只是略呈橢圓形。但是，彗星的軌道是非常像橢圓形的，在飛回外太空之前，它們會離太陽很近。

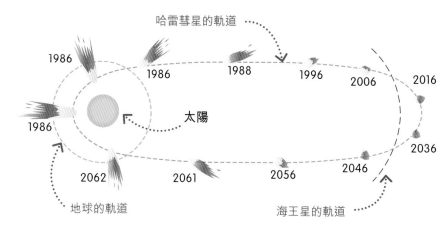

哈雷彗星的軌道

1986　1986　1988　1996　2006　2016

太陽

1986

1986　2062　2061　2056　2046　2036

地球的軌道　海王星的軌道

---

### 試一試

## 畫一個橢圓

可以用一圈線、一支鉛筆、兩顆大頭針和一個針板來畫一個橢圓。

**1** 做一個大約 20 厘米長的繩子圈。放一張紙在針板上，把大頭針穿過紙壓入針板，兩個大頭針相距約 8 厘米。

**2** 把線繞在大頭針和鉛筆上，讓線保持緊繃狀態，小心地畫出橢圓。

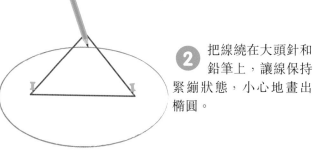

---

### 現今科技

## 人造衛星

人造衛星沿着許多不同的軌道繞地球運行。有些火箭發射的高度非常高，它們的軌道速度與地球自轉的速度一樣快，所以它們似乎在一個固定點（地球靜止軌道）上盤旋。

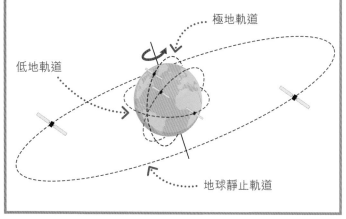

極地軌道

低地軌道

地球靜止軌道

# 地球和月球

月球是地球的衞星，每 27.3 天圍繞地球一圈。月球本身不發光，但我們仍然可以看到它，因為它能反射太陽光。

月球是地球唯一的天然衞星。它於 45 億年前形成。

## 月相

月亮在天空中有時是一個完整的圓形，有時是一個新月或半圓形。這些變化的形狀叫作相位。它們是由月球、地球和太陽相對位置的變化造成的。整個月相週期約為 30 天。

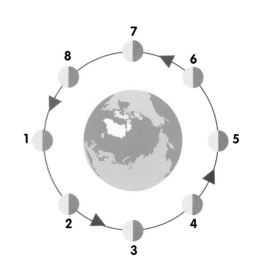

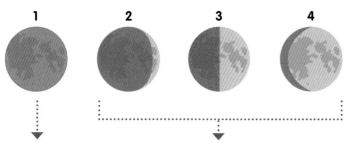

當月球在地球和太陽之間，在地球上看不見月球，這叫作新月。

隨着月球的移動，太陽、地球和月球之間的角度會增大，露出更多月球被陽光照射的表面。

當地球在月球和太陽中間，整個被照亮的月球出現，這就是滿月。

月球繼續沿軌道運行，太陽、地球和月球之間的角度會減少。從地球上可以看到的月球表面就會減少。

## 潮汐

海洋潮汐主要由月球引力引起。月亮的引力會令近地點的海面水位上升，像鼓起海水一樣漲潮。在地球的另一邊，月球引力最弱的地方，海洋同樣會潮漲。地球自轉一周是一天，大約有兩次潮漲。

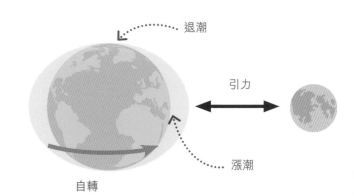

退潮

引力

漲潮

自轉

# 日食、月食

當行星或它們的衛星互相投下陰影時，就會發生日食、
月食。從地球上主要可以看到日食和月食。

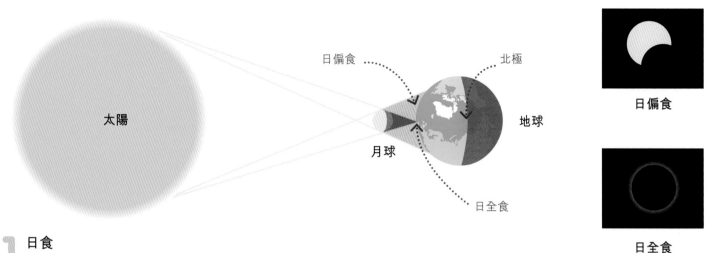

太陽

日偏食　　　北極

月球

地球

日全食

日偏食

日全食

## 1 日食

當月球在地球上投下陰影時就會出現日食。在月亮陰影的中心，太陽被完
全遮擋了幾分鐘，白天幾乎變成了黑夜，這稱為日全食。如果太陽只被部分遮
擋，就會出現日偏食。如果你能目睹日食，記住永遠不要直視太陽，它會損害
你的眼睛。

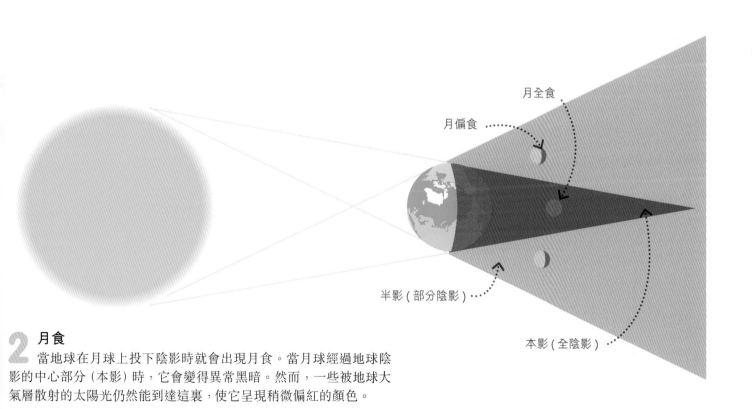

月全食

月偏食

半影（部分陰影）

本影（全陰影）

## 2 月食

當地球在月球上投下陰影時就會出現月食。當月球經過地球陰
影的中心部分（本影）時，它會變得異常黑暗。然而，一些被地球大
氣層散射的太陽光仍然能到達這裏，使它呈現稍微偏紅的顏色。

# 地球的結構

如果把地球切開,你會發現裏面有四個不同的層級——
地殼、地幔、外核和內核。地球外部有大氣層。

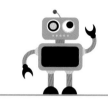

地球中心的溫度比太陽表
面的溫度高。

**1** 大氣是各種氣體的混合物——
主要是氮氣和氧氣。它有幾千公
里厚,會逐漸消失在太空中。

**2** 地殼是地球的固體表面,由不同
類型的輕質岩石組成。地殼的
厚度約為 5-75 公里。

**3** 地幔主要由密度高的固體岩石
構成,富含鎂、矽和氧等化學元
素。它大約有 2,850 公里厚。

**4** 地球的外核是由熱熔化的鐵和
鎳組成的。它大約有 2,200 公里
厚,平均溫度約為 5,000°C。

**5** 內核是一個非常熱的實心金屬
球,主要由鐵和鎳組成。它的直
徑約 2,550 公里,溫度約為 6,000°C。

**1** 大氣層

**2** 地殼

**3** 地幔

**4** 外核

**5** 內核

## 地熱能

地球含有大量的熱能,稱為地熱能。某些地方可以收集地熱能來發電。冷水被泵入地下深處,由地球內部加熱。然後,這些熱水被帶到地面,發電站將水中的熱能轉化為電能。

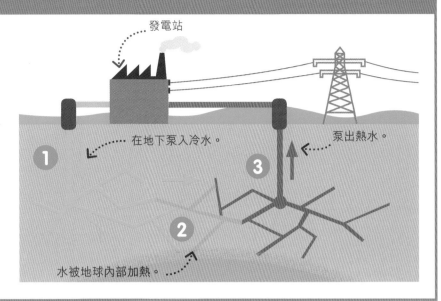

發電站

在地下泵入冷水。

泵出熱水。

**1**

**3**

**2**

水被地球內部加熱。

## 像雞蛋一樣的地球

剝開一隻煮熟的雞蛋,你會發現蛋殼、蛋白和蛋黃的比例與地殼、地幔和地核的比例相似。

**1** 煮熟一隻雞蛋,放在雞蛋杯裏。用茶匙輕輕敲打它尖的一端。

**2** 剝掉雞蛋殼的上半部分。把雞蛋橫着放,用刀小心地從上往下切開。

**3** 觀察雞蛋的內部,它的結構與地球的結構非常相似。

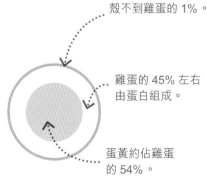

殼不到雞蛋的 1%。

雞蛋的 45% 左右由蛋白組成。

蛋黃約佔雞蛋的 54%。

# 板塊構造

地球的岩石外殼分裂成巨大的板塊，它們緩慢地運動，不斷改變地球的表面。

地球各大洲的運動速度和腳趾甲的生長速度差不多。

## 板塊

板塊形狀不規則，在地球表面像拼圖一樣拼在一起。每塊板塊都有最外層的岩石 —— 地殼。第二層是地幔的頂層（參考頁 280 - 281）。

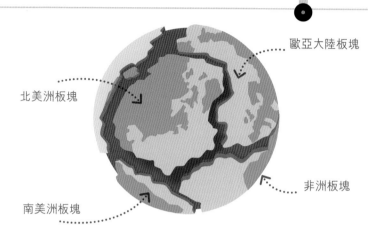

歐亞大陸板塊

北美洲板塊

非洲板塊

南美洲板塊

## 在運動的板塊

巨大的能量在板塊與板塊的交界處釋放，形成山脈和火山。右圖顯示了四塊不同板塊之間的邊界。

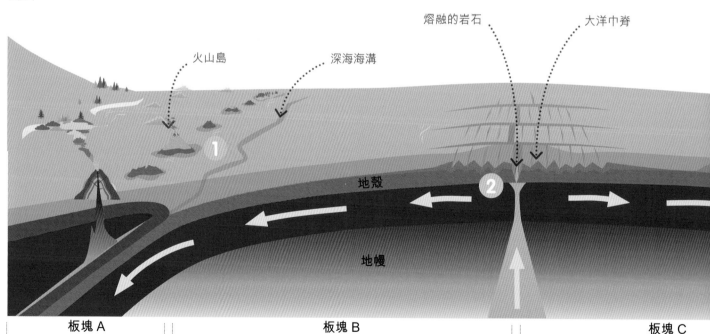

火山島

深海海溝

熔融的岩石

大洋中脊

地殼

地幔

板塊 A

板塊 B

板塊 C

### 1 火山島

地球上有一些板塊在海洋下碰撞，一塊板塊在另一塊板塊下運動，令地下深處的岩石融化，熔岩在地表噴發，形成火山島。

### 2 大洋中脊

很多板塊的邊界在海洋中。在這裏，板塊分開，被從地幔深處升起的熱岩石推到一邊。在這些邊界處形成一連串的海底山脈 —— 大洋中脊。

# 餅乾大陸

你可以把兩塊較大的餅乾放在一盤冰上，然後把它們推到一起，模擬大陸板塊碰撞時的情形。

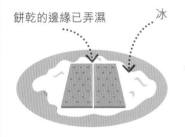

餅乾的邊緣已弄濕　　冰

推在一起。

**1** 在一個大盤子或托盤裏裝一些新做的冰，徹底弄濕每塊餅乾的其中一邊，把它們都放在冰上，將弄濕的一邊放在一起。

**2** 把這些餅乾推在一起，模擬大陸碰撞。餅乾的邊緣會摺疊起來形成褶皺，模擬山脈的形成。

# 板塊邊界

構造板塊邊緣交匯的區域稱為板塊邊界。邊界有三種主要類型：聚合板塊邊界、擴張性板塊邊界和轉換邊界。

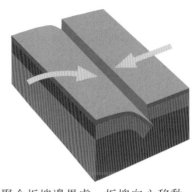

**1** 在聚合板塊邊界處，板塊向心移動，一塊板塊在另一塊板塊之下移動。

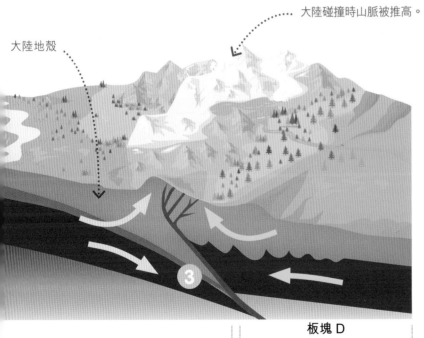

大陸碰撞時山脈被推高。

大陸地殼

板塊 D

**3** **大陸撞擊**

當板塊在大陸下碰撞時，一塊板塊可能往另一塊板塊下運動。當這種情況發生時，板塊頂部的外殼就會彎曲和推高，形成山脈。喜馬拉雅山和許多其他主要山脈都是這樣形成的。

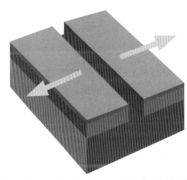

**2** 在擴張性板塊邊界處，板塊向外移動，板塊被之下融化了的熱岩石推開。

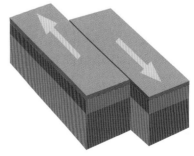

**3** 在轉換邊界處，兩個板塊相互摩擦。轉換邊界的突然運動引起地震。

# 自然災害

地震、海嘯和火山爆發是由地球內部運動引發的自然事件。這些事件可能會很可怕且具有破壞性，但它們很難預測。

當發生最大型的地震時，地球在太空中可以前後移動1厘米。

## 地震

構成地殼的構造板塊會恆常地運動，相互推擠。如果一些板塊被卡住，就會產生張力，並會突然釋放，引起震動並傳到地表。這些震動引起地球表面劇烈震動，形成地震。

**1** 因部分地殼的相對運動，張力可能會加劇。如果張力變得過大，地殼會突然移動，以地震波的形式釋放大量能量。地下首先發生地震的位置叫作震源。

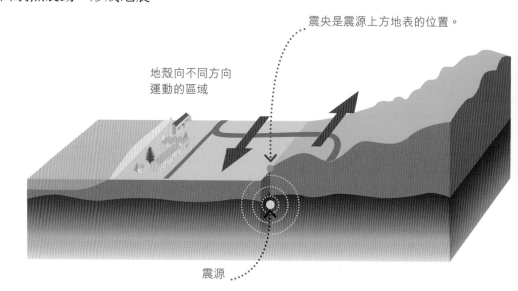

震央是震源上方地表的位置。

地殼向不同方向運動的區域

震源

**2** 震波最強烈的位置是震央，也就是震源正上方地表對應的位置。這是地震造成最嚴重破壞的地方，建築物會搖晃，有些可能會倒塌。餘震是主震後發生的小地震，它可能會造成更大的破壞。

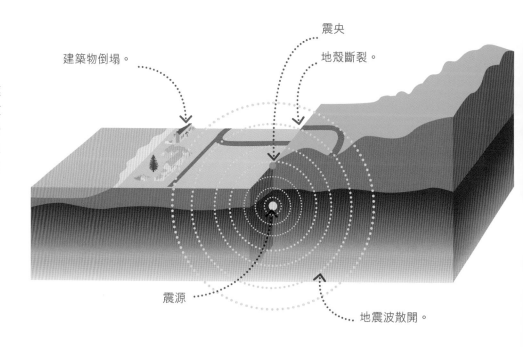

建築物倒塌。

震央

地殼斷裂。

震源

地震波散開。

# 海嘯

海嘯是一種強大的波浪，由海底的突然移動引起，可以在海洋中傳播很遠。海嘯波可以每小時超過 800 公里的速度傳播，但在海上很難察覺得到。然而，一旦它們到達較淺的水域，海嘯浪就會高達 30 米。

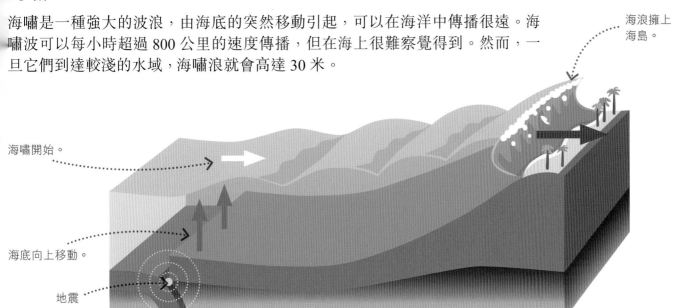

海浪擁上海島。

海嘯開始。

海底向上移動。

地震

**1** 海底發生地震，將海底的一大塊區域向上推高幾十厘米甚至幾米。海底這種突然的運動把水往上推。

**2** 大量向上推的水引發了一系列的高能波，它們迅速地橫過海洋表面。

**3** 在海岸，每一股波浪都湧向內陸，淹沒海岸，摧毀建築物。船隻和汽車可以被海浪沖到很遠的地方。

# 火山爆發

火山是由岩漿（熱的、液態的岩石）從地下深處的洞穴中經過地表的火山口噴發出來而形成的。一些火山爆發會發生猛烈的爆炸，爆炸產生的火山灰和熔岩炸彈（岩塊）最終落到地面。還有一些火山噴口噴出熔岩——熔融的岩石——從火山口流出，然後像水流一樣流到火山下。

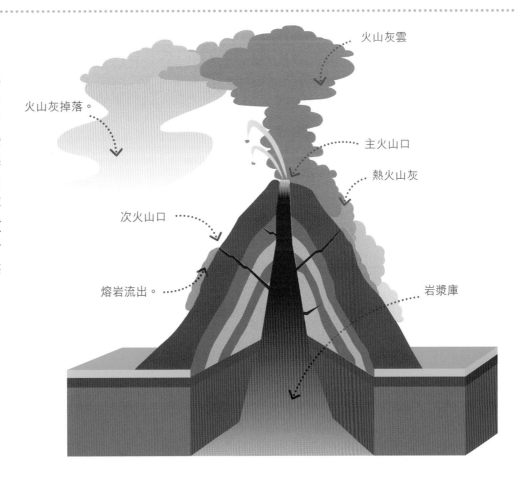

火山灰雲

火山灰掉落。

主火山口

熱火山灰

次火山口

熔岩流出。

岩漿庫

# 岩石和礦物

地殼是由多種岩石組成的,每一種岩石都由一種或多種礦物的結晶化學物質構成的。從珠寶到建築物,我們可以用它們來做各種各樣的東西。

礦物的硬度差別很大,已知最堅硬的礦物是金剛石。

## 岩石是甚麼?

岩石是不同的礦物顆粒(小晶體)聚集或黏合在一起。有些岩石主要由一種礦物組成,有些則由幾種不同的礦物組成。比如,粉色花崗岩含有長石、角閃石、雲母和石英的顆粒。根據岩石形成方式可分為三大類:火成岩、沉積岩和變質岩。

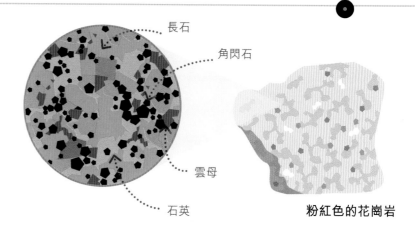

長石

角閃石

雲母

石英

**粉紅色的花崗岩**

### 1 火成岩

當岩漿(熾熱的熔融或液態的岩石)冷卻變成固體時,就會形成火成岩。如果岩漿冷卻並在地下慢慢凝固,就會形成大晶體,但如果它從火山噴出後很快冷卻,晶體就會變小。花崗岩是一種火成岩。

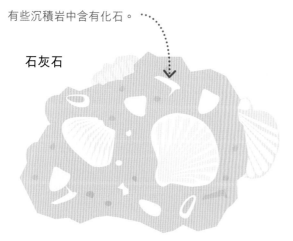

有些沉積岩中含有化石。

石灰石

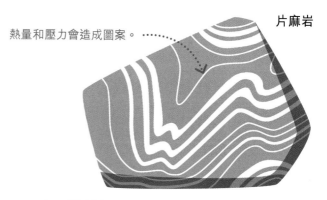

熱量和壓力會造成圖案。

片麻岩

### 2 沉積岩

沉積岩於地球表面或地表附近形成。岩石的小顆粒被風或水帶到海底或河牀,它們會沉積在一起形成沉積岩。白堊、石灰石和頁岩都是沉積岩。

### 3 變質岩

變質岩是一種在熱、壓力或以上兩者的作用下改變的岩石。當岩漿炙烤着周圍的岩石,或者來自上方的壓力擠壓着掩埋的岩石時,它們就會形成變質岩。片麻岩、大理石、片岩和板岩都是變質岩。

# 礦物是甚麼？

礦物是一種天然的固體化學物質。地球上有超過 5,300 種礦物，但只有少數是常見的，它們構成了地球上大部分的岩石。每種礦物都有其獨特的形狀。

現今科技

## 石英鐘

石英可以用於製作非常準確的時鐘。當電場靠近一塊石英時，石英晶體以非常精確的頻率振動。這些振動可用作時鐘，精確地計算時間。

長長的六角晶體

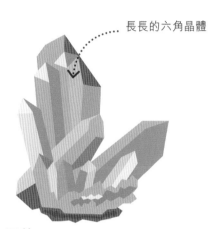

### 1 石英
石英是最常見的岩石礦物質之一。它由氧和矽組成。純石英是無色的，但雜質可以讓它有各種不同的顏色。

立方形晶體

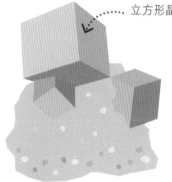

### 2 黃鐵礦
黃鐵礦具有閃亮的、立方形的晶體，這些晶體像嵌在岩石中的金屬骰子。它看起來像黃金，所以被稱作「愚人金」。

針形晶體

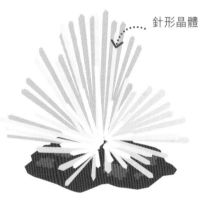

### 3 文石
文石是碳酸鈣的一種，由鈣、碳和氧組成。文石有白色的，也有藍色和橙啡色等其他顏色。

波浪起伏的形狀

### 4 赤鐵礦
赤鐵礦的顏色有銀灰色、紅棕色或黑色。它是一種氧化鐵，是世界上金屬鐵的主要來源。

薄薄的片狀晶體

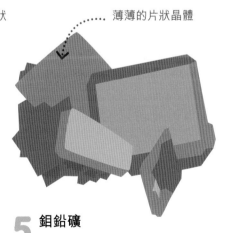

### 5 鉬鉛礦
鉬鉛礦的晶體通常呈橙紅色或橙黃色。這種礦物由鉛、氧和鉬組成。

黃金嵌在岩石中。

### 6 黃金
黃金是金黃色的，非常珍貴且稀有。與大多數和其他化學元素混合的金屬不同，黃金通常以純淨的形式在自然界出現。

# 岩石循環

即使是最堅硬的岩石都不會永遠存在，隨着時間的推移，各種岩石都會被分解成小顆粒。但是，這些小顆粒會被不斷循環利用來形成新的岩石。

大部分地區的岩石週期非常緩慢，需時長達數百萬年。

## 循環再用的岩石

岩石可以被地球內部的熱力熔化，也可以被地球表面的風化和侵蝕逐漸磨損（參考頁 294）。這些過程不斷循環利用地殼中的物質，使三種主要的岩石相互轉化。

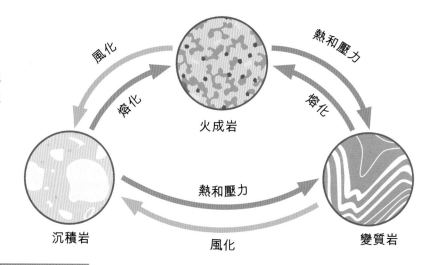

風化
熔化
火成岩
熱和壓力
熔化
熱和壓力
沉積岩
風化
變質岩

---

**現今科技**

## 石油勘探

海底沉積岩層有時能儲藏寶貴的石油和天然氣。地質學家可以向海底發射聲波並通過漂浮的傳聲器來捕捉回音，以確定這些礦藏的位置。分析回音可以得到關於不同岩層以及它們之間是否存在液體或氣體的信息。

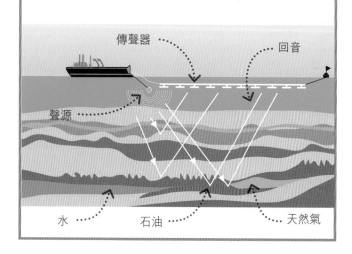

傳聲器
回音
聲源
水
石油
天然氣

沉積岩

2 岩石的顆粒（沉積物）被河流沖到大海，在海底層層堆積。經過數百萬年的擠壓，形成了沉積岩。

1　陽光、霜和雨水慢慢磨損地球表面的岩石，令它們變弱，並將它們分解成小顆粒的沙子或黏土。然後這些小顆粒被河流沖走或被風吹走。

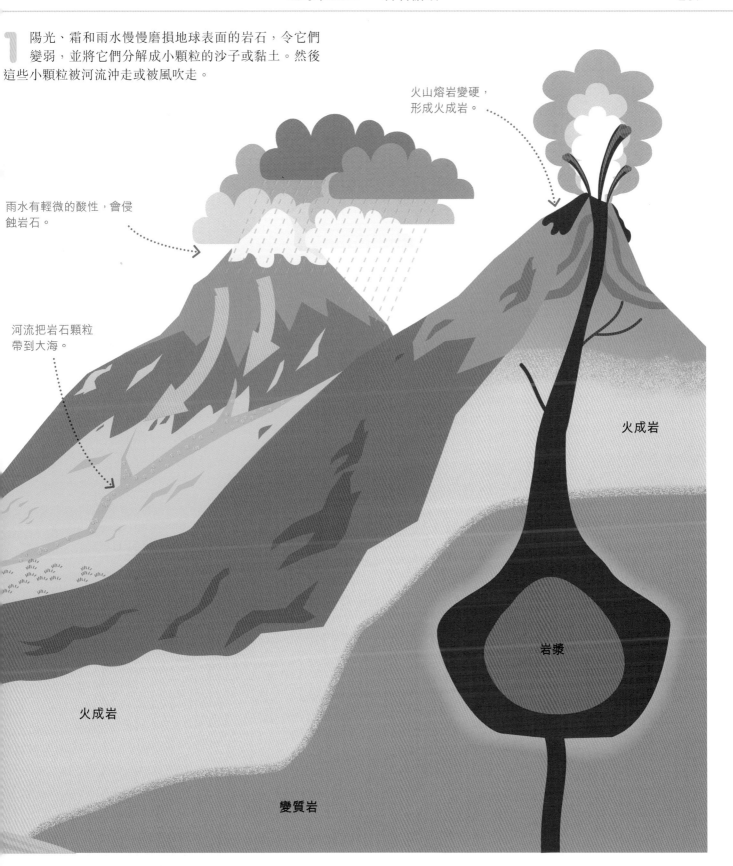

火山熔岩變硬，形成火成岩。

雨水有輕微的酸性，會侵蝕岩石。

河流把岩石顆粒帶到大海。

火成岩

火成岩

岩漿

變質岩

3　在地下深處，壓力或熱力可以改變岩石的物理性質和化學性質，使火成岩或沉積岩變成變質岩。

4　地球內部的高溫熔化了岩石，使其變成一種熾熱紅色的液體漿。岩漿冷卻下來會凝固，形成一種新的岩石，叫作火成岩。

# 化石是怎樣形成的？

化石是保存在岩石中的動物、植物和其他生物的遺骸。從細至以顯微鏡發現的細菌細胞到巨大的恐龍骨骼，以及已經變成岩石的樹幹，都屬於化石。

大多數曾經生活在地球上的動植物物種現在已經滅絕了。

## 化石的形成

在地球上曾經生活過的動植物中，只有一小部分留下了化石。化石是稀有的，因為它們是經過漫長而複雜的過程形成的。當它們最終被發現時，化石遺骸可以告訴我們關於地球上生命的歷史。

沉積物沉到海底，覆蓋着骨骼。

1　要成為化石，動物一定要在沙土裏埋葬，例如湖泊。它柔軟的部分會被食腐動物吃掉，或者腐爛，直到只剩下堅硬的牙齒和骨骼。

2　必須在動物骨骼完全腐爛前迅速覆蓋一層沉積物在上。經過數百萬年的時間，會有一層層不同的沉積物，令動物深埋在地下。

# 其他類型的化石

不是所有化石都來自於死去的動物骨骼。以下是其他種類的化石。

碳膜化石以黑色或棕色的圖像出現。

**1 殼化石**
殼化石是由海洋生物的外殼變成的化石,是一些最常見、分佈最廣的化石。

**2 模鑄化石**
當包裹在岩石中的有機體溶解時,它可能會留下原始形狀的模或印記,這就是模鑄化石。

**3 碳膜化石**
隨着時間推移,腐爛的生物體將一層薄薄的碳沉積在岩石上,形成了碳膜化石。

**4 足印化石**
足印化石是一種「痕跡化石」。它是動物遺留下來的活動證據。

**5 糞化石**
糞化石是由古代動物的糞便形成的。

**6 琥珀化石**
樹產生的汁液誘捕了昆蟲,然後它們硬化形成了琥珀化石。

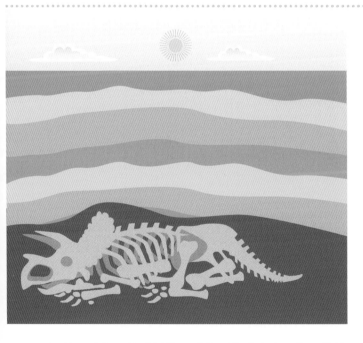

上面的岩石被侵蝕了。

露出的化石

**3** 不同的沉積物層的重量使沉積物顆粒黏合在一起,將骨骼包裹在岩石中。水通過岩石滲入骨頭,骨頭慢慢被水中的礦物質取代,令骨頭變成了岩石。

**4** 當地殼運動時,化石所埋藏的地層向上隆起,然後水、冰或風侵蝕岩層,岩層下的化石才會被人類發現。這個過程可能需要數百萬年。

# 地球的歷史

科學家將地球數十億年的歷史劃分為幾個時期,這些時期根據世界各地發現的古代沉積岩層命名。每個時期都有其獨特的化石,向人們展示了地球上古老的迷人風景。

較老的沉積岩層通常在較新的岩層下,因為它們形成得較早。

| | | |
|---|---|---|
| **① 新生代** 0.66 億年前至今 | 第四紀 | |
| | 新近紀 | |
| | 早近紀 | |
| **② 中生代** 2.52～0.66 億年前 | 白堊紀 | |
| | 侏羅紀 | |
| | 三疊紀 | |
| **③ 古生代** 5.41～2.52 億年前 | 二疊紀 | |
| | 石炭紀 | |
| | 泥盆紀 | |
| | 志留紀 | |
| | 奧陶紀 | |
| | 寒武紀 | |
| **④ 前寒武紀** 45～5.41 億年前 | 元古宙 | |
| | 太古宙 | |
| | 冥古宙 | |

## 1 新生代
新生代也叫哺乳動物時代,開始於恐龍滅絕之後。地質學家把這個時代分為三個時期,包括我們今天生活的第四紀。

## 2 中生代
恐龍在中生代(也稱爬行動物時代)繁盛。地球的氣候比今天更熱,針葉林覆蓋了大部分土地。

## 3 古生代
在古生代早期,生物僅生活在海洋,但後來擴展到陸地,那裏被茂密的沼澤森林覆蓋。最早的魚類、昆蟲和樹木都是在這個時代出現的。

## 4 前寒武紀
前寒武紀跨越了地球近 90% 的歷史,但人們對它所知甚少。在前寒武紀的大部分地區,唯一的生命形式是需以顯微鏡觀察的微小的海洋生物,但它們留下的化石很少。

# 大滅絕

在地球歷史的不同時期，大量動植物物種突然從化石記錄中消失。這些事件稱作大滅絕。

**1** 大約 2.52 億年前，由於某些原因，96% 的海洋物種和陸地上的大部分生命滅絕了，原因尚不清楚，但一些科學家懷疑是大規模火山噴發，污染了空氣和海洋。

**2** 大約 6,600 萬年前，四分之三的動植物物種滅絕，包括大多數恐龍。人們認為原因是當時一顆小行星或彗星撞擊了現在的墨西哥南部。

**3** 今天，地球可能正處於另一場由我們自己引起的物種滅絕。砍伐森林、氣候變化和其他活動正在破壞自然棲息地，導致許多物種消失。

# 正在變化的大陸

地質學家在世界不同地區配對岩層，發現地球各大洲曾經連在一起。隨着時間推移，大陸慢慢運動、合併、分裂。比如，在三疊紀時期，現在所有的大陸連接成一個「超級大陸」，稱為泛古陸。

泛古陸

2.25 億年前

勞亞古陸

岡瓦那古陸

1.5 億年前

北美洲　歐洲　亞洲
南美洲　非洲
澳洲

今天

---

**現今科技**

# 放射性定年

地質學家可以通過測量岩石中某些化學元素的比例來計算岩石的年齡。比如，一段長時間後，一種叫作 U-235 的鈾慢慢變成了鉛。所以如果一塊岩石每 61 個鉛原子中有 39 個鈾原子，那麼它一定有 10 億年的歷史。只有火成岩可以使用這種方法確定年代，但這種方法可以間接計算出相鄰的沉積岩層的年齡。

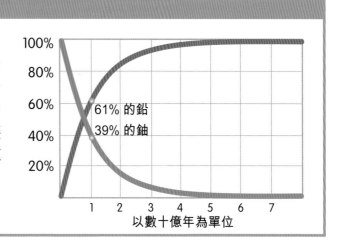

61% 的鉛
39% 的鈾

以數十億年為單位

# 風化和侵蝕

從山脈和峽谷到山谷和平原，地球上各種各樣的景觀都由風化和
侵蝕形成，這兩個過程逐漸磨損了地殼中的岩石。

---

## 風化

風化作用將固體岩石碎裂成小碎片。這可以幾種不同
的方式發生。

水結冰時膨脹。

碎石

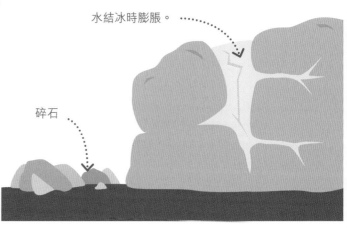

沙粒

酸雨

**1** 化學風化是由雨水形成的。雨水有輕微的酸性，會侵蝕
岩石中的某些礦物質，使其變成軟黏土。留下的堅硬岩
石會碎裂成沙粒。

**2** 當水滲進岩石並結冰時，就會發生冰楔作用。水變成冰
的過程中體積會增大，令岩石的裂縫擴大，並把岩石分
裂成碎片。

薄薄的岩石層
裂開了。

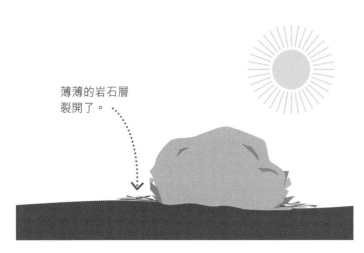

土壤

混合土壤和岩石

岩石

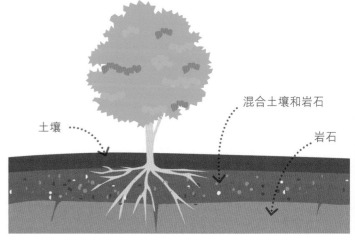

**3** 熱風化是由太陽的熱量形成的。當岩石在陽光下被重複
加熱再冷卻，它們會膨脹和收縮。這種壓力使岩石上的
薄層從表面脫落。

**4** 生物風化是由生物體造成的。穴居動物會磨損地下的
岩石，而植物的根會伸展到岩石的縫隙中，令縫隙變寬。

# 侵蝕

侵蝕是清除並帶走岩石碎片。水、冰和風都會造成侵蝕。

風化作用令岩石破碎，而侵蝕作用則令岩石碎塊消失。

**1** 當冰川慢慢滑下山坡時，會帶同各種大小的岩石，從沙粒到巨石。這些岩石顆粒被沖刷到冰川底部。

**2** 河流帶同沙子、淤泥和黏土顆粒等岩石碎片流動。隨着時間推移，一條河流在地表流淌，形成一個寬闊的河谷或陡峭的峽谷。

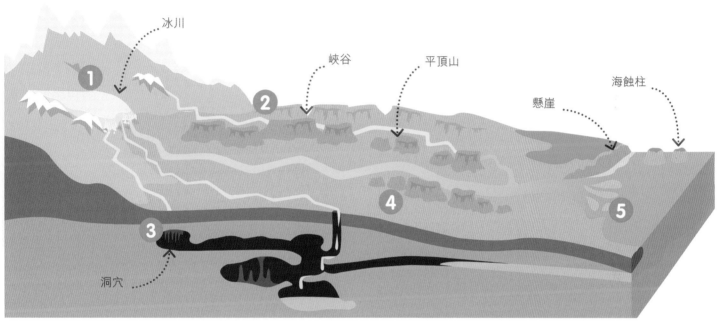

冰川

峽谷　　平頂山

海蝕柱

懸崖

洞穴

**3** 河流不只是在地表流動。它們都會在地下流動，在化學風化和侵蝕的作用下會形成巨大的洞穴系統。

**4** 在乾燥的地方，風沙侵蝕岩石，形成平頂小山（平頂山和小方丘）、岩石拱門和其他結構。沙子堆積成沙丘。

**5** 海浪拍打海岸，擊碎岩石，形成懸崖、洞穴和海蝕柱。岩屑會被海水沖走。

---

## 試一試

### 模擬波浪侵蝕

動手做一個模擬實驗，觀察波浪是如何侵蝕海岸的。在實驗之前，你需要準備一個托盤、沙子、石卵、水和一個有蓋的空瓶。

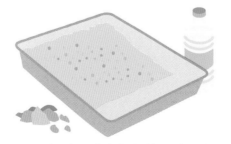

**1** 把沙子放在托盤的一端，在上面加一些石卵。然後把水倒到另一端。

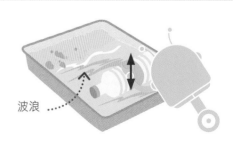

波浪

**2** 上下擺動瓶子來製造波浪，觀察沙子的變化。

# 水循環

地球上水的數量永遠不會改變，它只是被反覆使用。水總是在海洋、空氣和陸地之間流動，周而復始，永無止境。

地球上的水不斷循環再用，這就是水循環。

---

## 室內下雨

這個簡單的實驗表明蒸發和凝結是水循環的核心。實驗需要使用熱水，所以你需要家長的幫助。

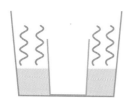

**1** 放一個杯子在一個深碗裏。請家長把熱水倒進碗裏（不是杯子裏）。

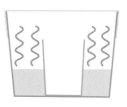

**2** 用保鮮紙把碗封好。確保封緊，這樣空氣就不能進出。

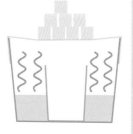

**3** 把冰塊放在保鮮紙上，保鮮紙的底部會凝結水滴。

**4** 當水滴夠大時，它們就會掉進杯子裏。下雨的現象就製造成功了！

## 水循環是如何運行的？

水循環由太陽提供動力，首先是水蒸發到空氣中，幾天後，水以降水的形式落到地面。雨、雪、凍雨和冰雹是水各種形態的學名。

風吹動陸地上方的一些雲。

**2** 當水蒸氣上升時，它冷卻並凝結成水滴。水滴非常小，它們漂浮在空中，形成了雲。

**1** 來自太陽的熱量使地球表面的水蒸發到空氣中。水變成了水蒸氣。

現今科技

## 海水中的鹽

幾個世紀以來，人們在海邊挖淺坑收集鹹的海水製鹽。當水蒸發時，會留下鹽晶。

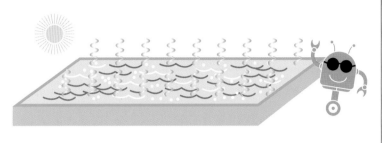

**3** 樹木和其他植物從葉子中釋放水蒸氣，此過程叫作蒸騰，它令空氣增加了更多水分，形成更多雲。

大雨雲看起來很灰暗，因為它們擋住了陽光。

**4** 雲中的水滴聚集成更大的水滴。如果這些水滴太大或太重，不能漂浮，它們就會以雨的方式落下。

樹木釋放更多水蒸氣。

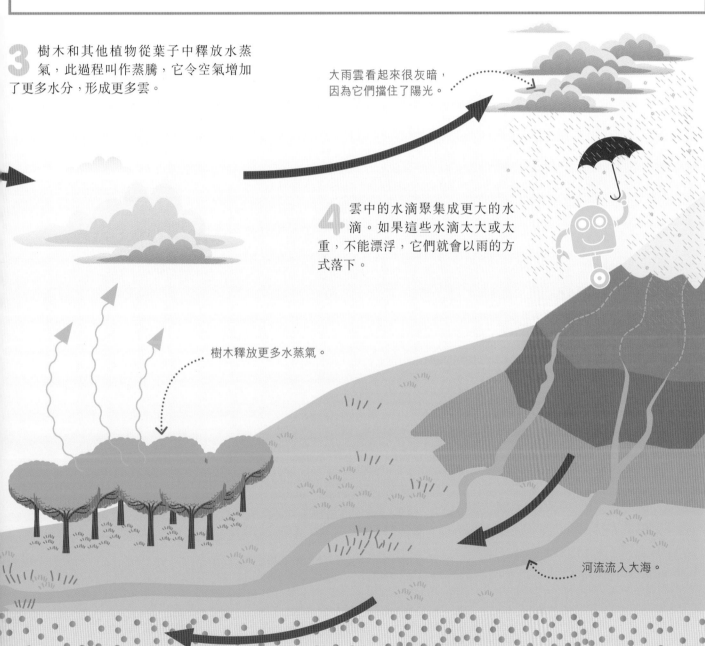

河流流入大海。

**6** 一些水滲入土壤後被樹或者其他生物吸收。水同樣會滲入地下匯進大海。

**5** 雨水或者融化的冰水在陸地上流動，直到匯入小溪或者小河，最終流向大海。

# 河流

大部分落在陸地上的雨和雪都會流入河流。隨着時間推移，河流改變了地球的地貌，開闢出山谷，在泛濫平原和三角洲中沉積泥沙。

河流可以提供食物、能源、娛樂、交通，當然還有飲用水。

## 從高山到大海

河流從高處（比如高山）流向低地，一路上規模不斷擴展。河流的源頭不是單一的，它由一些大區域例如河盆或集水區收集雨水。

雨和雪

高山湖

冰川

瀑布

急流

1

2

3

## 1 急流

許多河流開始是從岩石山坡上奔流而下的溪流。冰雪融解水從山上流下，形成急流，侵蝕地面。河流侵蝕較軟的黏土，留下一堆堅硬的岩石，形成瀑布。

## 2 山谷

經過數百萬年的時間，河流逐漸侵蝕河牀的土地，形成山谷。高地上形成陡峭的 V 形山谷，而下游則形成較寬、較淺的山谷。

## 3 泛濫平原

漫灘是圍繞河流的平坦低窪地帶。當河水泛濫時，它就會被水覆蓋，泥沙就會沉積在河的兩邊。

# 牛軛湖

河流中的曲流不斷改變形狀，拐彎處的水流很急，會快速侵蝕地面。隨着時間推移，一條曲流可能被切斷，形成一個牛軛湖。

**1** 侵蝕作用正逐漸令曲流的頸部變窄 (1)，而環形河道正在變大 (2)。

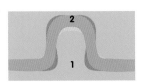

**2** 最後，頸部變得非常狹窄 (1)，在洪水泛濫時會有一些水穿過它。

**3** 最後，部分環形河道被切斷，留下一個牛軛湖 (1)，而河流暫時變直 (2)。

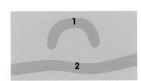

## 現今科技

# 水力發電站

流動的河流的能量能夠發電。要利用水力發電，需要築建一個水庫大壩，然後，水通過一條管道流過大壩。在這條管道裏，水推動與發電機相連的渦輪旋轉，產生電能，然後通過電線輸送到各地。

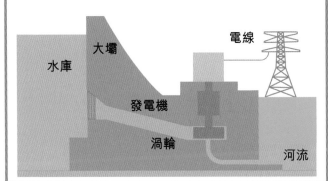

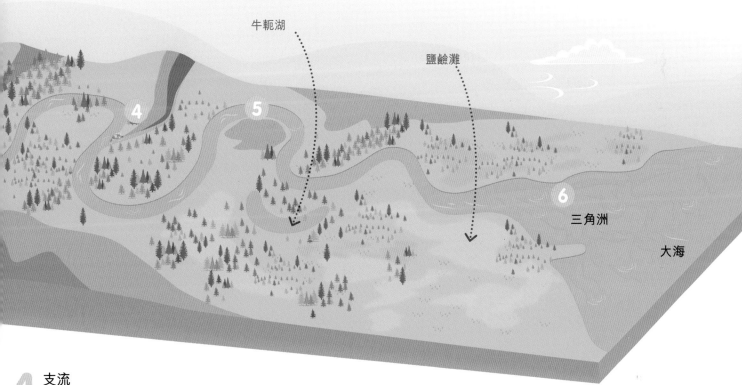

**4** 支流
支流是一條流入主流的小河流。每條支流都會帶來更多水量，令河流在流向大海的過程中不斷擴展加闊。

**5** 曲流
當河流靠近大海，斜坡變得較淺時，形成了 S 形的曲線，叫作「曲流」。

**6** 河口
河口是河流入海的地方。沉積在這裏的泥沙可能會堆積起來形成一塊平坦的陸地和海峽——三角洲。

# 冰川

冰川是在山脈和極地地區發現的。當它們慢慢向下流動時，會侵蝕地面，並逐漸改變地貌。

地球上大約 10% 的土地被冰川覆蓋。

**1** 在靠近山頂的區域積雪成堆。厚厚的積雪被壓縮成冰，冰侵蝕山，形成一個碗狀的凹洞，後來可能變成一個湖。

**2** 冰川的主體緩慢下移，通常每天約移動 1 米。

**3** 來自山谷的岩石碎片嵌入冰川中，被冰拖着走，像巨大的砂紙一樣與地面和山谷的邊緣不斷摩擦。

**4** 巨大的裂縫，稱作冰隙，與融解水的水道，在冰川上部縱橫交錯。

**5** 在消融區域，隨着下面的山谷進一步變暖，冰開始融化。冰川開始破裂。

**6** 在冰川腳下，是一個新月形的冰川岩屑堆（終磧），這些岩石碎片來自融化的冰。冰的融解水形成一條溪流，從冰川流出。

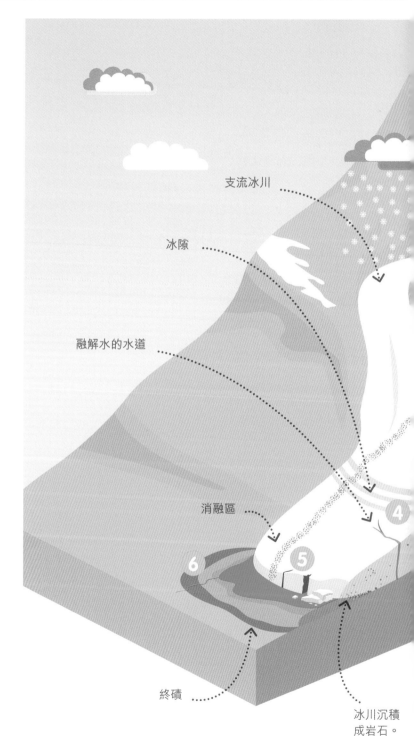

支流冰川

冰隙

融解水的水道

消融區

終磧

冰川沉積成岩石。

## 改變地形

隨着時間推移,冰川將陡峭的河谷變成寬的 U 形山谷(右圖)。這些現象在北半球很常見,表示冰川曾經覆蓋了地球上比現在較多的地方。

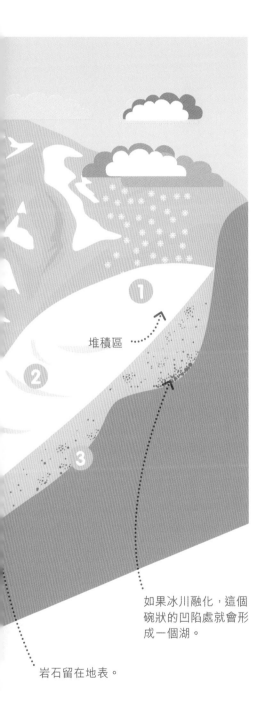

堆積區

如果冰川融化,這個碗狀的凹陷處就會形成一個湖。

岩石留在地表。

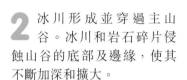

支流山谷　　　　主山谷

**1** 在冰川穿過之前,主山谷是 V 形的。支流山谷一直延伸到主山谷的底部。

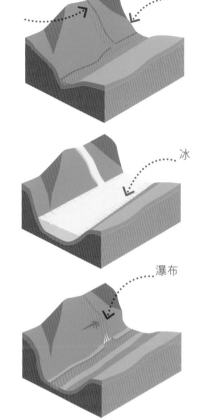

冰

瀑布

**2** 冰川形成並穿過主山谷。冰川和岩石碎片侵蝕山谷的底部及邊緣,使其不斷加深和擴大。

**3** 幾千年後,冰川融化。主山谷現在是 U 形的,它的支流山谷「懸掛」着,它們比主山谷高。

## 其他的冰川特徵

除了 U 形山谷,冰川在融化後還留下了許多其他地質(陸地)特徵。一旦冰川融化,這些特徵就會顯現出來。

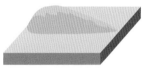

**1 鼓丘**
一座蛋形的小山,由冰川沉積的鬆散岩石碎片組成,然後由冰川的運動塑形。

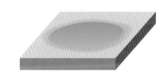

**2 水壺湖**
大冰塊融化後留下的又小又淺的圓形湖泊。

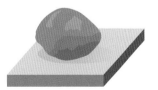

**3 漂石**
一塊孤立的巨石,經過漫長漂流後從冰川中棄掉的。

**4 蛇形丘**
由冰川下的溪流形成的蜿蜒的礫石山丘。

# 季節和氣候區

世界上許多地方都有四季 —— 春、夏、秋、冬。這些季節帶來了晝長、日照強度和平均氣溫的變化。

季節性的變化令許多動物會冬眠或遷移。

## 為甚麼會有四季？

地球自轉的軸是傾斜的，因此地球的南北半球在一年的不同時間向太陽傾斜，形式季節的循環。

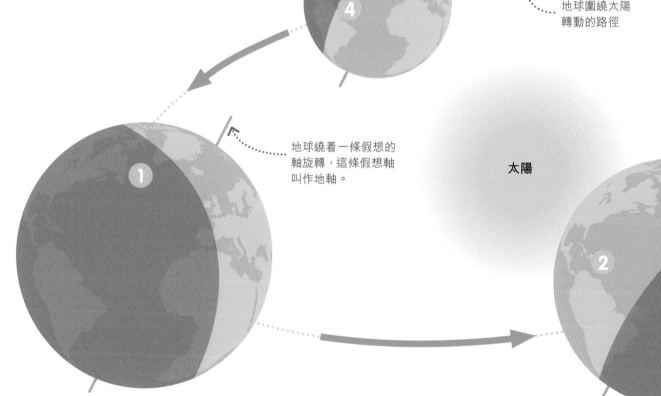

地球圍繞太陽轉動的路徑

地球繞着一條假想的軸旋轉，這條假想軸叫作地軸。

太陽

**1** 6月
北半球在 6 月時向太陽傾斜，所以北半球迎來陽光燦爛的夏季，並且有較長的白天。南半球向外傾斜，於是迎來相反的季節 —— 冬季。

**2** 9月
在 9 月，兩個半球都不向太陽傾斜，所以各地的白天和黑夜都一樣長。北半球是秋季，南半球是春季。

**3** 12月
在 12 月，南半球向太陽傾斜，因此南半球到了夏季。北半球向外傾斜，所以到了寒冷的冬季，並且有較長的夜晚。

## 試一試

# 沙灘球氣候模型

想知道為甚麼地球赤道比兩極溫暖得多,可以做一個實驗。在距離枱燈 30 厘米的地方放置一個沙灘球,幾分鐘後用手摸球的表面。赤道附近很暖和,但兩極較冷。因為赤道正對着燈,能吸收到較多能量,而兩極的光以較小的角度照射到地面上,因此會分散到更大的區域。

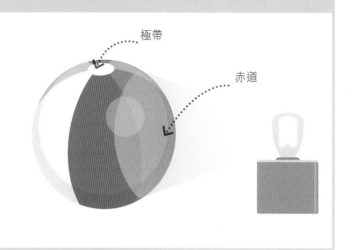

極帶

赤道

# 氣候區

由於地球的形狀和傾斜,地球表面不同地方的陽光照射量都不同,產生了不同的氣候區,有不同的氣候模式。三個主要的氣候區是極地、溫帶和熱帶。

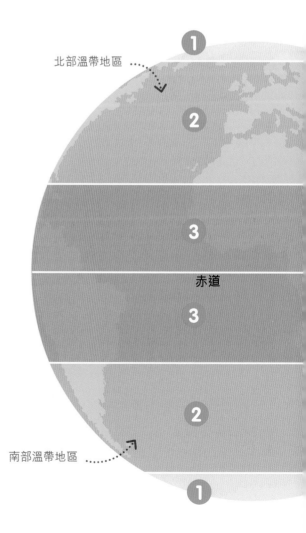

北部溫帶地區

**1** 兩個極地區一個在北極周圍,另一個在南極周圍。它們比地球上其他地方都冷,每年只有兩個季節,夏季和冬季。

**2** 地球上的兩個溫帶地區每年都有四個季節,春季、夏季、秋季和冬季。一年的平均氣溫適宜,但夏天很熱,冬天很冷。

**3** 赤道附近的區域叫作熱帶,全年都保持溫暖。北半球和南半球的熱帶地區分雨季和旱季,而不是夏季和冬季,但赤道上全年多雨。

赤道

南部溫帶地區

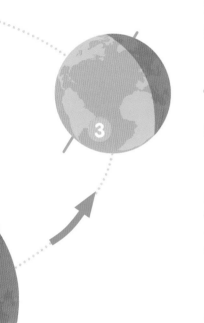

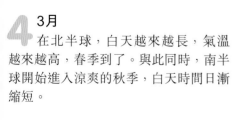

**4** 3月
在北半球,白天越來越長,氣溫越來越高,春季到了。與此同時,南半球開始進入涼爽的秋季,白天時間日漸縮短。

# 大氣層

地球被大氣層包圍,那是一層薄薄的由地球引力控制的氣體。構成大氣層的氣體對於地球上的生命來說至關重要。

地球大氣層中的所有氧氣都來自植物。

## 大氣分層

大氣層有五層。從太空穿越大氣層到達地球時,你會發現每一層大氣比前一層更厚(即密度更高)。

**1 散逸層**
散逸層延伸到地球表面幾千公里以上,它與太空融合在一起。

**2 熱成層**
熱成層有數百公里厚,是國際太空站的所在層。

**3 中間層**
中間層在 30 公里厚以上的地方,溫度可以低於−143°C,是地球上最冷的地方。微小的太空岩石在此燃燒,形成流星。

**4 平流層**
平流層有大約 35 公里厚,這一層有一個保護帶 —— 臭氧(氧的一種形式),可以吸收太陽釋放的有害的紫外線輻射,保護地球表面。

**5 對流層**
對流層是所有天氣發生的地方。它在極地上方的 8 公里處,在赤道上方 18 公里處。

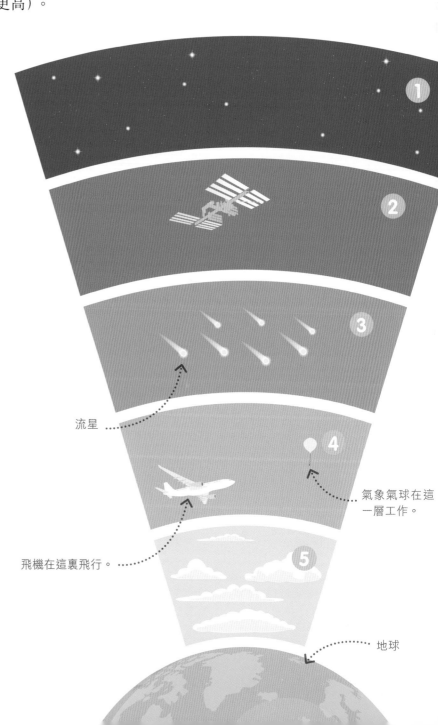

流星

氣象氣球在這一層工作。

飛機在這裏飛行。

地球

## 大氣層中的氣體

氮氣和氧氣是大氣中已知的兩種主要氣體，但大氣中還有少量的其他氣體。在較低的層中存在水蒸氣。在海平面上，水蒸氣約佔空氣的 1%。

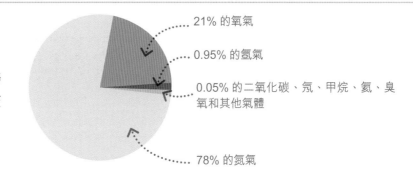

21% 的氧氣

0.95% 的氬氣

0.05% 的二氧化碳、氖、甲烷、氦、臭氧和其他氣體

78% 的氮氣

## 全球性的風

在對流層中，空氣以大氣環流的形式上下循環，包括極地環流、中緯度環流和低緯度環流。這些環流的空氣運動以及地球自轉（使空氣轉向東方或西方）形成了三種吹過地球表面的全球性的風。

**1** 極地東風在極地地區吹送。它們從極地吹出，地球自轉使它們從東吹向西。

**2** 西風在溫帶地區（溫和的天氣）吹送。它們從赤道吹出，然後從西吹向東。

**3** 信風在熱帶（赤道附近）吹送。在北半球，它們從東北吹向西南（東北信風）。在南半球，它們從東南吹向西北（東南信風）。

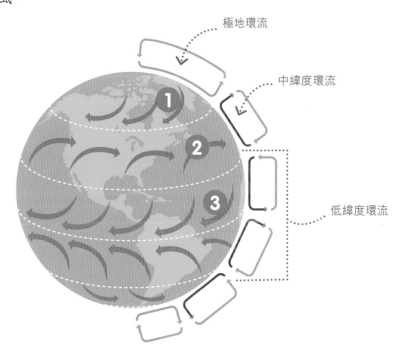

極地環流

中緯度環流

低緯度環流

**現今科技**

## 反射的無線電波

大氣層使人們能通過反射無線電波在世界各地作長距離通信。發射器發射無線電波，傳播到大氣層的電離層。電離層將無線電波反射回地球，由接收器接收信息。

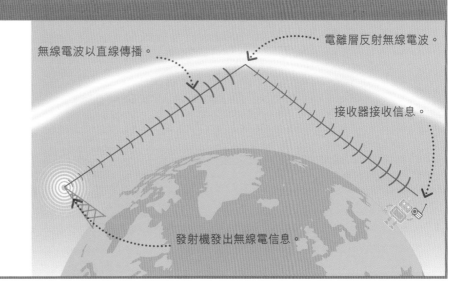

無線電波以直線傳播。

電離層反射無線電波。

接收器接收信息。

發射機發出無線電信息。

# 天氣

在太陽能量和地球自轉的推動下，地球大氣層中的空氣和水在不斷運動。這些運動產生風、雨和其他的天氣類型。

氣候是一個地方在一段時間內經歷的典型天氣模式。

## 空氣的運動

大量空氣在大氣層中運動和碰撞令天氣產生不同的變化。天氣好的時候空氣會下沉，而上升的空氣會把濕氣帶到空中，產生雲和雨。

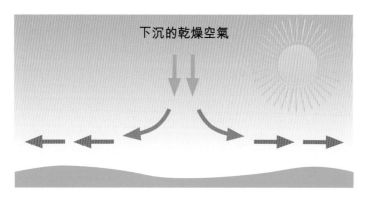

下沉的乾燥空氣

上升的濕潤空氣

形成雲。

### 1 高壓
當高層大氣中的空氣下沉時，會壓迫下面的空氣，造成高氣壓。來自高海拔地區的空氣通常是乾燥的，因此高氣壓區一般天氣晴朗，陽光明媚。

### 2 低壓
當空氣上升時，會引起低氣壓。空氣在上升過程中不斷冷卻，水分凝結成雲。上升的空氣通常帶來陰雨天氣。

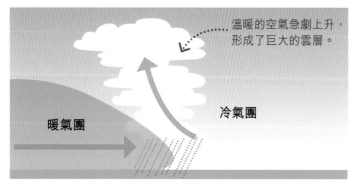

溫暖的空氣急劇上升，形成了巨大的雲層。

暖氣團

冷氣團

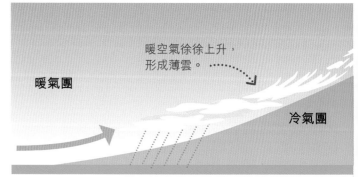

暖空氣徐徐上升，形成薄雲。

暖氣團

冷氣團

### 3 冷鋒
當大量的冷空氣推入暖空氣時，暖空氣就會急劇上升，形成冷鋒。天氣變冷，暖空氣中的濕氣形成了巨大的雨雲。

### 4 暖鋒
當暖空氣推入冷空氣時，它會在冷空氣上輕輕滑動，形成暖鋒。暖空氣中的水分緩緩上升並逐漸冷卻，形成薄雲並常帶來小雨。

# 極端天氣

天氣變化無常，變冷、變熱，或起風。極端天氣是一種罕見或惡劣的天氣，可能危及生命和財產。

**1** 颶風和颱風是在熱帶海洋上空形成的巨大的旋轉風暴。

**2** 龍捲風是一種快速旋轉的空氣柱，帶來強烈且具有破壞性的風。

**3** 暴風雨會帶來雷電、強風和大量降水（雨或冰雹）。

**4** 暴風雪是嚴寒下的強烈風暴，會帶來大雪和強風。

**5** 下冰暴期間，雨水接觸地面就會結冰，把所有東西都包裹在冰層中。

**6** 熱浪是一種異常炎熱的天氣，會使人生病，破壞農作物。

## 現今科技

### 天氣圖表

天氣預報員使用圖表顯示當前天氣和未來天氣的預報。圖表上的漩渦線稱為等壓線，圈起來的區域為等壓區域。暖鋒以紅色半圓線表示，冷鋒以藍色三角線表示。這些鋒面經常圍繞低壓區旋轉，形成氣旋。雖然一個訓練有素的氣象學家可以用一張圖表來預測天氣，但是通常都會使用模擬地球大氣層的超級電腦。

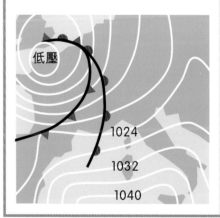

低壓

1024

1032

1040

## 雲的類型

大多數雲的名字都源於三種基本形狀：纖細的羽毛狀（捲雲）；塊狀（積雲）；平板狀（層雲）。其他雲的名字會在以上名稱上再加前置詞去代表不同特性，例如「alto」代表雲的高度是高中位置，「nimbo」或「nimbus」代表會帶雨。

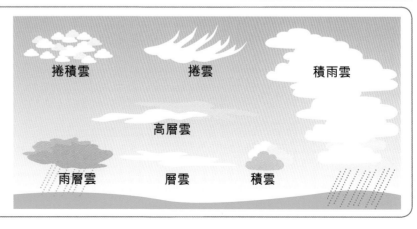

捲積雲　捲雲　積雨雲

高層雲

雨層雲　層雲　積雲

# 洋流

在風和地球自轉的推動下，海洋中的水圍繞着地球流動，形成巨大的水流，稱為洋流。這些洋流對許多國家的氣候有很大的影響。

海龜利用洋流作長距離旅行的高速公路。

## 表面洋流

一些洋流會在海面流動。在海洋的西部，這些表面洋流將溫暖的海水從熱帶帶到較冷的地區。在東部，洋流將冷水帶回熱帶地區。許多洋流匯合形成巨大的環流。

**1** 加利福尼亞洋流把冷水帶到北太平洋的東側，令北美洲西海岸的氣候變冷。

**2** 墨西哥灣流把溫暖的海水帶到北大西洋的西側。它的流速非常快，是世界上最強的洋流之一。

**3** 北大西洋暖流把溫暖的海水從墨西哥灣流帶到歐洲。它使不列顛羣島和斯堪地那維亞半島的冬天變暖。

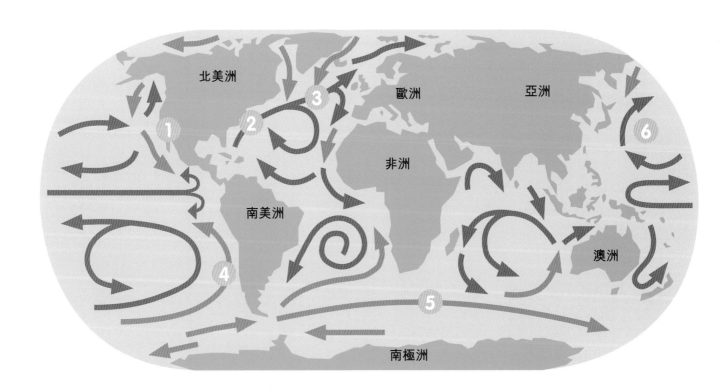

**4** 秘魯洋流是南美洲西海岸外的一股寒冷洋流。冷空氣攜帶的水分比暖空氣少，所以這個海岸的氣候較乾燥。

**5** 南極繞極流是一種繞南極流動的冷流。它不讓溫暖的海水進入，阻止南極的冰融化。

**6** 黑潮把溫暖的海水帶到北太平洋的西側。它使日本南部變暖。

# 深洋流

一些洋流會在海底流動。這些洋流比表面洋流的流動慢得多，但它們在世界氣候中扮演着重要的角色，有助於維持海洋生物的生態。

## 1 輸送洋流

在北大西洋，地表水變冷，有些會變鹹，因有些地表水變成冰。水因此變重，所以它下沉並沿着海底流動。一些深水可能在海底緩慢流動 1,000 年，然後在太平洋重新上升回送。這種巨大的洋流叫作輸送洋流，此舉在全球氣候中起着關鍵作用。一些科學家認為融化的北極冰可能會破壞此輸送模式，觸發北半球的冰河時代。

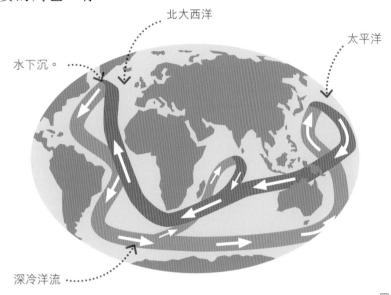

北大西洋

太平洋

水下沉。

深冷洋流

## 2 上升流

在世界的一些地方，風把海水吹離海岸，令海水從深海上升補充。這些上升的洋流叫作上升流。它們把營養物帶到水面，使許多海洋生物得以繁衍生息。世界上許多重要的捕魚點都位於上升流附近。

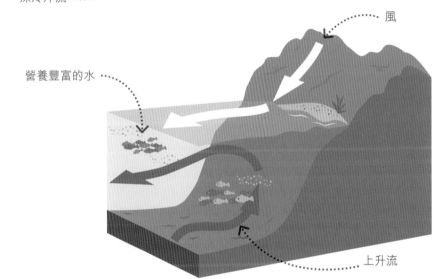

風

營養豐富的水

上升流

---

現今科技

# 水底渦輪機

洋流攜帶大量能量。如果能夠利用墨西哥灣暖流中 0.3% 的能源，它將為美國整個佛羅里達州提供足夠的電力。工程師正試圖開發從洋流中提取能量的技術。有一種想法是在海底建造渦輪機，其運作原理與陸地上的風力渦輪機相同。

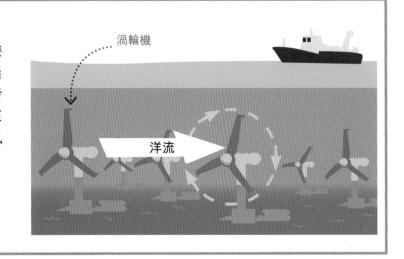

渦輪機

洋流

# 碳循環

所有生物都含有碳，人們在許多非生物材料中都發現了碳，比如化石燃料和一些岩石。碳在生物、海洋、大氣層和地殼之間的運動稱為碳循環。

自 1960 年以來，大氣層中的二氧化碳含量增加了 25% 以上。

## 碳循環的各部分

碳循環的某些部分可以在幾天內實現碳的轉移，但某些部分會將碳儲存百萬年。人類的活動加速了二氧化碳的排放。

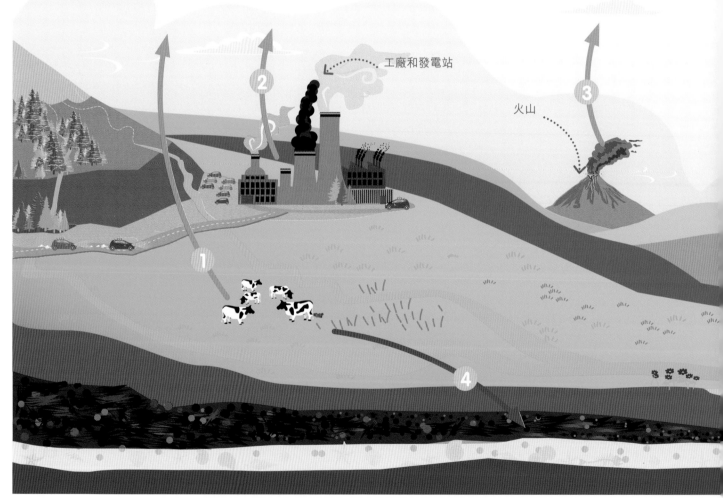

工廠和發電站

火山

**1 呼吸**
　動物和其他生物通過食物吸收碳並釋放二氧化碳。當牠們的糞便或屍體腐爛時，都會釋放碳。

**2 燃燒化石燃料**
　無論是工廠、發電站、家庭、汽車或飛機，燃燒化石燃料都會釋放二氧化碳到大氣層。

**3 火山活動**
　火山和溫泉緩慢地將長期儲存在地下的碳以二氧化碳的形式釋放到大氣中。

**4 石化**
　有些生物死後不會腐爛。相反，它們會被埋起來，將碳困在地下。在數百萬年後，它們的遺骸形成化石燃料。

# 氣候變化

化石燃料的燃燒大大增加了地下儲存的碳返回大氣層的速度。因此，大氣層中的二氧化碳水平正在上升。二氧化碳在大氣層中吸收熱量，就像玻璃在溫室中吸收熱量一樣，所以地球的平均溫度也在上升。許多科學家認為，氣候變暖導致冰川融化，乾旱和洪水發生得更加頻繁，還導致珊瑚礁死亡。

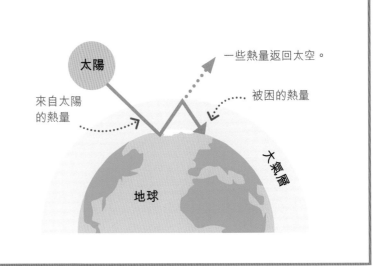

碳排放

碳吸收

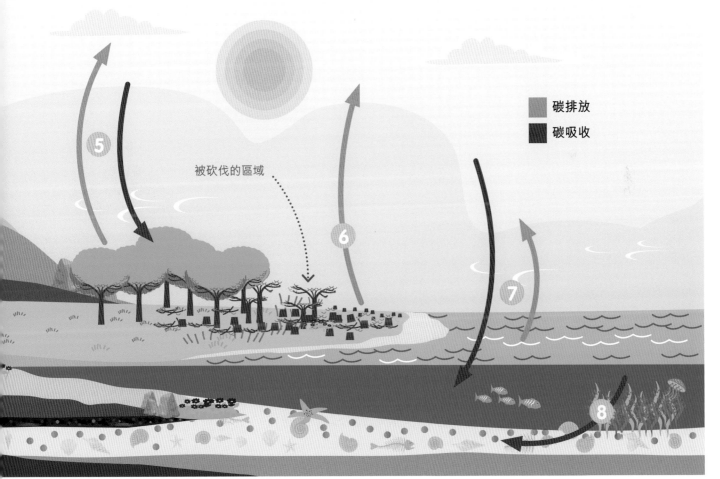

被砍伐的區域

**5 光合作用**

植物從空氣中吸收二氧化碳，通過光合作用製造養分。牠們也通過呼吸作用釋放二氧化碳。

**6 毀壞森林**

如果樹木被燒毀或枯死的植被被分解，被毀壞的森林都會釋放碳。

**7 海洋交換**

二氧化碳在海洋和空氣間循環。海洋吸收的碳比釋放的碳多，因此叫作「碳匯」。

**8 海洋碳捕獲**

一些海洋生物用二氧化碳製造殼。當牠們死後，屍體會沉入海底，變成化石，形成石灰石。石灰石成為長期儲存碳的物質。

# 術語表

**DNA**
脫氧核糖核酸，一種在活細胞內儲存遺傳信息的化學物質。

**pH**
測量溶液酸性或鹼性的標度。

**X 射線**
一種電磁輻射，用來產生骨骼和牙齒的影像。

## 二畫
**二進制系統**
只有 0 和 1 兩位數的數字系統。數字設備以二進制形式儲存和處理數據。

**力**
能改變物體速度、運動方向或形狀的外因。

## 三畫
**干擾**
兩組或多組波結合時對有用波的損害。

**大氣層**
環繞行星的一層空氣。

**小行星**
圍繞太陽運行的不規則天體。

## 四畫
**元素週期表**
按原子序數排列的元素表。

**元素**
具有相同核電荷數的一類原子的總稱。

**支點（樞軸）**
槓桿旋轉時起支撐作用的固定點。

**不透明材料**
光線不能穿透的材料。

**太陽系**
太陽和它的軌道行星羣組成的集合體，包括地球，以及其他較小的天體，如小行星。

**日食**
月球運動到太陽和地球中間，擋住太陽射向地球的光時發生的天文現象。

**日冕**
圍繞太陽的一層熱氣體。

**中子**
原子核中沒有電荷的粒子。

**中和**
使酸或鹼變成中性溶液（既不呈酸性也不呈鹼性的溶液）。

**水力發電**
利用流動水的能量發電。

**牛頓（N）**
力的標準單位。

**毛血管**
微小的血管，可將血液運送到細胞或從細胞中流出。

**升力**
空氣流過機翼時產生的向上的力。

**化石燃料**
從生物化石殘骸中提取的燃料。煤、原油和天然氣是化石燃料。

**化石**
史前植物或動物的遺跡或印記，通常保存在岩石中。

**化合物**
由兩個或兩個以上的元素結合而成的化學物質。

**化學方程式**
一組化學符號和數字，表示物質發生化學反應的式子。

**化學物質**
一種單質或化合物。水、鐵、鹽和氧都是化學物質。

**化學**
對化學物質的研究。

**反射**
光、熱或聲音從表面反射回來的現象。

**反應性**
參與化學反應的難易度。反應性強的化學物質很容易發生反應。

**分子**
一組由兩個或兩個以上的原子組成的共價鍵。

**分貝**
用來測量聲音響亮程度的單位。

**分解**
把大分子分成小分子的過程。

**火成岩**
岩漿冷卻並凝固後形成的岩石。

**引力**
一種使所有有質量的物體相互吸引的力。地球引力把物體拉到地面上，並讓它們有重量。

**引擎**
能將燃燒燃料所釋放的能量轉化成機械能的機器。

## 五畫
**正極**
電極陽極。

**功率**
能量的傳遞速率。機器越強大，它消耗能量的速度就越快。

**功**
力使物體運動時傳遞的能量。功可以用力乘距離來計算。

**可再生能源**
一種不會耗盡的能源，如光能、潮汐能或風能。

**瓦特（W）**
功率單位。1W 等於 1J/s。

**石筍**
在洞穴裏的地面上長出的石柱。石筍從滴水沉積的碳酸鈣中緩慢生長。

**布朗運動**
在液體或氣體中的塵埃粒子的隨機運動，由與它們碰撞的分子引起。

**平流層**
在雲層之上的一層地球大氣層。

**生物學**
對生物的研究。

**生物**
有生命的物體。

**生態系統**
動物和植物以及牠們共同生活的物理環境的共同體。

**生態學**
研究生物之間以及生物與環境之間相互作用的科學。

**半球**
球體的一半。地球被赤道分為南、北半球。

**半透明材料**
允許光線通過但不透明的材料。

**加速度**
運動物體速度的變化。加速、減速和改變方向都是加速的形式。

## 六畫
**地核**
地球最深處和最熱的部分，由鐵和鎳組成。

**地殼**
地球表面的岩石層。

**地幔**
地殼下一層厚厚的、密集的岩石。地幔構成了地球的大部分質量。

**地震波**
從地震或爆炸中穿過地面的能量波。

**共價鍵**
分子中原子間的一種化學鍵。當原子共用電子時，就形成了共價鍵。

**有性繁殖**
父母雙方性細胞的結合。

**有氧呼吸**
活細胞利用氧氣從食物中釋放能量的過程。

**有機化合物**
一種含有碳和氫的化學物質。

**光子**
光的粒子。

**光年**
光在一年中傳播的距離。一光年大約是 9.5 兆公里。

**光合作用**
植物利用陽光、水和空氣中的二氧化碳製造食物分子的過程。

**光譜**
可見光中不同顏色的範圍，或不同類型電磁輻射的範圍。

**血紅蛋白**
紅血球中的一種化合物，在動物體內運輸氧氣。

**全球變暖**
由於化石燃料的燃燒引起二氧化碳含量上升，導致地球大氣層平均溫度上升。

**合金**
一種金屬與另一種元素混合而成的材料。合金往往比純金屬更強，更硬，更有用。

**色層分析法**
一種在混合物中分離有顏色的化學物質的方法。其方法是讓它們通過一種吸收性材料，比如紙張。

**冰川**
極地或高山地區由積雪移動而形成的大冰塊。

**冰磧**
冰川堆積作用過程中由碎屑構成的堆積物。

**交流電（AC）**
電流方向隨時間作週期性變化的一種電流。

**宇宙**
整個太空及其包含的一切。

**安培（A）**
用來測量電流的單位。

**七畫**

**赤道**
地球中部的一個假想的圓圈，位於南、北兩極之間。

**折射**
當光波從一種介質（如空氣）傳播到另一種介質（如水）時，光波方向發生改變的現象。

**抗體**
血液中的一種抗體蛋白，它幫助身體攻擊細菌和病毒。

**吸熱反應**
能從周圍吸收能量的化學反應。

**伽馬射線**
一種波長很短的電磁輻射。

**冷凝**
氣體變成液體的過程。

**沉積岩**
由沉積物（舊岩石的顆粒）沉積在海底或湖牀上，隨着時間推移慢慢聚合形成的。

**八畫**

**表面張力**
水面上的一種力，能產生像皮膚一樣的薄平面，可以支持非常小的物體，如昆蟲。

**花蜜**
一些植物的花朵中發現的一種含糖液體。

**直流發電機**
產生直流電的發電機。

**直流（直流電）**
只向一個方向流動的電流。參考交流電。

**板塊**
地殼分裂形成可以緩慢移動的大塊岩石。

**呼吸作用**
食物分子在活細胞內氧化分解，並釋放能量的過程。

**岩漿**
深埋地下的熾熱熔岩。它在冷卻和硬化時形成火成岩。

**物理學**
對力、能量和物質的科學研究。

**物種**
一組相似的有機體，它們可以互相繁衍後代。

**受精**
雄性生殖細胞和雌性生殖細胞相結合。

**乳狀液**
一種由分散在另一種液體中的微小液滴組成的混合物。

**肺泡**
哺乳動物肺部的小氣泡。

**放射性**
某些元素的原子通過核衰變自發地放出射線的性質。

**放熱反應**
向周圍釋放能量的化學反應。

**性細胞**
生殖細胞，如精子或卵子。

**沸點**
液體迅速變成氣體並形成氣泡的溫度。

**波長**
波在一個振動週期內傳播的距離。

**空氣阻力**
使物體在空中減速的力。

**空氣壓力**
氣體分子對表面或容器的作用力。

**阻力**
使物體在液體或氣體中運動減慢的力。

**九畫**

**玻璃纖維**
一種無機非金屬新材料，可用於高速傳輸數字信號。

**指示劑**
通過改變顏色來顯示溶液酸鹼度的化學物質。

**軌道**
太空中物體運行的路徑，如月球圍繞地球運動的軌道。

**星系**
大量的恆星、灰塵和氣體在引力作用下結合在一起。太陽系是銀河系的一部分。

**重力**
物體被拉向地球的力。

**保險絲**
用於電路的安全裝置。大多數保險絲由一根細電線組成，如果電流過大，電線就會熔斷。

**侵蝕**
地球表面岩石被風、水和冰川侵蝕和帶走的過程。

**食肉動物**
以肉類食物為主的動物。

**食物網**
生態系統中的食物鏈系統。

**食物鏈**
生態系統中的各種生物為維持本身的生命活動，必須以其他生物為食物而形成的鎖鏈關係。

**食草動物**
以植物為食的動物。

**胚胎**
動物或植物發育的早期階段。動物胚胎在顯微鏡下可見。

**胎兒**
動物未出生的幼子。

**音高**
一個聲音有多高或多低。音高與聲波的頻率直接相關。

**活化能**
化學反應所需的能量。

**染色體**
細胞核中的一種結構，由螺旋狀的DNA鏈構成，攜帶遺傳信息。

**神經元**
一個神經細胞。

**神經**
一束神經細胞，通過動物的身體傳遞電信號。

**紅外線**
熱物體產生的一種電磁輻射。

**十畫**

**振動**
快速地往復運動。

**真實影像**
光線聚焦形成的影像。與虛擬影像不同，真實影像可以在屏幕上看到。

**配子**
生殖細胞，如精子或卵子。

**原子序數**
原子中的質子數。

**原子**
構成物質的一種微小粒子。原子是元素中最小的部分。

**骨頭**
動物骨骼的部分硬組織。

**骨骼**
支撐動物身體的柔性框架。

**氧化物**
氧與其他元素結合形成的化合物。

**氣候變化**
地球氣候模式的長期變化。

**氣候**
一個地方多年的天氣和季節的平均狀態。

**特質**
任何有質量並佔據空間的東西。

**庫侖力**
將原子或分子結合在一起的力。

消化
把食物分解成小分子，便於被細胞吸收。

浮力
物體在水中受到的向上的力。浮力能使物體漂浮。

浮游生物
生活在海洋和湖泊表面的微小生物。

流星
來自太空的一小塊岩石或金屬，在進入地球大氣層時燃燒，產生一束光。

流體
能流動的物質，如氣體或液體。

十一畫

彗星
圍繞太陽運行的巨大而冰冷的天體。彗星在靠近太陽時會「長出」長長的尾巴。

基因
執行特定工作的 DNA 分子上的一段代碼。基因代代相傳。

速度
物體朝特定方向運動快慢的物理量。

透明材料
允許光線通過並能看到另一邊的材料。

透鏡
一種彎曲的、透明的、能使光線彎曲的塑膠或玻璃。

動脈
一種厚壁的血管，它將血液從心臟輸送到身體的其他部位。

動能
物體因運動而具有的能量。

動量
運動物體持續運動直到力使其停止。計算動量可以質量乘速度。

殺蟲劑
一種用來殺死害蟲的物質。

粒子
一種微小的物質。

清潔劑
一種使油滴或油脂在水中分散的物質，使清洗東西更容易。肥皂和清潔液是清潔劑。

混合物
含有兩種或兩種以上的化學物質，這些化學物質不是以分子的形式相互化學鍵合的。

寄生蟲
生活在另一個有機體上的生物，另一個有機體叫作宿主。

密度
每單位體積的物質的質量 (或數量)。

視網膜
位於眼睛內部的光敏細胞組成的膜。

蛋白質
一種含有氮的有機物質，肉類、魚類、芝士和豆類等食物中含有蛋白質。生物需要蛋白質來生長和修復。

陰極
負電極。

陰離子
帶負電荷的離子。

組織
一組類似的細胞，如肌肉組織或脂肪。

細胞分裂
一個細胞分裂產生兩個細胞 (稱為子細胞) 的過程。

細胞核
原子的中心部分或細胞中儲存基因的部分。

細胞
生物體基本的結構和功能單位。

細菌
微生物，單細胞生物體，沒有細胞核。細菌是地球上最豐富的生物。

十二畫

超聲波
頻率很高、人類的耳朵無法察覺的聲波。超聲波用於醫學掃描。

棲息地
動物或植物的天然家園。

紫外線 (UV)
一種波長略短於可見光的電磁輻射。

晶體
具有規則形狀的固體物質。雪花和金剛石是晶體。

無性繁殖
只有父母中其中一方的繁殖。

無氧呼吸
一種不需要氧氣的呼吸。它釋放的能量比有氧呼吸少。

集成電路
在矽片上印製的由元件組成的微型電路。

焦耳 (J)
能量的標準單位。

進化
物種為適應環境變化，世代之間逐漸發生變化的過程。

溫度
某物的冷熱程度的度量。

發芽
小植物從種子中長出的過程。

發電機
將機械能轉化為電能的機器。

陽離子
帶正電荷的離子。

絕對零度
熱力學的最低溫度，定義為零開氏度或 -273.15 度。

絕緣體
減少或阻止熱量、電力或聲音流動的材料。

十三畫

葉綠素
一種綠色的物質，植物利用它來吸收光能製造食物 (光合作用)。

葉綠體
植物細胞中含有葉綠素的小質體。

極光
由來自太空的高能粒子撞擊地球大氣層而在夜空中形成的波浪狀有色圖案。

電力
由電流攜帶的一種能量形式。

電子技術
用電來處理或傳送信息的技術，如電腦數據。

電子
原子外層的帶負電荷的粒子。移動的電子帶電並產生磁性。

電池
連接電路時產生電流的儲能裝置。

電阻
量度電子元件對電流的阻礙程度。

電流
電荷的流動，比如電子通過電線時的流動。

電動機
通過電和磁來帶動運轉的機器。

電極
在電路中收集或釋放電子的一塊金屬或碳。

電路
電流流過的路徑。所有電氣設備都有內部電路。

電解液
在水中溶解時能導電的物質。

電磁波譜
從伽瑪射線到無線電波的各種不同類型的電磁輻射。

電磁感應
變化的磁場中產生電流的現象。

電磁鐵
當電流流過線圈時就會帶有磁性的線圈。

蛻變
動物生命週期中的變化。毛毛蟲蛻變成蝴蝶。

過濾器
從液體中除去固體物質的裝置。

置換
化合物中某些原子或離子被不同的原子或離子所取代的化學反應。

傳導
熱或電在物質中的運動。

催化劑
加速化學反應的一種化學物質，它自身在化學反應中不會發生改變。

催化轉換器
汽車中使用催化劑將有毒廢氣轉化為較為無害的氣體的裝置。

微生物
只有借助顯微鏡才能看見的微小生物。

微波
一種電磁輻射。微波是非常短的無線電波。

**溶液**
溶質分子或離子在溶劑分子中均勻分散的混合物。

**溶質**
在溶劑中溶解形成溶液的物質。

**溶劑**
使溶質溶解形成溶液的物質（通常是液體）。

**隕石**
來自太空的一塊岩石或金屬，進入地球大氣層並到達地面時不燃燒。

**十四畫**

**蒸氣**
液體蒸發形成的氣體。

**蒸發**
液體因表面分子逸出而變成氣體的過程。

**蒸餾**
一種在液體中分離化學物質的方法，具體方法是將液體煮沸並在其濃縮時收集不同的部分。

**赫茲（HZ）**
用來測量波的頻率的單位。1Hz 是每秒 1 個波。

**聚合物**
一種碳化合物，具有由重複單元組成的長鏈狀分子。塑膠是一種聚合物。

**槓桿**
在不動點附近擺動的硬金屬桿。槓桿可以增大力，使困難的工作變得更容易。

**酶**
由活細胞產生的能加速化學反應的蛋白質。

**酸**
一種化合物，當它溶於水時釋放氫離子。醋和檸檬汁是弱酸。

**碳水化合物**
一種作為能源的生物化合物。甜食和澱粉類食物富含碳水化合物。

**碳氫化合物**
一種僅由碳和氫組成的化合物。

**磁力**
某些物質之間的不可見的引力或斥力，尤指鐵。

**磁場**
磁鐵周圍能感受到磁力作用的區域。

**對流**
由於溫度較高、密度較低的區域上升而使熱量通過液體或氣體傳播的現象。

**熔點**
將固體變成液體的溫度。

**滲透作用**
水通過細胞膜（或其他半透膜）從弱溶液滲透到強溶液。

**複製**
與母體基因完全相同的有機體。

**十五畫**

**歐姆（Ω）**
電阻的單位。

**質子**
原子核中帶正電荷的粒子。

**質量**
物體中所含物質的量。

**膠體**
一種物質的微小顆粒分散在另一種物質中而不溶解的混合物。

**摩擦力**
物體間相互摩擦時使其減速的阻力。

**彈性材料**
被拉伸或彎曲後可以恢復到原來形狀的材料。

**十六畫**

**靜脈**
將血液從組織輸送到心臟的血管。

**輻射**
一種電磁波（或放射性源產生的一束粒子）。

**頻率**
某事件在單位時間內發生的次數。波的頻率是每秒的波數。

**器官**
有機體中具有特定功能的主要結構。人體的器官包括胃、大腦和心臟等。

**衛星**
在太空中繞另一物體沿着一定軌道運行的物體。月球是一顆天然衛星。環繞地球的人造衛星通過傳送數據來幫助我們導航。

**凝固點**
晶體從液態變成固態時的溫度。

**糖**
一種含有小分子的碳水化合物。糖的味道是甜的。

**導體**
讓熱或電流容易流過的物質。

**燃燒**
物質與氧氣結合，釋放熱能的化學反應。

**濃度**
測定溶質在溶液中溶解的量。

**激光**
由步調一致且波長相等的波組成的強光束。

**選擇物種**
人類利用動物或植物育種來改變一個物種的過程。

**十七畫**

**壓力**
施加在一定面積上的力。

**鍍鋅**
將鋅鍍於鐵上防止生鏽。

**颶風**
一種強烈的熱帶風暴，伴有暴雨和大風，時速超過 119km/h。

**營養**
植物和動物生存和生長所需要的化合物。

**十八畫**

**擴散**
由於分子的隨機運動而使兩種或兩種以上物質逐漸混合的過程。

**雜食動物**
既吃植物又吃動物的動物。

**繞射**
穿過一個狹窄的開口後繼續傳播的波。

**十九畫**

**離子鍵**
正離子和負離子之間相互吸引而形成的化學鍵。

**離子**
由單個或多個原子組成，它失去或得到一個或多個電子，因而帶正電或負電。

**二十畫**

**藻類**
簡單的植物狀生物體，生活在水中，通過光合作用製造食物。

**礦石**
一種自然形成的岩石，可以從中提取金屬。

**礦物質**
一種天然的固體化學物質。岩石是由黏在一起的礦物顆粒組成的。

**懸浮物**
由分散在液體中的固體顆粒組成的混合物。

**鐘乳石**
懸掛在洞穴頂部的石柱。鐘乳石從滴水沉積的碳酸鈣中緩慢長出。

**二十一畫**

**攝氏度**
基於冰的溶點（0°C）和水的沸點（100°C），在它們之間有 100 個等分，叫作度。

**二十三畫**

**顯微鏡**
一種科學儀器，使用透鏡放大小物體。

**體積**
物體所佔的空間。

**變質岩**
在地下被高溫或高壓改變但沒有融化的岩石。

**變壓器**
增加或減少電壓的機器。

**纖維素**
構成植物細胞壁的纖維性碳水化合物。

**二十四畫**

**鹽**
酸與鹼反應時形成的離子化合物。「鹽」這個詞通常只指氯化鈉，用來作食物調味。

**鹼**
在水中溶解時釋放氫氧根離子的化合物。鹼中和酸。

# 索引

# 鳴謝

Dorling Kindersley 謹向以下各位致以謝意：
Ben Francon Davies 及 Rona Skene 幫助編務；Louise Dick、Phil Gamble 及 Mary Sandberg 幫助設計；Katie John 幫助校對及 Helen Peters 幫助編排索引。